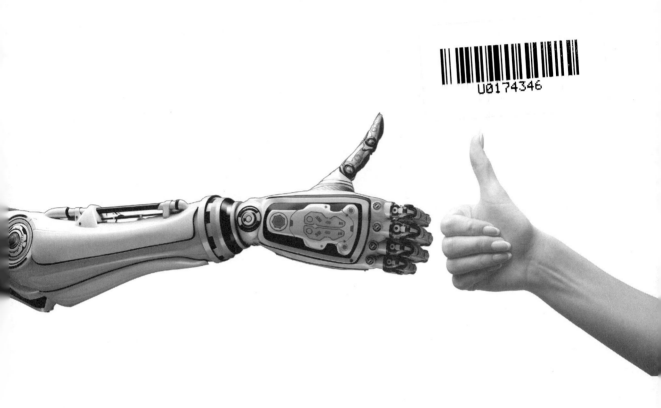

第2版

智能科学技术导论

INTRODUCTION TO INTELLIGENT SCIENCE AND TECHNOLOGY

周昌乐 著

机械工业出版社
CHINA MACHINE PRESS

图书在版编目（CIP）数据

智能科学技术导论 / 周昌乐著 . —2 版 . —北京：机械工业出版社，2022.9（2024.6 重印）
（智能系统与技术丛书）
ISBN 978-7-111-71890-1

I. ①智… II. ①周… III. ①智能技术－研究 IV. ① TP18

中国版本图书馆 CIP 数据核字（2022）第 197250 号

　　本书主要围绕着智能科学与技术的内涵展开，强调学科基础知识、主要研究方法、核心研究领域、若干热点问题以及前沿应用技术等，内容涉及智能哲学、智能科学、智能技术等诸多方面。整部教材主要包括学科基础、科学研究和技术应用三大部分。学科基础部分涉及学科概述、机器系统、算法运作等方面的内容。科学研究部分涉及环境感知、语言理解、意识整合、艺术创造、行为表现等方面的内容。技术应用部分则涉及人机交互、系统构建和智能社会等方面的内容。本书覆盖了智能科学与技术专业入门课程所必须掌握的核心知识，基础性、思想性和前沿性并重，起到引领读者进入这一新兴学科的启蒙作用。

　　本书可作为高等院校智能科学与技术专业本科生入门课程的教材，或者作为人工智能相关专业研究生课程的教材，也可以供相关技术人员学习参考。目前社会已经进入智能时代，凡希望了解智能社会最为基本的科学技术内容的读者，都可以读一读这部教材，定将受益匪浅。

智能科学技术导论　第 2 版

出版发行：机械工业出版社（北京市西城区百万庄大街 22 号　邮政编码：100037）
责任编辑：杨福川　　　　　　　　　　　　　责任校对：张爱妮　　王　延
印　　刷：北京铭成印刷有限公司　　　　　　版　　次：2024 年 6 月第 2 版第 2 次印刷
开　　本：185mm×260mm　1/16　　　　　　印　　张：17.5
书　　号：ISBN 978-7-111-71890-1　　　　　定　　价：69.00 元

客服电话：（010）88361066　68326294

前　言

《周易》卦爻变化从初爻、二爻、三爻、四爻、五爻到上爻，就又回到了初爻。对应到易学天运周期，就有了跨越尺度的"逢七而复"之说。比如，日尺度有七日来复，候尺度有七候来复，月尺度有七月来复，年尺度自然就又有七年来复。

所谓七年来复，对应到天运规律就是：月球绕地球一周，因为地球也在绕日运动，所以月球绕地球一周回不到原来的起点。干支纪年开始的月球特征点的位置，需要七年重合一次，即七年来复。

自这部教材的第 1 版出版至今，正好应了七年来复之期。只不过此次的七年来复，对智能科学与技术专业（含人工智能专业）而言，却发生了天翻地覆的变化。应该说，该学科专业的迅猛发展速度超过了以往任何一个学科专业的发展速度！据统计，截至 2021 年年底，包括北京大学在内的全国 200 多所高校设立了智能科学与技术本科专业，其中有 164所为 2016 年至 2021 年六年间新增。与此同时，2018 年至 2021 年，全国还有 419 所高校新增了人工智能本科专业。因此，这几年涌现出了 600 多所高校兴办智能科学与技术专业（含人工智能专业），真可谓"忽如一夜春风来，千树万树梨花开"。

不管是称为"智能科学与技术"还是称为"人工智能"，就目前各高校的本科培养方案而言，并没有本质上的差异。但从学科名称的内涵看，"智能科学与技术"自然是涵盖了"人工智能"，而"人工智能"只是"智能科学与技术"的有机组成部分。比如，由于涉及人类智能的有效利用，脑机混合智能研究领域就属于智能科学与技术研究的合理范围，却不属于人工智能研究的合理范围。

如果往深里探究，不难看出，人工智能（Artificial Intelligence，AI）作为一个学科名称，其内涵比较狭窄。因为人工智能研究往往局限于机器智能方法、技术开发、工程应用方面的内容。即使涉及有关基础研究方面，人工智能也往往偏于机器智能本身的基础理论问题。

智能科学与技术则不然，它是人工智能的上位范畴。智能科学与技术不但包括人工智能研究涉及的范围，而且包括拓展人类智能的智能增强（Intelligence Augmentation，IA）研究范围，甚至包括融合自然智能与人工智能的混合智能（Cyborg Intelligence，CI）研究范围。所以，智能科学与技术不但涉及机器智能研究，而且涉及人类智能研究。况且，智能科学与技术除了涉及机器智能方法、技术开发和工程应用，还注重人类智能、机器智能和混合智能的科学基础理论研究。所以作为一个学科专业名称，智能科学与技术更加符合完整学科内涵的描述。

出于如上所述原因，中华人民共和国国务院学位委员会学位办 2022 年发布的新版学科专业目录也是选择将"智能科学与技术"而不是"人工智能"列入一级学科，并归属于交叉学科（学科代码 1405，可授予理学、工学学位）。可以说，这样的定位非常准确！

从这个意义上讲，我更为主张大力推进智能科学与技术学科专业的建设发展，这样才能使基础研究与应用技术开发齐头并进，无所偏废！否则，迟早有一天，由于我们不重视基础研究而在原创性成果方面出现严重不足！遗憾的是，最近四年（2018 年至 2021 年），在 2003 年已经设置了智能科学与技术本科专业的情况下，又设立了人工智能本科专业，并大有取而代之的趋势，不能不说是一大遗憾。

尽管如此，我却不改初心，始终支持智能科学与技术学科专业的建设。我唯一撰写的一部本科教材就是这部《智能科学技术导论》。除了承担厦门大学智能科学与技术本科专业的教学工作外，在过去的七年里，我还为重庆大学外国语学院语言认知与计算专业的博士生和四川外国语大学语言智能学院的首届研究生讲授过这门课程。所有这些努力，就是希望能为智能科学与技术教育事业的发展做出自己微薄的贡献。

我于 2015 年出版的《智能科学技术导论》是一部智能科学与技术本科专业课程的入门教材，随着智能科学与技术本科专业的迅猛发展，这门课程的教材需求量也快速增长。加上作为交叉学科的定位，除了智能科学与技术（含人工智能）本科专业以外，还应该考虑其他开展智能科学与技术交叉研究的相关专业研究生的课程教学。因此，为了更好地反映智能科学与技术专业的发展全貌以及满足交叉学科教学的需要，我结合七年来教材的使用情况和部分反馈意见，决定对该教材进行修订升级，增加和完善相关章节。

在新修订的版本中，有较大变动的章节主要包括第 1 章至第 7 章以及第 10 章，其他章节则做了完善性修改。为了与 10.2 节学习系统相照应，新版对 1.3 节的部分内容做了增删，引入有关人类学习机制的内容（周昌乐，2000）。参照《计算机科学概论：第七版》（布罗克契尔，2003）的相关章节，增加了第 2 章"机器系统"，目的是为没有先修任何计算机类基础课程的学生提供有关机器系统运行的基础知识。

另外，依据《人工智能：上册》（陆汝钤，1995）相关章节内容，替换了原 2.3 节有关问题求解的内容，形成了新版的 3.3 节。依据《视觉计算原理》（周昌乐，1996）相关章节内容，对原第 3 章内容进行了重新改写，主要是更换了 3.2 节和 3.3 节内容，形成了新版的第 4 章。依据《心脑计算举要》（周昌乐，2003）的第 3 章内容，增加了 10.3 节群体智能系统构建内容，将原第 7 章扩张为新版的第 10 章。

除了上述充实的修改之外，新版教材比较大的变动是对原第 4 章内容的扩充。根据《心脑计算举要》（周昌乐，2003）、《抒情艺术的机器创作》（周昌乐，2020）和《机器意识：人工智能的终极挑战》（周昌乐，2021）三部学术著作的相关内容，以及同事张俊松博士提供的有关机器书法方面的图片，将原第 4 章 的 3 个小节分别扩充为第 5 章、第 6 章和第 7 章，以方便学生全面了解所涉及的前沿领域的基本概况。

最后，为了让整部教材的构成更为统一，我对其他部分章节也做了调整与完善。我希望这次的充实和提高，能够让这部教材发挥更好的教学作用，为智能科学与技术专业的本科学生提供更加全面的学科基础知识。

七年来，学术界和企业界对了解智能科学与技术的需求呈不断增长趋势。因此，出版一部反映该学科领域且知识性、系统性和前沿性并重的基础入门教材，不但是国内智能科学与技术专业教学的急切需求，也有助于扩大该学科专业知识传播的深度与广度。根据初版教材 2015 年以来的销售情况，高校和社会对这方面知识的需求还是比较可观的。我们相信，随着智能科学与技术的进一步普及和发展，国内外希望了解智能科学技术基本知识的读者势必会越来越多，对相关图书的需求肯定也会越来越旺盛。

这部教材是迄今为止国内为数不多的全面系统介绍智能科学与技术基本状况的本科教材。对急于了解智能科学与技术基本内容的国内读者，本教材更是极佳的学习资料。通过这次修订升级，这部教材关于知识性、系统性和前沿性的特色得到了进一步提升。与已经出版的有关人工智能的书籍仅仅介绍机器智能不同，这部入门级教材还关注人类智能及其与机器融合的混合智能。因此，这部教材更加体现了智能科学与技术学科交叉的特点以及未来的发展趋势！这，也是我七年来复之所愿。

周昌乐

第 1 版前言

　　智能科学与技术专业是一个新兴的学科专业，也是一个发展极为迅速的学科专业。自北京大学 2003 年率先获教育部批准建立，并于 2004 年开始招收该专业本科学生以来，目前在全国已有 10 余所高校建立了智能科学与技术系，30 余所高校设置了智能科学与技术本科专业。但是遗憾的是，由于属于尚在不断发展之中的新兴学科，该专业的教材建设相对滞后，特别是专业入门教材更为短缺，远远不能满足该专业的教学需求。

　　厦门大学是全国第三个建立智能科学与技术系的大学，并于 2007 年正式招生，开始了智能科学与技术专业本科生的培养。在该专业办学伊始，厦门大学智能科学与技术系就十分重视教学质量的管控，考虑到笔者从事人工智能研究的时间相对较长，因此推荐笔者承担该专业入门课程的教学任务。

　　鉴于教材缺乏，自从承担入门课程的教学以来，笔者便有意留心教材的撰写工作。虽然由于身体和出国原因，笔者担任的该课程教学任务曾经中断过一段时间，但教材的撰写一直没有中断。2011 年访学美国一年回国后，笔者又继续担任该入门课程的教学工作，开始采用初步撰写的教材进行授课，并取得了较为满意的教学效果。

　　现在，又经过 4 年的不断改进与讲授，该课程教材终于能够出版面世了。应该说，对于从未为本科生撰写过教材的笔者来说，能够为智能科学与技术专业的教材建设做出一点微薄的贡献，还是感到十分欣慰的。

　　本教材共分为五部分。第一部分只包含第 1 章"概述"，旨在让学生了解智能科学与技术学科的概貌，包括学科内涵的界定说明、学科发展的简短历史以及有关人脑运作机制的论述。其中 1.2 节"智能简史"和 1.3 节"人脑机制"的撰写主要参考了《心脑计算举要》（周昌乐，2003）第 1 章的相关内容，并根据最近十几年的学术进展加以补充和完善。

　　第二部分只有第 2 章"算法运用"，旨在让学生了解智能科学与技术学科所依仗的算法工具，不但介绍算法及其性质、构建算法的步骤以及算法结构的分析，还介绍运用算法思想来求解智力问题的策略。本章的内容除了来自《无心的机器》（周昌乐，2000）相关章节之外，部分内容根据美国布罗克契尔所著《计算机科学概论（第七版）》的相关章节架构有针对性地改造、丰富和完善而形成，特此致以衷心感谢。

　　第三部分包括三章，反映了智能科学研究最为核心的内容，旨在让学生了解智能科学主要涉及的研究对象及其方法。第 3 章"环境感知"、第 4 章"思维运作"和第 5 章"行为表现"分别从人类智能处理过程的主要环节来讨论机器智能实现可能采取的具体策略。本部分各章节内容主要来自《无心的机器》和《心脑计算举要》的相关章节，并根据各个涉及领域的最新进展加以完善而成。

第四部分主要介绍智能学科有关技术应用方面的核心内容，包括第 6 章"智能接口"、第 7 章"智能系统"和第 8 章"智能社会"，希望通过系统的教学让学生了解智能技术在社会和经济建设发展中的重要应用领域，进而意识到该学科对未来智能社会发展的技术支撑作用。为了尽可能体现当代成熟的智能方法、技术及其应用，各章节内容除了援引笔者自己的著述外，主要博采众家相关文献并加以改写而成，对所有引用文献的作者致以衷心的感谢。

最后一部分只有一章内容，即第 9 章"展望"，涉及哲学思辨和学科前景的思考，教学的主要目的是培养学生的独立思考能力和科学批判精神。

从撰写教材的指导思想来看，基础性、前瞻性、生动性是笔者主要遵循的宗旨。所谓基础性，是要求学生掌握智能科学与技术专业的基本概念、知识和方法，了解本学科的研究对象、任务与历史。所谓前瞻性，是要求学生具备独立把握学科发展趋势的宽阔视野，并对学科前沿研究领域和应用前景有充分的认识。所谓生动性，则是要求教材不但思想深刻先进、内容丰富多彩，而且讲述形式生动有趣，能够激发学生对本专业的兴趣和热爱。

当然，目前智能科学技术学科尚未成型，但其蓬勃发展的趋势必将是不可阻挡的。众所周知，影响社会形态发展的核心要素主要有观念、制度和技术这样三个层面，其中技术是社会发展变革的动力。当今是信息技术支撑的信息社会时代，而信息技术的高级阶段是智能技术，因此未来必将进入智能社会的时代。实际上，从智能手机、智能家居、智能社区到智慧城市，智能科学与技术确实发挥着越来越重要的作用。因此，这样一部新兴学科专业的入门教材，在智能科学与技术专业的人才培养中也一定会越来越重要。

最后，衷心感谢厦门大学智能科学与技术系的全体同人对笔者这门课程教学工作的支持。特别要感谢曾多年接替笔者担任此门课程教学工作的陈锦秀博士，第 2 章算法运用方面的内容参考了其授课课件。另外，还要感谢历届智能科学与技术专业学生的意见反馈，如果没有他们的支持，这部教材也没有出版的可能。

作者

2015 年 9 月

教 学 建 议

教学章节	教学要求	课时
第1章 概述	掌握智能科学与技术学科的内涵，包括性质、特点和任务，在信息类学科群中的地位以及推动社会进步的作用 了解智能科学的发展历史，包括早期的草创期、后来的积累期，以及目前的成熟期 了解人脑以及工作原理，包括人脑结构功能定位、神经网络的联结结构以及脑神经活动的学习适应能力等	3
	开放式讨论有关智能科学、神经科学和认知科学等热点问题	1
第2章 机器系统	了解机器系统中的数据存储方式，包括数字位及其存储、存储器及其容量，以及数据二进制表示方式 了解机器系统中的数据处理方式，包括机器体系结构、机器指令语言，以及机器程序执行机制 了解机器系统中操作系统的基本原理，包括操作系统体系结构、如何组织协调机器活动，以及网络操作系统概述	3
	补充讲授有关人类发明和建造计算机器的发展历程	1
第3章 算法运作	掌握算法构造方法，包括算法及其性质、描述算法的伪码方法以及算法构造的具体过程 了解算法结构及其主要特点，包括算法选择结构、算法迭代结构、算法递归结构，了解不同算法结构对算法复杂性的影响 掌握编制问题求解程序的基本搜索算法，特别是盲目搜索算法、启发搜索算法以及博弈搜索算法等非常常用的机器搜索算法	3
	讨论深蓝、阿尔法围棋（AlphaGO）、阿尔法零（AlphaZero）等智能系统战胜人类优秀选手的意义	1
第4章 环境感知	掌握机器视觉的基本知识，包括机器视觉的发展概况、机器视觉的一般计算过程，以及机器视觉涉及的主要计算环节 掌握图形分析的基本方法，包括边线合成方法、区域生成方法和纹理识别方法 了解机器视觉中有关景物理解的实现途径，包括如何获取景物空间信息、景物匹配识别方法以及主动视觉计算问题等	3
	补充讲授有关图像处理技术的基本方法	1
第5章 语言理解	了解语句理解的主要内容，包括意群语词分割、句法依存分析以及语境意义获取 *了解语义理论的主要内容，包括范畴分析语法、内涵类型逻辑语义表示，以及语义映射规则等 了解语篇分析的主要内容，包括语篇表述理论、语篇指代消解算法，以及语篇理解系统的构建方法	3
	开放式讨论有关语言理解中预设、隐喻以及修辞等语用现象的计算处理问题	1
第6章 意识整合	了解意识科学的研究现状，包括科学研究线索、意识活动的神经生物基础，以及主要的意识科学解释理论 了解机器意识的研究现状，包括机器意识研究概况、典型的全局工作空间理论，以及机器意识困难所在 *了解机器意识的信息整合途径，包括意识信息整合基本原理、机器意识的信息整合认知体系，以及如何构建信息整合的意识实验系统	3

（续）

教学章节	教学要求	课时
第6章 意识整合	开放式讨论有关机器意识前沿智能科学问题	1
第7章 艺术创造	了解艺术创造的情感驱动机制，包括人类情感神经系统、人类情感的作用机制，以及艺术创造的情思审美表达模式 ＊了解情感艺术创造的创意模型，包括情智纠缠机制、创意发生的类量子性过程，以及新奇性、创造性思维的量子计算模型 了解机器艺术创作涉及的主要类别，包括机器音乐创作及其机器实现、机器书画创作实例，以及机器诗歌创作的计算方法	3
	鼓励学生就自己感兴趣的艺术形式，编制程序来进行具体机器创作探索	1
第8章 行为表现	了解人体运动系统的神经机制，包括人体运动控制机制、运动神经系统的工作原理以及躯体运动定位的一般规律 了解机器仿人行为的研究现状，包括研制仿人机器人的现状、机器行为的强化学习方法以及机器人仿人行为的实现 了解机器歌舞实现的主要内容，包括机器歌舞概述、歌舞动漫仿真方法、机器歌舞创作的计算模型等	3
	参观相关的智能机器人实验室，加深对机器行为控制难度的认识	1
第9章 人机交互	了解人机会话系统的实现原理，包括话语识别环节的实现原理、话语语音生成环节的实现原理，以及会话管理环节的实现原理 了解机器情感交流的研究现状，包括情感信息识别、情感媒体表达，以及情感交流系统的主要内容 了解脑机融合前沿技术的发展趋势，包括脑电发生原理、脑电信号解读，以及脑机融合系统	3
	开放式讨论有关脑机接口、脑机融合以及脑联网等前沿问题	1
第10章 系统构建	掌握经典智能系统的工作原理，包括结构知识表示方法、过程知识表示方法以及专家系统构建原理 掌握学习智能系统的构成方法，包括神经专家系统、演化神经系统以及综合智能系统等构成原理 ＊了解群体智能系统的构建方法，包括应变型智能主体、认知型智能主体以及协调性群体系统	3
	演示若干典型的智能系统，如传统专家系统、混合智能系统或智能机器人系统	1
第11章 智能社会	了解智能家居的系统架构，包括智能家居整体架构、智能家居功能实现以及智能家居核心系统 了解智能交通的系统架构，包括智能交通功能构成、车辆行驶路径规划以及智能车辆自动驾驶 了解智慧城市的系统架构，包括智慧城市整体架构、智慧城市应用系统以及智慧城市核心技术	3
	邀请具有丰富开发经验的智能社会工程系统架构师介绍相关工程项目	1
第12章 展望	掌握机器困境的基本知识，包括形式系统局限性、不可计算性证明以及计算能力的限度等 了解智能哲学的主要观点和范式，包括心智能否被计算的观点争论、图灵测验范式的运用以及钵中之脑的启示 了解学科前景的主要发展趋势，包括强弱人工智能观点、心智计算的自然观以及智能科学的新趋势	3
	开放式讨论有关植入芯片、心灵控制、大脑扫描等带来的智能哲学问题	1

说明：

①理论教学按照每章3课时配置，共36课时。

②讨论、补习、观摩环节课时按照理论教学课时的1/3配置，共12课时。

③可将该课程的理论教学全部安排在多媒体机房中，以2课时为一个教学单位，理论教学共需18个教学单位，每周1个教学单位，共18周。

④带＊部分属于比较高深的教学内容，如果实际教学周不足18周，则可以优先考虑去除该部分的内容。

CONTENTS

目　录

⊖ 带 * 号章节涉及比较高深的学科研究范围，可以选择不作为课程讲授的内容。

第 1 章

概　述

任何一个学科都有自己研究的对象、任务与历史。本章我们首先就这一学科的基本概况、发展历史以及研究对象做简要的论述，希望读者学习伊始就能够对本学科有一个整体性的认识。

1.1　学科界定

智能科学与技术学科的核心概念就是"智能"（intelligence）。那么如何界定"智能"这一概念呢？应该承认，智能科学与技术学界对这一基本概念的认识目前尚无一致接受的观点。从某种意义上讲，一个学科的主要任务之一往往就是要厘清其最为核心的概念。比如美学研究的目的就是要弄清"美"这一概念的内涵和外延。正因为对"什么是美"有着各种不同的解释，所以就产生了观点迥异的诸多美学学派。智能科学与技术学科也一样，由于研究问题的角度与目标不同，对"智能"的性质、作用及其形成机制等也有种种不同的解释。我们这里主要对目前智能科学与技术涉及的学科基本内涵、学科地位和作用以及学科人才培养要求等进行概要说明。

1.1.1　作为新兴学科的内涵

首先我们来讨论什么是智能。通常人们愿意将智能看作一种心智能力，因此从科学角度讲智能必然与神经机制和认知活动密切相关。不过，不同于生物层次描述的"神经"和心理层次描述的"认知"，"智能"更多的是偏重于宏观行为层次的描述。

美国学者马隆（Thomas W. Malone）在《超级思维》一书中认为："智能是一种非常普遍的心理能力，除了其他因素之外，还包括推理、规划、解决问题、抽象思考、理解复杂观点、快速学习和汲取经验的能力。它不只是表现书本学习、狭义的学术技能和智能测试。更确切地说，智能反映了我们对周遭环境的一种更广泛与深层次的理解能力，即对事物的'认知'、'了解'，或者'明白'自己该做什么。"

如果要做更为系统全面的描述，智能可以定义为适应环境的学习能力、灵活机智的反应能力以及预想创造的思维能力等。应该说，"智能"一词重在"能"字，指的是一种心智能力，所以特别强调心智机制的实现。智能与学习、适应、感知、理解、推理、判断、情感、预想、创造、行为和意识等心理能力均密切相关。诸位读者，不知你们心目中的"智能"定义又是什么，不妨也给出一个自己认可的定义。

虽然对学科核心概念"智能"难以界定，但智能科学与技术学科本身的研究对象和任务还是比较清晰的，人们对此有着比较统一的认识。归纳起来，该学科的目标性界定可以陈述为：将人类智能（部分地）植入机器，并通过综合性先进技术，使其更加"聪明"灵活地服务于人类社会。根据这个定义，智能科学与技术专业的学科内涵将涉及智能哲学、智能科学、智能技术等多个方面，下面我们分别简要加以论述。

（1）智能哲学

在上述学科界定陈述中，"部分地"一词涉及心灵哲学，特别是智能哲学的研究问题：机器能够拥有人类哪些部分的心智能力，抑或是全部？人类具有美妙绝伦的心智能力，机器能否也可以拥有与之相媲美的心智能力呢？

比如，英国一位名叫渥维克的学者在《机器的征途》一书中，不无耸人听闻地宣称，到了 2050 年机器将取代人类成为这个世界的主宰，而人类将丧失最终的智力优势。难道这真的将成为未来的现实吗？或者更加直白地说，机器真的会拥有与人类相同的心智能力、也能够像人一样会哭会笑并意识到自己的情感波动、像人一样具有创造性能力并会不断自我完善、创造出更加聪明的机器后代吗？

还有，高度智能化机器引发了有关伦理、人类与机器全新交往方式，以及所谓人类与机器混生时代是否已经到来的问题讨论。特别是，如果机器真的达到甚至超过了人类的智能，那么机器能够拥有人类社会的公民资格，享受和人一样的各种公民待遇吗？我们应该如何解释和约束智能机器的复杂行为？我们需要针对智能机器制定各种伦理道德规范或法律法规条例吗？所有这些问题，都属于智能哲学研究探索的范畴。

（2）智能科学

要将人类智能植入机器，自然要涉及狭义认知科学研究，这主要关注的是智能理论研究内容。在认知科学的范围内，所谓狭义的认知科学就是"心智计算理论"，它构成了智能科学技术的理论核心内容。加拿大著名的认知科学家萨伽德认为："认知科学的中心假设是CRUM（Computational-Representational Understanding of Mind），即对思维最恰当的理解是将其视为心智中的表征结构，以及在这些结构上进行操作的计算程序。"因此，对心智计算 - 表征的理解成为心智计算理论的核心任务。

萨伽德对心智计算理论的任务描述也可以看作对智能科学研究任务的界定。与计算机科学中"程序"概念对比，智能科学更多地关心"思维"概念，因此可以有如下的类比：

$$程序 = 数据结构 + 算法 \sim 思维 = 心理表征 + 计算程序$$

这样，结合脑科学、心理学和语言学，智能科学理论的主要研究内容及其关系就可以用图 1-1 来呈现。

从图 1-1 中不难看出，智能科学理论主要运用计算理论，围绕着人类心智能力，开展神经计算建模、认知程序模拟和自然语言处理这三个方面的研究内容。神经计算建模主要是探索人脑中神经活动的运行机制如何通过计算建模的方式来描述，认知程序模拟则是将人类宏观的认知行为表现用编程的方式来实现，自然语言处理主要是为让机器实现人类所拥有的语言能力而开展的研究工作。

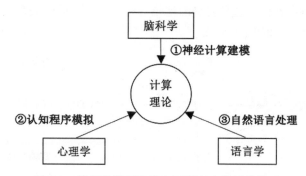

图 1-1　智能科学理论的主要研究内容及其关系

（3）智能技术

将人类智能植入机器，并使其发挥作用的工作，毫无疑问就会涉及具体的技术实现问题。在这个方面，除了研制机器本身之外，主要涉及各种智能信息处理方法，特别是那些最为关键的核心智能方法及其实现技术。

应该说，智能科学与技术学科的奇异之处就是试图将一长串严格形式化的规则放在一起，用这些规则教会不灵活的机器变得灵活起来。此时，就会涉及具体方法的技术实现问题，包括智能计算技术、智能控制技术、人机交互技术、系统构成技术、智能应用技术等。这就需要研究各种有效的智能方法及其实现技术，使得制造更加灵活的智能机器成为可能，也使得人类自身智能增强成为可能。但也必须指出，真正有效的智能方法及其实现技术的形成恰恰也就是智能科学具有挑战性的核心问题。

通常任何事物均可以从不同的层次去描述，特别是复杂的事物，往往可以从多个层次去描述。一些简单的事物往往只需从一个层次来描述，比如非智能化算法程序的编制，仅仅涉及数据加工变换这一个层次的问题。但智能科学技术研究中的一个重大问题，则是要给出跨越不同层次之间鸿沟的描述途径，也就是如何构造一个系统，使它可以接受一个层次的描述，然后从中涌现性地生成另一个更高层次的描述。

在复杂智能系统中，最低层次就是数据处理层次，而最高层次则应该涉及意识能力涌现的问题。从智能科学技术角度讲，目前仅仅依赖于预先编程的机器还不可能在一个更高的意识层次上处理问题。因此，智能科学技术的研究发展任重道远。

总而言之，智能科学技术是让机器拥有人类心智能力的关键所在。层出不穷的各种机器智能实现方法也成为智能科学技术不断发展的动力，并构成了智能科学与技术学科长期积累的最为主要的内容。

1.1.2　在信息社会中的地位

从上面的论述中，我们了解了智能科学与技术学科的目标任务及其广泛的研究内容。现在，根据其主要的学科目标、任务和内容，我们也不难说明该学科在整个信息科学与技术及信息社会发展中的重要地位。

信息科学与技术学科群主要包括电子科学与技术、通信科学与工程、控制科学与工程、计算机科学与技术以及智能科学与技术（或称为人工智能）等五个本科专业。为了读者大略了解不同学科在整体信息学科群的地位与它们相互之间的关系，我们给出一个"信息类学科 ICE 关系图"，如图 1-2 所示。

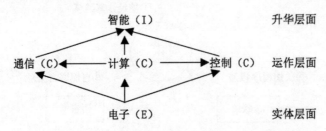

图 1-2　信息冰山：信息类学科 ICE 关系图

在图 1-2 中，"电子"是基础（E），"计算"提供核心方法，并与"通信"和"控制"共同构成信息科学与技术的基本运作手段（3C），"智能"则是进一步的发展趋势（I）。显然，基于"E"上的"3C"均可加以"I"化发展，代表着信息科学与技术的前进方向与未来。

如果将整个信息学科看作海洋中的一座冰山（刚好全部学科构成的英文名称首字母组成"ICE"），那么智能学科就是露出海面的冰山尖。尽管冰山尖"I"只占冰山体积的八分之一，但是一旦阳光普照，便能熠熠生辉。要知道"无限风光在险峰"，智能学科技术发展尽管无比艰难，险阻无数，但一旦有所突破，便可以发出耀眼的光芒。

因此，智能科学与技术在社会发展进程中所起的作用巨大，学科前途不可限量。研究开发出来的智能技术要灵活地服务于人类社会，就涉及智能产品的研发，这属于智能科学技术应用研究的内容。未来重大产业的发展机遇必将出现在以人工智能（Artificial Intelligence，AI）、混合智能（Cyborg Intelligence，CI）和智能增强（Intelligence Augmentation，IA）为核心内容的智能科学与技术领域。

当然，智能科学与技术领域的发展强大离不开对人类心智深入探索的脑科学研究。就像人类基因组计划带动生物技术的革命一样，人类大脑计划也将成为新兴智能技术革命的驱动引擎。所以，随着脑科学研究的不断进步，它带来的脑机融合技术也一定会为智能科学技术插上快速发展的"翅膀"。

应该看到，我们正处在一个信息化的时代，支撑这个时代的技术就是信息技术，而信息技术的前沿技术就是智能技术。因此，信息化不可能只停留在数字化之上，如数字家庭、数字城市、数字媒体、数字地球等，而是应该不断走向智能化，即从智能家居、智能社区、智能城市、智能社会，一直到智能全球化。

在当今社会发展过程中，智能技术不仅是信息技术发展的驱动力，而且其本身也越来越成为信息技术的主流。这就意味着，智能技术在当今和未来的社会中，必将具有极为广泛的用武之地，未来智能技术的应用前景必将无比广阔。

我们身处的 21 世纪不仅仅是信息社会，同时也将是发达的智能社会。就像信息技术是信息社会的核心支撑技术一样，智能技术也必然是智能社会的核心支撑技术。众所周知，构成社会形态的三个要素（思想观念、社会制度和生产技术）中，起决定性作用的是生产技术，技术层面的进步必定会带来社会形态的变革。我们从人类社会的发展历程已经看到了这样的必然规律，石器时代（原始社会）、青铜器时代（奴隶社会）、铁器时代（农业社会）、蒸汽机时代（工业社会）、电子时代（信息社会）无不如此。

到了眼下这个智能时代，我们目睹了很多新技术的诞生。三维打印、量子计算、精密医疗、无人驾驶、虚拟现实、智能软件、机器学习、智能机器、脑机接口、文化计算、机器翻译、海量数据、合成生物、神经植入、混合智能等先进技术，已经构成了以智能技术为核心的综合技术集群，可以称之为综合性智能技术。

回看历史，生产技术的进步也是带动一次次工业革命的动因。就像蒸汽机技术带来第一次工业革命、内燃机和电气技术带来第二次工业革命、电子信息计算技术带来第三次工业革命一样，先进的人工智能技术、智能增强技术以及混合智能技术等综合智能技术群，带来了正在展开的、全新的第四次工业革命。

电子信息计算技术的进步带来了传统生活方式和社会交往形式的改变，从而导致人们价值观念体系的重大变革。从技术层面讲，电子信息计算技术高度发展的最终表现形式就是综合性智能技术。社会变革的最终形态也必将为智能社会，因此可以说，智能社会就是信息时代的社会最终表现形态。

更加确切地讲，信息化社会的发展分为三个阶段：电子化、数字化和智能化。其中，智能化是信息化的高级阶段，因此信息社会的高级阶段必将是智能社会，智能化也就成为必然的发展趋势。从这个意义上讲，作为智能科学与技术专业的未来人才，没有理由不扎实地掌握先进的智能科学技术，为建设智能社会做出贡献。

1.1.3　学科人才培养的要求

智能社会的形成和发展无疑也会带来一场教育方式的变革。在智能社会中，社会经济发展形态必然以知识经济为主导。在以知识经济为主导的智能社会中，智能科技创新人才将处于经济支配地位，也是体现国家竞争力的社会群体。这意味着，拥有智能科技创新人才的水平和数量，决定着未来社会的发展高度。因此，教育培养具有丰富技能和见识的智能科技创新人才，就成为未来国家竞争力的关键所在。

显而易见，对于智能科学与技术学科培养的人才而言，要在未来的智能社会发挥主导作用，也要努力成为智能科技创新人才！问题是，我们如何才能够培养出具有智能科技创新能力的人才呢？智能科学与技术的专业教育应该注重哪些技能与素质的培养呢？大致说来，一名合格的智能科技创新人才，起码应该具备五个方面的能力，如图 1-3 所示。

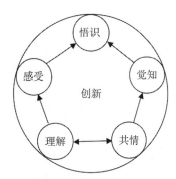

图 1-3　智能科技创新能力构成

（1）团队协作能力（核心是共情力）

人是社会性的，因此无论学习什么专业、从事什么职业，要想在社会中有所成就，团队协作能力都是至关重要的。智能科技创新人员通常会在一个团队中协同工作，共同面对问题和寻找解决问题的方法，因此需要经常交流，主要是通过口头介绍、做报告、讨论方案等方式就模型、算法、数据等内容进行充分交流，然后团队达成一致意见，以便执行计划。显而易见，团队协作效果好坏的关键就在于团队成员的共情沟通能力。因此，作为个体，要培养团队协作能力，关键在于共情沟通能力的养成。

（2）抽象思维能力（核心是理解力）

抽象思维能力是洞悉事物内在规律、把握事物因果关系以及更有条理地处理社会关系的重要能力。抽象思维能力用于发现模式和含义，这正是智能科技创新的本质所在，也是理解能力的核心。在抽象中现实必须被简化，以便能被理解和使用新方法处理。于是，大量混乱的信息就可以被整合和吸收，以揭示新问题、新的解决方法和新选择。遗憾的是，有些本科教育不是让学生自己解决问题、寻求答案，而是把标准答案强加于他们，而学生所要做的只是把陈旧的知识死记硬背地留在大脑中。显然，这样培养出来的学生很难具有智能科技创新能力。因此，作为智能科学与技术专业的学生，必须通过大量数学基础课程的训练，来培养强有力的抽象思维能力。

（3）艺术审美能力（核心是感受力）

艺术审美能力的培养涉及情感体验问题，是感受能力培养的主要途径，因而也是生活幸福体验的关键能力。理工类专业的学生更容易忽视感受体验能力的重要性。我们特别强调，一个人的一生要想去除烦恼、获得幸福的生活，感受能力最为重要。从事智能创新科技工作往往要参与全球化竞争，工作压力大、知识更新快、时间紧迫感强，心理健康问题成为最大的挑战。焦虑、抑郁、烦躁等不可避免，甚至出现焦虑症等精神类疾病。何以解忧？这就需要通过艺术审美途径来养成良好的情感感受能力，保持心情健康愉悦。

（4）科学实验能力（核心是觉知力）

为了培养较高形式的创新性抽象思维能力，必须学会开展科学实验。学生通过科学实验，不断试错，就会增加把握事物内在规律的觉知能力。这种能力能够使人从种种迷惑的表象中找到秩序，领会事物之间的因果关系。在智能科技创新过程中，养成科学实验的习惯并掌握实验方法至关重要，因为我们的智能技术、用户需求和产品市场都在不断变化中。唯有不断开展科学实验，才能获得最为前沿的创意思想，才能引领智能科技的发展。在全世界最好的大学里，培养人才的重点都是通过配备健全的实验工具让学生自己通过实验寻找解决问题的方法，而不是给学生指引一条规定的途径。

（5）系统综合能力（核心是悟识力）

系统综合能力是将前面四种能力进一步综合推进发展起来的一种系统思维能力。为了发现新的机会，一个人必须能看到整体，具有悟识能力。有了这种系统综合能力，才能够懂得现实的各个部分联结在一起的过程。在现实世界中，出现的问题很少是预先定义好和易于分割的。智能科技创新人员的头脑要被训练成抱有怀疑态度、充满好奇心和富有创造性。创造性的涌现来自理解觉知与共情感受的交汇之中。遇到问题，要运用系统思维方式，不断地试着识别其中关键的原因、结果和关系，试着用不同形式去解决问题。培养学生系统综合能力，重要的是要教导学生多问为什么，所谓不疑不悟，要努力找到问题之间联系的途径。

　　为了培养造就高质量的智能科技创新人才，我们的教学方案必须做相应的调整，并加大教学经费的投入。因为传统的应试教育、填鸭式学习、知识灌输式方法，对于培养合格的智能科技创新人才而言无济于事。必须吸引更多的优秀人才加入智能科学与技术的教师队伍之中，彻底改变目前不适应未来智能社会发展的师资状况。

　　智能科技创新人员的工作任务是识别问题、解决问题和推广成果，这些都离不开具体智能科技创新活动的实践，并要在实践中不断丰富自己的技能与见识。根据发达国家现有的经验，具有活力的智能科技创新人才往往是在智能科技创新的氛围中不断成长起来的，所以终身教育非常重要。社会需要形成知识生态创新区域，把与智能科技创新相关的公共资源集中建设，如会议中心、科研园区、具有世界水平的大学、国际机场和可以随时到海边或山上休闲的便利的交通，等等。

　　英国学者格拉顿和斯科特在《百岁人生：长寿时代的生活和工作》一书中指出："鉴于技术上的转变，教育与学习成长对职业发展有利的三个关键领域是：思想和创造力发展领域；人类技能和共情发展领域；核心便携式技能开发领域，例如精神灵活性和敏捷性。"也就是说，"支持创意、创新和创造的教育可能会越来越重要"。我们必将进入一个知识创新的智能社会新时代，因此我们的智能学科教育也必须跟上时代的发展步伐。

　　作为智能科学与技术专业的学生，就是要通过系统专业知识的学习，不断提高自己的工作能力、专业素质和思想境界。一方面要充分了解本学科的基本内容，包括概念、思想、方法、趋势及挑战等；另一方面，则要拓展相关学科知识面、开拓视野眼界、提高思维能力、转变思想境界。通过上述五种能力的培养，努力成长为未来智能社会建设洪流中的智能科技创新人才，切实为加快智能社会的发展做出自己的贡献。

1.2　智能简史

　　比起其他学科，智能科学与技术学科正式的历史显得十分短暂。但再短的历史，读史照样可以明智。通过回顾智能科学简短的历史，也许我们能够对如何进一步推动智能科学技术的发展进程有更加清醒的认识。

1.2.1　智能科学的草创期

　　现代计算机的诞生及其所表现出来的越来越强大的计算能力，为智能科学与技术的研究提供了越来越先进的实现工具。这便促使科学家们开始考虑机器能不能像人脑一样思考的问题。1950 年，英国著名数学家、理论计算模型图灵机的提出者图灵运用他非凡的才智，在《心智》杂志上发表了一篇题为《计算机器与智能》的文章，第一次提出了"机器能不能思考"这一重要课题。从此拉开了人类史上智能科学研究的序幕。

　　智能科学肇始于早期人工智能的研究。所谓人工智能指的是这样一种科学研究领域，它主要研究如何使机器去做过去只有人才能做的智能工作。1956 年夏天，作为对图灵所提出课题的一种响应，美国的一些科学家，包括明斯基、香农、莫尔、塞缪尔、罗杰斯特、塞尔夫利奇、西蒙、纽厄尔以及麦卡锡，在美国达特茅斯学院联合发起召开了第一次人工智能学术研讨会。经麦卡锡提议，会上正式决定使用"人工智能"（Artificial Intelligence）来概括会议所关注的研究内容。从此，人工智能也就被宣告作为一个独立的研究领域正式诞生。

人工智能研究领域一经正式形成，在最初的十年时间里（大约于1956—1965年，史称早期的热情期），主要围绕着问题求解研究展开，产生了以机器翻译、定理证明和模式识别等为主的一大批研究成果，如图1-4所示。伴随着研究工作的展开，也形成了逻辑符号、神经网络和遗传演化三种主要的智能方法雏形，确立了人工智能进一步深入研究的基础。

自然语言的机器翻译也许是人工智能研究中最早的研究领域。电子计算机刚问世，人们就有了机器翻译的想法。到了1953年，美国乔治敦大学的语言系进行了第一次机器翻译的实际试验。1954年，IBM公司在701机上进行了俄英翻译的公开表演。1956年，另一个对自然语言处理有深远影响的成就是乔姆斯基（N.Chomsky）提出的一种转换生成语法，开创了形式语言的研究先河。

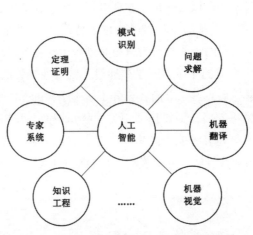

图1-4　早期人工智能主要关注的研究领域

在人机博弈和定理证明方面，塞缪尔编制的跳棋程序具有一定的积累经验的自学习能力，并于1962年获得美国州级跳棋冠军。作为数学定理证明的最初尝试，纽厄尔编制的"逻辑理论家"程序可以模拟人类用数理逻辑证明定理的思想，采用分解、代入和替换等规则来进行定理的自动证明。1963年，"逻辑理论家"程序就独立完成了英国数学家怀特海和罗素所著的《数学原理》第一章中的全部定理的证明。

此后的1965年，美籍华裔数理逻辑学家王浩和美国数理逻辑学家鲁宾逊在机器定理证明方面取得了更大的成就。他们采用消解方法，结果机器不仅在数分钟内证明了《数学原理》一书中的全部命题演算定理，还证明了该书中大部分谓词演算的定理。可以说，正是消解方法的提出，使得机器定理证明取得了长足的进步。1963年，斯莱格尔通过编制符号积分程序，解决了一些困难的数学问题。

早期人工智能研究的另一个领域是通用问题求解。纽厄尔、肖和西蒙合作编制了通用问题求解程序 GPS。该程序能够求解 11 种不同类型的问题，其中包括逻辑表达式的符号处理，这在人工智能发展早期产生了重大的影响。

在字符识别方面，塞尔夫利奇于 1956 年研究出第一个字符识别程序。这样的研究后来被更为广泛的模式识别研究所取代。到了 1965 年，美国 MIT 人工智能实验室的罗伯兹编制了多面体识别程序，开创了机器视觉的新领域。

除了上述以符号逻辑方法为基础的人工智能研究外，早期人工智能在神经模型和演化计算方面也进行了初步的探索。1957 年，罗森布拉特首次引入了感知机的概念，将神经元模型用于感知和学习能力的模拟，开始了联结主义方法的研究。大约在同一时期，霍兰德的遗传算法、斯威弗的演化策略和福格尔的演化规划等就分别开始了模仿自然生物进化机制的演化计算研究。

1.2.2　智能科学的积累期

但上述早期的研究方法并没有真正产生任何富有成效的成果，除了解决有限的简单任务外，当初许下的诺言并没有兑现。接下来遇到的种种困难很快使人们对人工智能的发展前景失去了信心。在经过最初十年的热情期之后，人工智能研究遇到了第一次全面的挫折。随着人工智能研究基金在全球范围内的削减，人工智能研究进入了低潮（大约于 1966—1975 年，史称黑暗期）。

于是人们开始了认真的反思：一方面以德雷福斯为代表的哲学学派对强人工智能派进行了无情的批驳；另一方面以费根鲍姆为代表的人工智能学派看到了早期"无知识表示"方法的局限性。在人工智能面临种种困难的处境中，人们认识到要想摆脱困境，只有大量使用知识。到了 20 世纪 70 年代后期，知识工程、机器学习和专家系统等研究领域迅速兴起，人工智能研究进入了一个以知识表示、获取和利用为主的复兴期（大约于 1976—1980 年）。

在此期间，逻辑符号主义方法得到进一步加强，各种知识表示方法层出不穷，逻辑的、文法的、脚本的、框架的、语义网的等应有尽有。特别是以学习机制模拟的研究已成为实现人工智能目标的新途径和主流。一方面，在这样的研究带动下，加上各种搜索策略的发展，以专家系统为核心的应用得到空前的成功。另一方面，由于弱人工智能有限目标的主导作用，人工智能各个分支领域，如机器视觉、机器推理、机器翻译和问题求解等也得到了不同程度的发展进步。

但对于强人工智能的目标而言，基于逻辑符号主义方法的根本局限性问题依然存在。正如侯世达在《哥德尔、艾舍尔、巴赫：集异壁之大成》一书中指出的："一旦某些心智功能被程序化了，人们很快就不再把它看作'真正的思维'的一种本质成分。智能所固有的核心永远是存在于那些尚未程序化的东西之中。"很明显，由于哥德尔定理的存在，只要人工智能走不出逻辑符号主义方法的阴影，就难以真正找到光明的出路。

正是认识到了这一点，进入 20 世纪 80 年代后，除了在符号逻辑主义方法方面的进一步发展外，人工智能的研究还重新肯定了早期研究中的神经联结方法和遗传演化方法。经过全面复兴和发展，神经联结方法和遗传演化方法成为占主导地位的新方法。人工智能的研究也迎来了一个全面繁荣的新时期（大约于 1981—1990 年）。

首先，在逻辑符号研究方面：一方面，知识表示、机器学习和关于常识的推理等技术得到进一步发展，形成了各种精湛的机器推理技术，如非单调推理、默认推理、定性推理、模糊推理、概率推理以及认知状态推理等；另一方面，作为对序列符号处理的突破，分布式人工智能随着智能主体，特别是多智能主体系统研究的出现，已然成为逻辑符号主义方法进一步发展的新希望所在。多智能主体系统强调无表示智能，集群相互作用机制，信念、愿望和意图的协商、协调和协作机制以及群体创造力等。

在神经联结研究方面，自1982年霍普菲尔德提出了HNN神经网络模型以后，神经联结方法异军突起，很快成为20世纪80年代人工智能研究的主导方法。反传播、自组织、自学习、自适应等各种神经网络模型几乎遍及人工智能的所有领域。由于神经联结方法与大脑神经系统和复杂系统的非线性动力学相关联，又不同于逻辑符号方法，能够避开知识表示带来的困难，因此给人工智能的发展带来了美好的憧憬。

几乎与此同时，与神经联结方法主要以解决优化问题为特点相类似，作为对神经联结方法权值选择困难不足的重要补充，促使基于生命遗传演化思想的计算方法的崛起。20世纪80年代，经歌德贝吉归纳总结，形成了遗传演化方法的基本理论框架。一个时期，遗传算法、演化程序和人工生命呈现出勃勃生机，引领了人工智能发展的新潮流。

在20世纪80年代同时兴起的还有环境行为主义的思潮，即主要以美国麻省理工学院的布罗克斯为首的人工智能专家倡导的一种人工智能实现的新途径。环境行为主义途径强调感知与行为的直接联系，以应对变化的环境。这样的研究主要以构建各种动物机器为主，实现其对环境的应变策略，以产生适应的行为来实现智能能力的涌现。

如图1-5所示，由于上述研究逐渐建立起比较系统的方法论，人工智能研究空前繁荣，作为比较成熟的学科，智能科学也已见雏形。这给人工智能研究注入了新的激情，引发了日本的第五代机和美国的CYC工程等超级工程的全面开展。

遗憾的是，经过历时十年的轰轰烈烈的努力，所有的一切，包括像第五代机和CYC工程一类的主要的人工智能研究，并没有真正催生出智能的结果或者成功的商业性产品。因此，到了20世纪90年代，人工智能的前景再次发生逆转，并出现了一些批评意见。人工智能进入了新的冬季（大约于1991—1995年）。

这些清醒的批评意见主要基于两个基本观点。第一，就基本原理而言，当时的计算机同三十年前的计算机并无两样（仅仅是时空性能有较大的差别），因而同过去的努力一样不可能达到实现人类智能的水平。第二，作为心智整体的一部分，智与情、智与意之间有着不可分割的联系。有证据表明，基于已有的算法手段不可能实现超越逻辑和算法之上的情感和意识（注意，单就意识而言，由于其自指性特性，就已不是逻辑和算法所能表述的了），因此从根本上讲，也同样不可能实现"智"的问题。

这便是以彭罗斯为代表的批评观点。由于不管是逻辑符号方法，还是后来的神经联结、遗传演化和环境行为等方法，到目前为止，无一例外都以丘奇—图灵意义上的算法为基础，又都只面对孤立的单纯智能问题。因此，像彭罗斯这样的批评意见可谓一针见血，切中了已有人工智能研究局限性的要害，给人带来深刻的警示。正像笔者在《无心的机器》一书中最后指出的，基于逻辑的机器、以纯算法的手段不可能真正产生像"心"一样的东西。

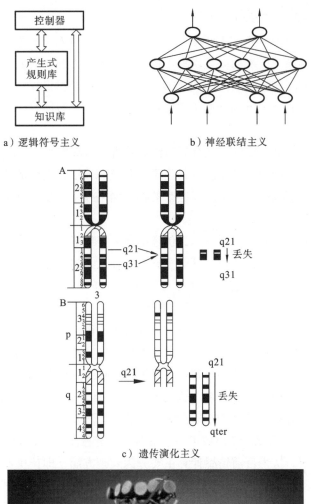

a）逻辑符号主义　　　　　　b）神经联结主义

c）遗传演化主义

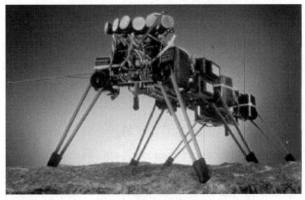

d）环境行为主义

图 1-5　实现人工智能的四种途径

　　这样，除了神经网络、演化遗传和多主体系统方面惯性研究的延续外，人工智能研究转入了悄无声息的工程应用之中。嵌入式智能软件、大容量数据挖掘、智能搜索引擎、智能优化算法以及智能机器人等，充分体现和利用了人工智能已经取得的成就。与此同时，一场非经典计算革命也正悄然兴起，为人工智能走向新生带来了曙光（大约在 1996 年以后）。

1.2.3　智能科学的成熟期

于是，随着人工智能研究的不断深入，智能科学家们对人类心智能力的认识也不断深入。很明显，由人脑表现出来的心智现象不仅体现在智力方面，而且体现在情感和意识方面。因此，随着研究工作的不断深入和开拓，人工智能已经不仅仅停留于智力实现方面的研究，同样也在情感和意识方面开始了"仿造"性的研究。智能科学真正开启了全面"仿造脑"的研究历程。

实际上在人工智能创立之前，就有面向仿造脑研究的脑模型被提出。1943 年，由麦克卡洛克和比脱斯创立的脑模型就是利用仿生学的观点和方法，把脑的微观结构与宏观功能统一起来的仿造脑研究成果。后来发展起来的神经网络技术也是一种更加细微的仿脑神经系统研究。

目前，随着脑科学研究的不断深入，仿造脑研究已经成为脑科学的重要组成部分，即成为认识脑、保护脑、开发脑和仿造脑的一部分，并且走出了人工智能以"智"为对象的局限性。智能科学研究开始从智、情和意三个方面展开研究，形成了心脑仿造的新阶段。于是，智能科学作为一个学科，也开始走向成熟。

首先，人有喜、怒、哀、乐、悲、恨、惊等七情六欲，那么机器呢？机器也能够具有人类的情感和欲望吗？显然，作为心智三大要素之一的情感部分，同样也是心脑仿造研究的一个重要方面。特别是由于情感与理智、意识密不可分，因此如果没有情感表现，那么机器无论如何也谈不上能够真正具备人类完整的心智能力。正因为如此，20 世纪 90 年代后期，人工智能也开始将研究重点转向了情感的计算化研究。

1997 年，美国科学家皮卡特出版了一本书名为《情感计算》的书。书中对情感的计算化研究做了系统介绍，认为目前情感计算主要分为三个方面，即让机器发自内心地拥有情感驱动力、让机器表现得似乎富有情感以及让机器能够理解识别人类的情感表现。

那么情感是可以计算的吗？我们相信，就情感的表达和识别而言，随着多媒体技术和人工智能技术的不断发展和广泛应用，机器水平在不远的将来一定会有长足的进步。但对于让机器拥有真正的情感内驱力，由于情感本身的非逻辑性，恐怕只有突破基于逻辑运算的经典计算才有实现的可能。

自 20 世纪 90 年代后期以来，国际学术界开始把意识问题作为自然科学多学科研究的重要领域之一，从而也带动了机器意识研究的兴起。目前，理论上有关意识模型方面的研究主要分为三个方面。第一个方面是有关功能觉知意识的机器实现，主要是针对具体的感知、认知和行为功能来实现伴随性的觉知意识能力。第二个方面是有关自我意识的机器实现，主要是针对自我意识反思过程来进行建模。第三个方面则是有关现象意识的机器实现，试图让机器也能拥有主观体验能力。由于现象意识涉及主观体验这一科学难题，为了避免主观体验带来的逻辑困境，一些科学家提倡采用量子物理学方法来进行现象意识的建模研究。当然，所有研究都尚处于初步阶段，其中涉及的超逻辑问题还需要全新的计算方法支持。

除了情感和意识方面的研究外，进入 20 世纪 90 年代后期，心脑仿造研究也从人类大脑机制出发，开始全面进入类脑计算机制和方法的研究。特别是进入 21 世纪以后，全球一些发达国家纷纷开展各种人脑研究计划项目，试图了解人类心脑的运行机制。

不难发现，所有这些人类脑计划项目的研究开展，除了揭示人脑复杂的神经系统结构和功能图谱外，大多数研究还通过构建数量庞大的神经芯片集群给出某种大脑模拟系统。或者进一步，人们希望通过超级计算技术模拟脑功能来实现类脑智能的宏伟目标。因此，这些研究项目不但有助于我们了解人脑运行机制，而且直接或间接地促进了全面心脑仿造的研究进程。

当然，心脑仿造新兴研究的情感计算、机器意识和类脑智能等新问题，往往都涉及突破经典逻辑算法的问题，需要新的计算方法的支持。特别是对于意识和情感而言，仅仅依靠经典计算的方法显然远远不够。正因为这样，几乎与心脑仿造研究同步发展起来的基因计算、量子计算和集群计算等非经典计算方法，也就成为智能科学技术全新研究的重要方法、手段和途径。

有了这种非经典计算方法，再加上经典计算方法，我们就可以开辟"自然机制＋机器算法"弱人工智能策略的新途径来实现心脑仿造的目标，从而避免强人工智能一味采用机器算法而陷入的困境。这里"自然机制"就是直接利用物理、生物甚至神经物质本身的固有机制能力，而完全基于逻辑运算的"机器算法"则用来作为人工组织这些"自然机制"的手段。

在"自然机制＋机器算法"新途径的指引下，如果进一步引入脑机融合技术和生物合成技术，那么就可以开辟混合智能研究的新局面。除了基于算法的机器，我们还可以合成基于生物的脑组织（湿件）。于是，我们可以就通过脑机融合技术将机器与湿件联为一体，从而形成一种机器智能与生物智能相结合的混合智能系统。

的确，从模拟人类智能行为到仿造人类心智机制，再到混合智能系统，都是先进智能科学不同于传统人工智能的最大进步。我们有理由相信，建筑在新的"自然机制＋机器算法"这一计算理念之上的智能科学，一定会取得比以往任何时候都要丰硕的成果。混合智能系统的新理念，也必定会将智能科学带入一个充满活力的新纪元！

归纳起来，智能科学技术的发展经历了传统人工智能和全面心脑仿造两个阶段。前者的研究对象只局限于"智"，研究策略主要是符号逻辑、神经联结、遗传演化和环境行为等四大方法。后者的研究对象扩展至"情""智""意"三位一体的"心"，研究策略主要是类脑集群、脑机融合和智能增强的"自然机制＋机器算法"的途径。应该说，正是全面心脑仿造的新阶段促使智能科学走向成熟。

总之，从历史不难看出，尽管遇到了挫折与困难，智能科学技术研究总是充满活力，并为信息科学与技术的迅速发展提供了源源不断的新理论、新方法与新技术。正是因为人工智能的研究积累以及后来心脑仿造的新发展，才形成了新兴的智能科学与技术学科，为信息社会的智能化发展提供了理论支持与技术保障。可以预见，随着智能科学与技术的不断发展，不久的将来，我们将一起见证一个崭新的智能社会时代的来临。

1.3　人脑机制

为了更有效地将人类智能植入机器，使机器更加聪明灵活地为人类服务，我们首先需要对人类智能产生的脑机制进行考察，理解人类心智工作的原理。从根本上讲，无论我们所讨论的智能现象和行为多么复杂、多么难以为机器所拥有，都不过是人脑的产物。或者可以这么说：心无非就是脑活动，是活动的脑。因此，机器能否拥有人类的心智能力，说到底也就是要看，人脑活动机制能否从根本上化解为机器可执行的算法？为了弄清这一根本问题，让我们先从人脑的神经组织结构开始说起。

1.3.1　人脑结构功能定位

人脑很像一个放大尺寸、剥开硬壳的核桃，通过由内及外的软膜、蛛网膜和硬膜三层保护被包裹在颅骨里面。如图 1-6 所示，紧靠上面的是布满皱纹沟回的大脑，其下便是间脑（丘脑及周边组织）、脑干（中脑、脑桥、延髓）和小脑。脑干的延髓部分与脊髓相接，联络外周神经组织。

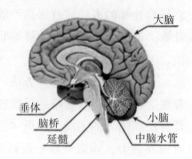

图 1-6　人脑系统结构图

大脑有左右两个半球，靠胼胝体相连。每个半球内各有一个侧脑室。间脑内有第三脑室、小脑内则有第四脑室。这些脑室并非像古人所想象的那样是所谓灵魂的住所。实际上，心智活动主要在人脑中相互联络的皮层中发生，其余多为支持组织。

小脑最重要的功能是协调身体各部分的肌肉运动，保持身体平衡，调节反射活动，使肌体运动得以圆滑进行。脑干网状结构是调节脑的整体活动、控制睡眠和觉醒的中枢。在间脑中，除了特异性中继信号的功能外，丘脑也具有综合处理信号的能力，能对躯体感觉信号进行整合并形成意识。丘脑后端的丘脑枕则与视觉和听觉的信号传导有关；上丘脑（特别是松果体）与昼夜节律的光调节机制密切相关；下丘脑则是维持恒定的体内环境、摄食行为及性行为等本能的中枢。丘脑还与大脑边缘系统（边缘叶和杏仁体）一起构成情绪行为的中枢。

每个大脑半球有背外侧、内侧及基底三个面，分布着深浅不等的沟回。按大脑表层深浅不等的沟回可将大脑皮层自然划分为不同的叶区。大脑的叶区大致上包括自额极至中央沟和外侧裂的额叶、中央沟和顶枕裂之间的顶叶、顶枕裂至枕极的枕叶、枕极和颞极之间的颞叶、位于大脑外侧裂底部的岛叶以及嗅脑构成的边缘叶。

呈显灰色的大脑皮层是高级神经活动的物质基础，约含有 10^{12} 的神经细胞，它们都以自内向外分层方式排列（一般为 6～8 层），形态相似的细胞聚成一定的层次。皮层下呈显白色的是神经元之间相互连接的神经纤维。通常沟通半球内神经元的神经纤维称为联络纤维，沟通两半球之间联系的神经纤维称为连合纤维，而负责与外周神经联系的神经纤维称为投射纤维。这些神经纤维的纵横交错，将皮层神经细胞聚集为一个不可分割的有机整体。一般可以依据皮层中各部细胞和纤维联系，将全部皮层分成若干脑区，反映一定的心理功能。

目前大脑功能定位常采用的是 Brodmann 分区法，如图 1-7 所示。大致而言，顶叶与躯体知觉和运动关系密切，其中躯体运动中枢位于中央前回和中央旁小叶前部（4 区）；而躯

第 1 章 概 述 **15**

体感觉中枢位于中央后回和旁中央小叶后部（1、2、3 区）。

枕叶主要与视觉中枢有关（17、18 区），接收的纤维为同侧视网膜的颞侧半和对侧视网膜的鼻侧半，即所谓的视交叉。颞叶的结构非常复杂，它不仅与嗅觉（边缘叶）和听觉中枢（41、42 区）有关系，而且也与视觉系统有关（19、21、22、37、39、40 区为顶颞枕联络皮层）。通过将视知觉与从其他感觉系统来的信息加以整合，颞叶还具有形成对周围世界统一体验的功能。另外，颞叶（38 区）在记忆方面同样也起重要作用并含有保存意识体验的记录系统。

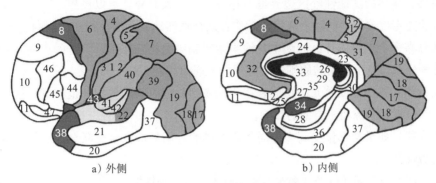

图 1-7 Brodmann 脑功能分区图

额叶（特别是 8、9、10、11 区的额叶联络皮层）据称与高级心理功能相关联（如创造性能力），并与颞叶一起构成了语言中枢。在涉及语言中枢的额叶中，颞上回后部为听觉语言中枢（43 区）、角回为视觉语言中枢（19 区）、额中回后部为书写中枢（46 区）及额下回后部为运动语言中枢（44、45 区）。一般认为嗅脑（边缘叶）与嗅觉、内脏活动、情绪和记忆活动的复杂反射性功能有关，在维持个体生存和延续后代等方面甚为重要。有时相对于额叶被称为新皮层（种系发生较晚），人们也将嗅脑称为旧皮层（种系发生较早）。

人脑叶区功能定位大致情况的综合图示参见图 1-8，有些区位的功能尚有待进一步研究。应该说，自从 1861 年布罗卡（Broca）发现大脑额叶存在语言运动区以来，脑功能定位观念一直占主导地位，20 世纪 50～60 年代对裂脑人研究提出的大脑半球功能一侧化理论也不过是定位观念的延续。

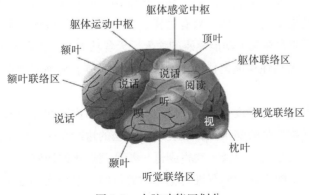

图 1-8 大脑功能区划分

然而，随着近年来 fMRI（功能磁共振成像）、PET（正电子发射断层扫描）和 MEG（脑磁图）、NIRS（近红外光谱法）等无创伤脑功能成像技术的运用，大量新的科学事实被发现，出现支持脑多功能模块的主张。这种主张认为即便是简单的感知活动，也绝非只是某一特殊脑结构部位的功能。通常，具体某一心理功能的实现，都是由数十个脑结构部位按一定顺序一起参与的结果，所形成的功能模块也会不断发生变换。

实际上脑叶或脑区的功能似乎首先由输入、输出的神经投射相关联，然后才是由各区之间的联络纤维以及跨半球叶区之间的连合纤维相关联。因此，任何叶区的功能划分都不会绝对明确，确切的功能性叶区边界也不存在，并因人而异。可以设想，对于特定成熟大脑的脑区功能定位分布，实际上应完全看作长期神经活动彼此消长相互作用的结果。因此，脑功能区分布完全是整体神经活动中各输入激活刺激源相互作用、争奇的产物。脑功能区形成的这种分布式竞争机制的原则主要体现如下规律。

①接近律：各部位或单元的功能表达首先受到就近原则的支配，也即其所体现的功能区主要受到最近刺激源功能类型的影响。

②联合律：如果某部位受到多源同类刺激影响，则易形成该类联合性功能，这便是功能区形成的联合律。

③复合律：如果某部位受到多源不同类刺激影响，则根据各刺激经常表现出同现还是异步的不同，分别可形成复合性功能或交替性功能表现。这一原则称为（同现和异步）复合律。

④颉颃律：在任何尺度上，相邻部位均（通过神经回路）普遍受相互激励或抑制的颉颃原则支配。

⑤分布律：整个脑功能表达的整体分布总是受经济原则支配，并以最为高效的分布方式（避免无谓重复）尽可能多地表征外部刺激源丰富的变化组合。

⑥适应律：任何部位的功能表达将随相容功能实现的增多而不断强化（包括神经物质上的可塑性变化），但又随不相容功能实现的增多而分化。

⑦补偿律：一旦某个功能表达丧失，系统总会尽可能按以上诸种规律原则来加以补偿，重新动态形成替代部位，以应付原有的功能表达。

应该看到，脑区的功能表现是长期与环境相互作用适应的结果，并遵循"用进废退"的基本原则。人脑任何一部分的功能都不是固定的，它们均相互依赖于其他部分的功能，并且这种依存关系的全面和谐发展决定了整个神经网络的功能分布。因此，神经细胞及其连接网络才是神经功能活动的主体。只有这样，才能够不仅可以解释脑损伤所出现的各种现象，而且也可以说明存在先天功能障碍的病人后天各功能区位置和分布的动态替补现象。

如果一定要进行概括性功能定位划分的话，那么大体上从整体到局部可以按照如下三个层次对人脑进行划分。

首先是从进化发生学的角度，可以将整个人脑划分为内脑和外脑两个部分。内脑属于旧皮层，包括爬行动物之脑的脑干和古哺乳动物之脑的边缘系统。外脑则属于新皮层，主要是指灵长类发达的大脑皮层以及人类得到进一步高度进化的颞叶和前额叶皮层组织。从生存意义上看，脑干支配生命代谢等维持生存和繁衍的基本功能，边缘系统支配情绪和记忆等调节功能，而大脑新皮层是高级认知加工活动的中枢。因此，从内脑到外脑，生存策略逐渐向高级方向进化。

接着，对于进行高级认知加工活动的大脑新皮层而言，从加工方式的角度又可以将大脑皮层组织划分为左脑和右脑两个部分。除了少数左利手，一般而言，大多数人的左脑主要以分析、逻辑理解和语言表达等抽象思辨方式进行认知活动；而右脑则主要以整合、感悟、音乐等想象方式进行认知活动。当然，通过胼胝体的联络，左右半球相互协作和互补，共同完成复杂的认知加工活动。

最后，从各半球大脑皮层的认知加工功能分布的角度，又可以将各半球大脑皮层划分为上脑与下脑两个部分。上脑包括额叶上半部和顶叶，主要是负责规划、行动和监督功能的实现；下脑则包括额叶下半部和颞叶、枕叶，主要是负责感知、理解和决策功能的实现。上、下脑功能协调及其发挥，就形成了应对不同环境的认知模式。

总之，从生存策略的内外区分对待、认知方式的左右分工协作到认知功能的上下分配实施，加上神经系统整体上的可塑性适应变化，使得人脑可以应对错综复杂的环境信息并做出有利于生存发展的最佳响应。

1.3.2　神经细胞连接网络

神经系统由两种细胞组成：神经细胞和胶质细胞。胶质细胞数量是神经细胞的十倍，主要是为神经细胞提供结构支持和绝缘隔离，以保证神经细胞有效通信。神经细胞才是心智活动的主体，是实现心智功能的基本构件。

人脑中总共含有大约 10^{12} 个神经细胞，也称神经元。现有的神经生物学研究指明，神经细胞在结构上通常由一个细胞体（Cell Body）及其众多漫延开来的突起构成，如图 1-9 所示。在神经细胞的突起中，唯一一根长长的突起称为轴突（Axon），是神经细胞输出信号的主通道；剩余众多较短的、树状枝杈突起则称为树突（Dendrite），是神经细胞输入信号的通道。有些神经细胞的树突表面会蔓生出多种形状的细小突起，称为树突棘，它们都可以成为输入信号的源点。

在任何一瞬间，都有来自外周各处的信息轰击大脑，有些互相加强，有些互相抵消，对各种类型信息进行过滤并确定出重点的神经机制称为整合。一般而言，不同树突或树突棘来源的输入信号会汇聚到神经细胞体，经整合机制处理后会引起神经细胞兴奋或抑制的行为反应，并将结果信号通过轴突输出。

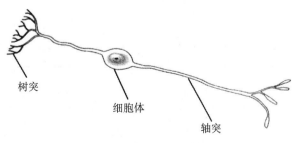

图 1-9　神经细胞结构图

在大脑中，神经细胞的品种繁多，大约可以分成几千种不同的类型（代表着几万种不同的形态）。虽然类型与形态各异的神经细胞以不同的方式相互连接起来可以产生迥然不同的作用方式，但所幸的是它们在信号产生的机制、神经细胞连接方式以及可塑性机理等方面却有着许多共同的特征，这无疑大大降低了我们了解神经系统机制的困难程度。

在神经细胞中产生和传递的信号主要是电信号，分为分级电位（调幅方式）和动作电位（脉冲方式）两类。分级电位主要在短距离传递信号时起作用，动作电位则可以在更远的距离内进行信号的传递，传递距离可以超过 1 毫米。应该说，神经细胞最主要的功能就是通过神经细胞之间广泛的连接来进行这类电信号的传递活动。神经活动的意义便体现在神经细胞集群的各种活动模式之中，体现在神经细胞相互之间发生的动态连接关系之中。

通常，神经细胞之间的连接通过在两个神经细胞之间形成的突触来实现。如图 1-10a 所示，一个神经细胞的电信号通过轴突输出，经突触中继后可以到达另一个神经细胞的某些树突上，然后输入另一个神经细胞。一般而言，突触模式并不限定于轴突到树突的形式，神经细胞的轴突也能同其他神经细胞的胞体、轴突、效应细胞（如肌肉等）形成突触，甚至还存在树突到树突型和树突到轴突型的突触模式。由此可见，突触是一个双向性信号传送而又可调制的部位。

实际上，突触有着十分精细的结构，如图 1-10b 所示。如果我们将突触的输入端称为"突触前"，将突触的输出端称为"突触后"，那么突触前与突触后伙伴关系的形成就可以看成是一对情侣恋爱关系的动态建立过程。它们通过相互选择、长期对话的调整和适应，各自发展和分化出所需传递信号的功能。考虑到突触前后建立伙伴关系的可塑性，因此神经联结方式根本不同于机器内部固定不变的线路连接模式。

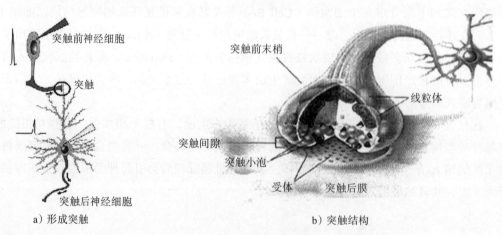

a) 形成突触   b) 突触结构

图 1-10   突触结构图解

在大脑皮层中，几乎每个神经细胞的细胞体和树突都汇聚着来自不同神经细胞的许多突触小体（一般在 10^4 数量级上）。在此基础上，为了适应经常变动着的环境，神经细胞集群发展了一套精细的调节性通路网络，从而形成了神经细胞之间千丝万缕的网状联系。因此，神经系统的任何心理行为活动都不是由单个神经细胞实现的结果，而是由众多神经细胞集群共同参与的结果。

目前业已探明，人脑的各种心理功能和行为由神经细胞集群构成的多级神经环路完成。最底层的微环路是由突触组构的初级形式，在此基础上再形成更高级的局部环路，并通过这样逐级扩展，直到一个脑区、脑叶和整个脑。从这个意义上讲，我们可以将人脑中的神经系统看作由神经细胞及其突触联系所构成的一张巨大无比的神经网络。图 1-11 给出了神经网络的局部影像。

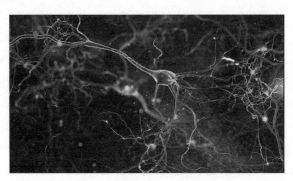

图 1-11　神经网络局部影像

人脑正是通过这张复杂神经网络中的神经发放频率编码来实现对"加工内容"的表征，并通过神经环路的相互作用完成所谓的"计算程序"。不同的是，"计算任务"实施过程与好坏还取决于各种神经递质、神经肽、激素活跃性。因为正是这些化学分子的活性，决定着不同脑区神经细胞的激活与抑制。特别是人们的心情和情绪表现，往往是各种神经递质、神经肽、激素水平综合作用的反映。

总之，如果一定要将大脑比作一架机器的话，那它也是一架非常独特的机器，它有 10^{12} 个相当一致的物质基元，使用少数定型信号并通过基元之间 $10^{12} \times 10^{4}$ 量级的广泛连接，赋予了它不同寻常的能力。这架"机器"的物质基元及其连接本身的可塑性绝非逻辑算法可以模拟。特别是，建筑在活动信号组合模式之上的心智功能意义的产生，完全又是数以亿计的基元相互作用的环境适应性结果。

1.3.3　人类学习适应能力

在人类的智力行为表现中，恐怕没有比学习能力更能够说明其本质特性了。学习能力是一种高级适应性能力，使得人类可以更加灵活地应付这个充满不确定性的世界。正是因为学习能力，人类才超越了先天的本能活动。从理论上讲，学习适应能力使得人类的潜能具有了无限可能。

现代神经生物学研究指出，为了调节各种适应环境的反应，神经系统的回路在整个一生中都可塑。这种原则小到突触的动态连接和变化，大到半球功能的不对称性改变，无不得到体现。应该说，突触的可塑性在很大程度上反映了整个神经系统的可塑性，从而也反映了行为功能的可塑性。而且，正是这种可塑性，才使建立在记忆机制之上的经验积累成为可能。近年来发现的对长时记忆形成至关重要的基因调节蛋白，不仅支持了这种结论，还将遗传进化、个体发育和大脑塑造关联了起来。

因此，人类智能的不断提高是一个不断学习适应环境的结果。我们与生俱来就拥有无比强大的学习适应能力，以应付随时需要调用自身应变能力进行处理的复杂环境。从神经网络的记忆机制来看，皮层能够很快地调节自身模式以适应环境的变化。当然，这种调节并非对所有感觉刺激信息都会起反应，而只是响应那些经过学习所获得的、对生物具有某种意义的信息。因此，记忆总是与学习相互关联。如果说记忆是将获得的知识存储和提取的神经过程，那么学习就是神经系统获得外界知识的神经过程。

通常，学习首先是指如何改变现状而获得新行为方式的活动。有机体为了生存与适应，必须不断地改变个体行为，但不是所有的行为变化都是学习的结果，比如一些暂时性的行为变化并不是学习的结果，能称为学习的必须是有机体比较持久性的行为变化。从大的方面归纳，人类的学习适应能力大致可以分为反射式、认知式和顿悟式三种类型。

最简单的学习行为是刺激—反应式的条件反射。众所周知，巴甫洛夫的条件反射实验证实了这种学习行为的存在。其实，这种条件反射式的学习行为同样也反映在人类学习行为中。

比条件反射学习行为稍微复杂一点的是操作性条件反射学习行为。应该指出，人类的行为大多是操作性行为。操作性行为在自发过程中依照操作性条件反射的原理得到强化，并在学习过程中获得这种新行为。但考虑到人类记忆和遗忘机制，作为认知心理学家的加涅认为，人类最典型的学习模式是信息加工的模式（认知式）。

如图 1-12 所示，在学习过程中信息是从一个假设的结构，通过加工流到另一个假设的结构中。首先我们从环境接受刺激，这些刺激信息激励感受器，从而转变为神经信息，经过短时记忆将接收到的信息加以编码和存储。然后再与长时记忆相互作用，获取其中有意义的部分，成为学习的结果。最后在适当的时间重新唤起时，可以形成对外界反应的新行为。

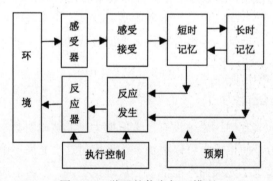

图 1-12　学习的信息加工模型

比较高级的学习行为是对抽象概念的把握。人类可以通过学习各种概念以求不断地解决复杂问题，并因此能更好地适应环境。一般概念学习离不开语言能力。尽管判断是否掌握概念，不是看其能否说出名称，而是看其能否根据概念的性质将新事物进行分类。但是，把各种事物与语言联系起来，才是人们运用大部分概念所必需的因素。反之，语言也是客观事物与事物之间具有意义的反映。人类儿童长到 5 岁左右就获得了基本的语言能力，而到了 10 岁就完全掌握了语言系统，这意味着人类很小就可以学习抽象的概念。

概念是对两种以上的对象或事物的某种共性联系的概括，因此具备概念学习能力对于高级心智发展具有决定意义。如果给定成双成对或形单影只的概念学习测试实例，人们可以从中概括出"单个"和"双个"这样的事物类，从而形成"单"和"双"这两种抽象概念。从某种意义上讲，人类的心智思维能力就是对形成概念和运用概念进行操作的能力。

同概念学习一样，学习的迁移也是一种高级的学习行为。所谓迁移是指某些经验和学习的结果对以后进行的其他学习所产生的影响。自觉运用已有的学习结果来进行迁移操作的学习，便称为迁移学习，有时也称为类比学习。进行迁移学习的条件是两项学习内容具有某种共同要素，能够建立起某种对应关系。

类比思维就是人们利用所熟悉的相似事物去处理新出现情境的那种思考问题的能力。这是一种十分重要的思维能力，也是一种学习新事物的重要途径。一个类比往往涉及三个要素：本源体、目标体以及相似关系。本源体是已知事物，目标体是待知事物，相似关系是两个事物之间存在的类比关系。

这样，通过不同事物之间的类比关系，就可以学习到新事物的性质、结构甚至整个系统的知识。比如，可以根据经验记忆对类比事物留下初步印象，从而认识新事物。更有可能的是，采用以前解决问题的案例来解决新问题。甚至可以利用两者之间的类比图式，在不同层次上刻画两者的共同之处，从而学习新事物的属性、结构或系统。与类比密切相关的语言就是隐喻，它构成了自然语言最为复杂的语言现象之一。

还有一种学习方式是顿悟学习。德国心理学家柯勒采用完形心理学的观点来解释顿悟学习。他认为顿悟学习不必依靠练习或经验，只要个体理解到整个情境中各种刺激之间的关系，顿悟就会发生。不过也有研究者认为：①顿悟不能凭空发生，需要相关的知识经验；②顿悟只限于理解性的问题。

顿悟学习涉及创造性思维能力问题。在创造性思维中，只有整体上的顿悟，而没有局部累积上的渐悟。因为提示只有在人们有了整体理解时才有效，而这个整体理解的产生却正是人们所要创造性解决或得出的目标。就这一点而言，机器尽管计算普通问题时效率很高（空间搜索），却不能适应这种创造性的变化要求。

确实，人类的思维并不像人们想象的那样是按部就班的，一个步骤接着一个步骤死板地解决问题，往往其中有跳跃式想法冒出来。甚至即使问题解决了，也并不意味着任务的结束，而是经常会从一个问题的解决引发出另一个或多个新问题。一个伟大的发现，往往不在于解决一个既定的旧问题，而是顿悟式地发现了一个新问题。

创造性思维能力不仅跟我们的智力有关，也跟我们的态度、情感和意志有关，往往是不同心智能力相互交叠的结果。有时一个顿悟的观念涌现，往往是理智、情感、意志等因素长期相互作用孕育出来的结果。

实际上，人们可以在长期观察中进行无意识的学习，并在这种潜在学习中突显出某种认知能力。在这种情况下，个体在某情境中产生了学习，但隐而不显，直到必要的时候才在行为上显现出来的现象，称为潜在学习，就是所谓的"潜移默化"。

从某种意义上讲，真正的学习恐怕应该是能在具体的环境中进行创造性思维的学习能力。很明显，如果学习仅仅是学会什么就运用什么，那还不是真正意义上的学习。真正意义上的学习指的是举一反三的能力，对于人类而言尤其如此。这种能力不仅是指概念水平上的创新性，而且是指把握概念方法上的创造性，甚至对学习能力本身的学习和完善。

　　总之，学习是一种适应性活动，但适应性活动的前提是学习主体必须预先具有某种心智能力（比如感知能力），但这种心智能力往往又是在环境中习得的结果。从某种意义上讲，这种情形表现在心智能力与学习关系上也必定如此，也即心智能力与学习能力相互依存并共同发展。

本章小结与习题

　　在第 1 章中，我们介绍了包括学科内涵、地位以及培养要求等在内的智能科学与技术学科的基本概况。除此之外，还简要介绍了智能科学的发展历程，以及作为研究对象的人脑机制的基本情况。智能科学与技术是代表信息科学技术发展方向的新兴学科，也是未来信息社会的高级形态，即智能社会发展的动力源泉与技术保障。因此智能科学与技术学科必将成为未来智能社会的主导学科，有着极为广阔的发展前景。

　　习题 1.1　举例说明，学生进入大学后，还需要学习哪些内容？

　　习题 1.2　为什么智能学科会涉及不同学科的知识与方法？

　　习题 1.3　对于智能，你能够提出不同的观点吗？

　　习题 1.4　你认为人类心智的哪些方面是机器难以植入的？依据什么来确信一台机器具备了智能？

　　习题 1.5　如何理解人工智能与智能科学技术的关系？智能科学技术研究主要包括哪些方面的内容？

　　习题 1.6　你了解人类大脑的工作机制吗？你认为什么是人类大脑学习能力的关键所在？你认为机器能够拥有人类的哪些学习能力？

第 2 章

机 器 系 统

机器系统既是机器智能的载体，又是实现机器智能的工具。类似于人类神经系统的脑与心，任意一个机器系统一般可分为硬件（包括软件硬件化的固件）与软件两个方面。常见的机器系统包括各类计算机系统、机器人系统，以及智能手机系统。比较典型的机器系统是我们最为常见的通用计算机器系统，其构成原理如图 2-1 所示。

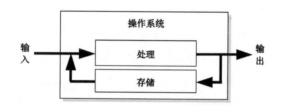

图 2-1　通用计算机器系统的构成原理图

比如，我们日常使用的台式计算机、笔记本电脑或智能手机都是典型的通用计算机器系统。通用计算机器系统可以接收数据（输入）、根据某些规则来处置这些数据（处理）、产生处理结果（输出），并存储这些结果（存储）为以后所用。因此，我们以这类通用计算机器系统为例来介绍机器系统及其基本工作原理。

2.1　数据存储

无论是人脑还是机器，信息表征都是一个关键问题。对于机器而言，信息表征就是数据存储问题。信息对于心智而言，主要是知识；信息对于机器而言，就是数据。区分两者的主要标准是意义解读。数据仅是对事物的一种编码形式；知识则不仅是编码，其中对于主体而言，还有更加重要的"意义"。但对于机器而言，我们只能关心其中的编码形式与存放，这就是数据存储所关心的问题。

2.1.1　数字位及其存储

就像人脑神经系统通过神经细胞的基本状态单位来进行信息加工一样，计算机器系统也有自己的基本状态单位，就是数字位。

所谓数字位，简称位，可以表示 0 或 1 中的一个数字。数字位可以给出简单事物两种状态之一的表征，比如神经细胞的兴奋或抑制、开关的开或关、粒子自旋手性方向的上或下、人类性别的男或女，如此等等，都可以用一个数字位来表示。

通常 0 或 1 仅仅看作两个不同的符号，没有固定含义，但排列有序的序列数字位却可以用来表征各种事物对象。比如，序列数字位可以表示数值（如整数）、编码符号（如字母）、刻画声音（一维数组）、描述图像（二维数组）、记录视频（三维数组）等。简单地说，序列数字位可以表征一切可形式化表征的事物对象。

从物理上讲，一个数字位的存储需要使用某种具有两种状态的物理介质，其中一种状态代表 0，另一种状态代表 1。不仅如此，人们还能够对这种物理介质的状态进行某种变换操作。目前，机器系统通行采用的物理介质是电磁介质。为了说明电磁介质的存储方式及其逻辑变换原理，首先必须介绍逻辑门及其逻辑变换。

在计算机器的逻辑电路设计中，对数字位进行逻辑变换的最基本单元是被称为"门"（gate）的装置。每个门可以根据输入数字位来给出特定需要的输出数字位。不同的门往往根据其完成变换功能的不同加以命名，分别称为非门、与门、或门、异或门。非门完成"非"变换，与门完成"与"变换，或门完成"或"变换，异或门完成"异或"变换。各种逻辑门及其具体变换参见图 2-2。从逻辑门的一端输入一个或两个数字位，另一端输出一个数字位，有点类似于神经细胞的树突输入与轴突输出。

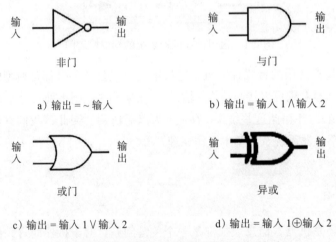

a) 输出 = ~ 输入   b) 输出 = 输入 1 ∧ 输入 2

c) 输出 = 输入 1 ∨ 输入 2   d) 输出 = 输入 1 ⊕ 输入 2

图 2-2　基本逻辑门及其输入输出逻辑关系

逻辑门是电子计算机的基本模块，通过基本逻辑门还可以复合出一些复杂功能的组合门，表 2-1 给出了一些最为常用的逻辑门。有了这些常用的逻辑门，就可以用不同的逻辑门组合出各种不同的数字电路，从而实现更加复杂的逻辑变换功能。

特别是，采用一种称为触发器（flip-flop）的电路装置就可以实现一个数字位的存储，如图 2-3 所示。触发器的数字电路功能是输出 0 或 1 并保持其状态，直到有新的电路脉冲改变其状态。当有新的输入脉冲（数字位值）输入时，基于上下数字位不同的加载，触发器将有不同的反应，这样就可以实现一个数字位的存储。

表 2-1 常用逻辑门列表

名称	非门	二输入与门	二输入与非门	二输入或门	四输入与门	异或门
图形符号	A —[ ]— F	A —[ ]— F B	A —[ ]o— F B	A —[+]— F B	—[ ]o—	A —[⊕]— F B
软件中符号	NOT/7404	AND2/7408	NAND2/7400	OR2/7432	NAND4/7420	XOR/7486
图形符号	NOT 1	AND2 2	NAND2 3	OR2 4	NAND4 5	XOR 6
逻辑式	$F = \overline{A}$	$F = A \cdot B$	$F = \overline{A \cdot B}$	$F = A + B$	$F = A \odot B$	$F = A \oplus B$

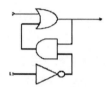

a) 一个简单的触发器电路

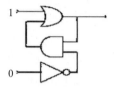

b) 将上边的输入置 1，下边置 0

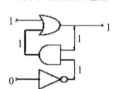

c) 这将使或门的输出变为 1，
然后与门的输出变为 1

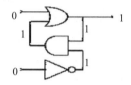

d) 将上边的输入置为 0，
与门的 1 使或门不改变

图 2-3 触发器及其工作原理

当然，目前实际机器系统采用的是一种更加完善的触发器数字电路，这里不做深入介绍。应该说，触发器是构建数字电子存储器（以及其他复杂电路）的基础组件。采用相互关联的一排触发器，就可以构建任意存储 n 位数字位的存储单元。

除了触发器这种数字电路存储方式外，采用电磁介质存放数字位的存储技术还有磁芯存储器。磁芯存储器采用电线环行缠绕磁性介质的方式来实现 0 或 1 数字位的表征存储。根据电磁学的知识，当电流从不同方向流经环行缠绕的电线时，磁性介质（磁芯）会产生两种相反的磁化方向。反过来，当对已经磁化的磁芯通以电流时，又可以通过探测所产生的电流效应来确定磁化方向。这样，如果两种磁化方向分别代表 0 与 1，那么就可以利用这种磁芯装置来存储数字位。

此外，还有一种更加新式的电磁存储技术，就是利用电容的充电与未充电两种状态来表征 0 或 1，从而实现数字位的存储。这种技术已经广泛应用于集成电路的设计之中，用来生产大规模的存储器。目前这种大规模的存储器甚至可以在一块芯片上集成数百万至数亿个微小电容。这种电容存储器通过刷新电路技术，可以被制作成动态存储器，使得保存的数据保持稳定。

当然，我们也可以利用微观粒子的自旋上与下、生物细胞的兴奋与抑制甚至生物基因的不同碱基来表征 0 与 1，从而实现数字位的存储，这便是量子计算机、生物计算机和基因计算机的构成基础。

对于电磁介质而言，不管哪种电磁性存储器、触发器、磁芯器，抑或电容器，都有一个共同的特性——断电后保存的数据都将不复存在。这就是机器每次启动时，系统都要重新读入数据到内存的缘故。

2.1.2　存储器及其容量

为了满足大规模数据存储与处理的需要，目前的机器均拥有十分庞大的主存储器。主存储器由数目庞大的电路组群构成，其中每一个电路都能单独存/取数据。为了方便数据的存/取，机器主存储器中的这些存储电路以可控单元（cell）的形式排列而成。一般一个单元表征一个字（word），即占 8 个数字位。一个字也称为字节（byte，简称 B），是衡量存储器容量的基本单位。

考虑到存储器均按照二进制设计，所以机器存储容量均用 2 的幂次来计算。比如 $2^{10}=1024$，接近 1000，用 kilobyte（KB）表示。目前，大型机器拥有的字节数可达数十亿之巨，因此为了方便表示，更加庞大的存储容量往往需要以更大的单位来表示。不同存储容量单位以及含义如表 2-2 所示。

表 2-2　常用机器存储容量单位

单位符号	单位全称	存储容量
KB	kilobyte	$2^{10}=1024B$
MB	megabyte	$2^{20}=1048576B$
GB	gigabyte	$2^{30}=1073741824B$
TB	terabyte	$2^{40}=1024GB$
PB	petabyte	$2^{50}=1024TB$
EB	exabyte	$2^{60}=1024PB$
ZB	zettabyte	$2^{70}=1024EB$

为了方便存取存储单元中的数据，可以给机器中每个存储单元均赋以一个唯一的地址，系统可以通过存储地址来读取或存放数据。每个存储单元中的 8 个数字位也按照从高到低的顺序依次标记，如图 2-4 所示。这样，系统就可以将数据存取到每一个数字位。

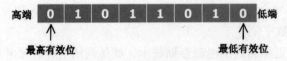

图 2-4　单字节存储单元的组成

另外，需要占用超过一字节的数据，则通过顺序或随机的方式来加以组织。目前大多数机器的存储器采用的是随机存储方式来组织数据的存取，所以机器的存储器也称为随机访问存储器（Random Access Memory，RAM）或动态随机访问存储器（DRAM）。当然也有一种只允许读取而不允许改写的只读存储器（ROM）。实际机器系统主板上的 CPU、RAM 和 ROM 的位置如图 2-5 所示。

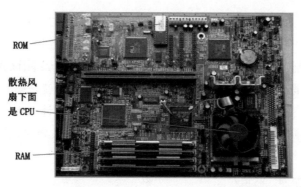

图 2-5　机器系统主板上的 CPU、RAM 和 ROM

　　主存储器的容量尽管十分巨大，但由于带电工作方式（离电后数据易失）以及不断增长的数据量存储需要，难以满足机器系统的工作需要，因此目前大多数机器除了主存储器外，一般都带有容量更大的外部存储设备。比如，我们熟悉的磁盘（优盘、硬盘）、磁带和光盘等都是典型的外部存储设备。因为这些外部存储设备的存储容量以 TB 计，所以我们一般也称其为大容量存储器。

　　在大容量存储器中，数据往往以文件为单元进行存取。由于目前这些大容量存储器主要以扇区方式存放数据，没有按地址直接随机访问所存储的内容，因此其读取效率要远远低于机器内部的主存储器。

　　对于存储器容量的需求没有止境，人们总是希望在尽可能小的尺度内开发尽可能多的存储单元。因此，各种新型的存储技术一直在不断开发之中。特别是随着量子计算、纳米技术、量子隧道扫描技术等的不断推进，采用新型超高密度存储技术开发的存储器会达到令人瞠目结舌的地步。作为对比，现有的存储器要保存 1 个数字位的数据信息至少需要100 万个磁性原子。采用新型超高密度存储器，可以将 1 个数字位（1 bit）的数据信息保存在一个单独的原子上，这样就使得单位面积的存储容量达到惊人的程度，即同样尺度的存储器，其容量是传统存储器的 100 万倍。

2.1.3　数据二进制表示

　　从上述数据存储技术可以归纳得出：对于给定的数据，系统采用一串数字位，每个数字位有两种取值选择。数据的这种表征方式被称为二进制数据表示。不失一般性，对于任意 M 进制表示的一个 n 位数据，可以抽象为如下形式：

$$x_n x_{n-1} \cdots x_i \cdots x_2 x_1$$

其对应的十进制数值（$M \geqslant 2$）为：

$$x_n M^{n-1} + x_{n-1} M^{n-2} + \cdots + x_i M^{i-1} + \cdots + x_2 M^1 + x_1 M^0$$

其中 $x_i \in \{0, 1, \cdots, M-1\}$，表示第 i 位的取值。

　　按照这样的计算公式，我们可以非常容易地将一个给定数据在 M 进制与十进制之间做相互转换表示（如果是一进制表示的数值，直接计数出现 0 符号的个数，规定出现 k 个 0 代表数值 $k-1$）。比如，对于二进制表示的 1010110，对应的十进制数是：

$$1\times2^6+0\times2^5+1\times2^4+0\times2^3+1\times2^2+1\times2^1+0\times2^0$$

结果是86。

反之，将十进制数据转化为 M 进制表示，只需要不断用 M 除该数的商数（初始商数为该数本数），依次记录下第 i 次（代表第 i 位）计算的余数，就是第 i 个数字位上的取值，直到当前商数为0终止。比如上述十进制数值86，经这样的计算可以得到二进制表示的1010110，也可以得到三进制表示的10012，如此等等。再如，将十进制数123转换成等值的二进制数：

除以2的商（取整）	余数
123/2 = 61	1
61/2 = 30	1
30/2 = 15	0
15/2 = 7	1
7/2 = 3	1
3/2 = 1	1
1/2 = 0	1

自下而上地依次将余数加以汇集，即得到对应的二进制数：1111011。

除了二进制与十进制，在数据处理与编码时，为了弥补二进制表示的冗长与乏味，还经常采用十六进制表示法。在十六进制中，表示16个不同状态的数字分别是0、1、2、…、14、15。为了区分两位数10～15不是1和0、1、…、5的组合，在十六进制中用A、B、C、D、E、F分别代表10、11、12、13、14、15。比如十进制数86的十六进制表示是56，十进制数93的十六进制表示则是5D。

如果十六进制数是与二进制表示相互转化，则可以按照表2-3给出的编码直接分段转换。比如，十六进制数5的二进制表示是0101，6的二进制表示是0110，因此十六进制数56的二进制表示就是01010110。

表2-3   十六进制基本数字的二进制编码对应表

二进制数	十六进制数	二进制数	十六进制数
0000	0	1000	8
0001	1	1001	9
0010	2	1010	A
0011	3	1011	B
0100	4	1100	C
0101	5	1101	D
0110	6	1110	E
0111	7	1111	F

至于任何进制数字的运算则类似于十进制，比如加法的"逢十进一"就变成"逢 M 进一"，减法"借一得十"就成为"借一得 M"，小数的表示从"1/10、1/100、…"变成了"$1/M$、$1/M^2$、…"，如此等等。

或许读者会问，既然表示数据的形式可以采用任意 M 进制，那么目前的机器系统为什么偏偏要选择二进制，而不选择人们熟悉的十进制呢？或者采用表达更加紧凑方便的十六进制？

我们知道，在计算机器的发展史上，德国数学家、哲学家莱布尼茨创建的二进制应该说起着极为重要的作用。特别是后经英国数学家布尔系统化而形成的布尔代数，业已成为现代电子计算机的基础。但这并不意味着计算机器所宜采用的数制就必定非二进制不可。实际上即使从机器数制表示效率上看，理论上更好的方案是三进制而不是二进制，其证明如下。

设机器采用 x 进制，则 n 位能表示的数的个数为：

$$z=x^n$$

而 n 位所需设备状态个数为：

$$N=nx$$

将上述两式整理可得

$$z=x^{(N/x)}=e^{(N/x)\ln x}$$

这里 e 为自然底数，再将上式两边对 x 取导数得：

$$z'(x)=(e^{N/x\ln x})(1-\ln x)N/x^2$$

当 $x > e$ 时，$z'(x) < 0$，z 函数递减，当 $x < e$ 时，$z'(x) > 0$，z 函数递增，所以当 $x=e$ 时为极大点。

由此可见，对于机器而言，采用 e 进制效率最高。自然底数 e 是一个无理数，约为 2.718281828，介于 2 与 3 之间，但更接近 3。所以从上面的推导我们可以得出这样的结论：采用三进制要比二进制更为理想。

不过，就实现的方便而言，由于二进制仅需要设备单元的两种状态，而三进制需要有三种状态。对于电子设备的实现而言，区分电流或电位的两种状态又比较容易，因此采用二进制也就成为目前设计机器系统的必然。

当然，对于智能科学技术领域，往往要处理与我们感知、认知和言行表现相关的事物，因此比较重要的表征对象包括如下三个方面。

1）文本对象的表征：文字具有符号离散化的特点，因此可以直接对每一个文字符号进行编码，然后采用一定的组合原则来表征复杂的文本对象。

2）听觉对象的表征：语音、音乐等音频信号属于听觉处理的对象，主要考虑的特性是时间延续性，可以用一维数组的二进制数值编码来表征。

3）视觉对象的表征：图像与视频都是视觉处理的对象，我们可以采用二进制表示法对其进行表征。图像的主要特点是空间分布性，可以采用二维数组的二进制数值编码来表征。视频则还要加上时间延续性，因此需要用三维数组的二进制数值编码来表征。

有关各种智能媒体数据的表示方法，可以参见智能多媒体处理技术方面的资料，这里不做深入介绍了。

总之，二进制是目前机器系统的根本表征方法，掌握二进制表示方法对于进一步了解智能计算处理的特点有着十分重要的意义。

2.2 数据处理

有了数据的机器存储表征，要对表征的数据对象进行处理加工，接下来机器需要解决的就是数据处理问题。数据处理的机器实现涉及更加复杂的机器系统体系结构，因此我们首先从目前机器的一般体系结构说起。

2.2.1 机器体系结构

作为一台完整的计算机器，一般由主存储器（下面简称主存）、中央处理器、输入/输出设备，以及其他一些辅助装置组成，如图2-6所示。在图2-6中，控制器、运算器及其附属的各种寄存器构成机器系统的核心部分，称为中央处理器。中央处理器与主存（内存）一起构成系统单元（图2-6中白色部分），计算机器系统中的外存、输入设备和输出设备则称为外部设备（图2-6中灰色部分）。

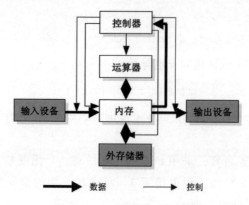

图 2-6　机器组成结构示意图

在计算机器系统中，输入/输出设备主要完成数据的输入与输出：输入设备接收外界向计算机器输送的信息，输出设备将计算机器中的信息向外界输送。外存储器主要存储需要长期保存的各种信息。主存储器，也称内存储器，存储现场等待处理的信息与中间结果，包括机器指令和数据。中央处理器实现数据处理任务。

中央处理器（Central Processing Unit，CPU）的主要任务是控制数据的处理，比如加法或减法处理。CPU的电路设计并不与主存直接相连，而是相对独立自成一体。CPU主要包括运算器、控制器和寄存器三个组成部分。

1）运算器（operator），对数据进行算术运算和逻辑运算，由进行数据处理的电路构成，因此也称为算术逻辑单元。

2）控制器（controller），统一指挥并控制计算机器各部件协调工作的中心部件；所依据的是机器指令，由协调数据处理动作的电路构成，因此也称为计算控制单元。

3）寄存器（register）：由临时保存数据的电路构成，其电路实现方式与主存单元很相似；功能用途上分为通用寄存器和特殊寄存器两种，是CPU自己的存储单元。

通用寄存器主要作为临时存储单元来存储CPU处理的数据，主要是保存运算器的输入/输出数据。对主存存储数据的存取则通过控制器来完成，主要任务包括：①将主存中的数据转移到通用寄存器中；②向运算器通知数据所保存的具体寄存器；③开启运算器中某个特定的运算电路完成运算；④向运算器通知保存运算结果的具体寄存器。

CPU 与主存、外设之间通过总线相互连接，如图 2-7 所示。CPU 可以通过提供的存储单元地址，利用总线来实现选择、读取或存放数据。在总线中能够同时传送的二进制位数称为总线的宽度，一般为 64 位。

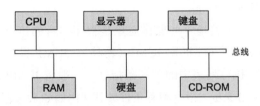

图 2-7　CPU 与主存之间通过总线相互连接

有了上述对机器系统体系结构以及功能实现的介绍，那么 CPU 完成主存中两个数据之间的加法运算，就可以通过如下五个步骤来完成（算法 2-1）：

（a）根据提供的地址从主存中读取一个数值放入一个寄存器；
（b）根据提供的地址从主存中读取另一个数值放入另一个寄存器；
（c）启动加法运算电路（运行加法器），以上述两个寄存器作为输入，并将计算结果存放在另一个指定的寄存器中；
（d）根据提供的地址将结果寄存器中的数据写入主存中；
（e）结束 CPU 的运行。

简单地说，上述过程就是先将数据读入 CPU，然后在 CPU 内部完成加法运算，再把结果保存到主存中。除了从主存中读取数据进行运算外，也可以先将程序命令存放在主存中，然后 CPU 从主存中依次读取这些程序指令，并按照程序指令来进行运算。这就是程控式计算的核心思想与实现方式。

需要说明的是，随着集成电路规模的不断发展，现在的机器系统往往拥有众多的 CPU 而不只有一个 CPU，这样的机器系统称为多核系统。在多核系统中，众多的 CPU 相互协调进行并行计算，可以使机器的运算速度达到惊人的程度。

2.2.2　机器指令语言

当然，不管有多少 CPU，为了实现按照程序指令来进行运算，CPU 必须具有识别程序指令的功能。在机器系统中，这项功能是由控制器中的译码器完成的。有了译码后的指令，CPU 就可以按照指令的要求执行规定的任务。

在机器系统中，程序指令也采用二进制来编码。二进制编码的程序指令及其编码系统在机器系统中统一称为机器语言（machine language）。用机器语言描述的程序指令就是机器指令（machine instruction），是机器可以直接执行的指令。

当然，作为机器直接执行的指令或者说是 CPU 能够直接译码并执行的指令，其形式应该十分简单。当然机器指令的数量也十分有限，都是一些非常基本的指令。一般机器语言中的指令分为数据传输、算术逻辑和控制操作三类指令（对照人类知识分为描述类知识、过程类知识与控制类知识）。

1）数据传输类指令：要求完成的任务是将数据从一个地方复制到另一个地方。比如将主存中的数据读取到寄存器的操作指令称为 LOAD 指令；反之，将寄存器中的数据写入主存中的操作指令称为 STORE 指令。如果存取的数据是源自外部设备，即 CPU 与外部设备进行数据传输的指令，称为 I/O 指令。

2）算术逻辑类指令：只用于控制器对运算器发出某一种运算的指令。常用的算术逻辑类指令包括 ADD（算术加法）、AND（逻辑与）、OR（逻辑或）、XOR（逻辑异或）、SHIFT（移位操作）、ROTATE（循环操作）等。

3）控制操作类指令：该类指令的操作对象是程序本身的执行，而不是数据。比较常见的控制操作类指令有 HALT（停机）、JUMP（转移）。JUMP 指令用来指引控制器执行规定的指令，而非按照顺序执行列表中的下一条指令。一般将 JUMP 指令进一步分为无条件转移（比如无条件地跳到第 5 步）指令和有条件转移（比如如果寄存器中值为 0 这一条件满足，则跳到第 5 步）指令两种。

为了译码器能够自动处理，也为了人们可以运用机器指令进行有效编程，需要对机器指令进行统一编码，从而形成机器语言。首先，假设模型机的机器系统如图 2-8 所示，其中通用寄存器共有 16 个，用十六进制编码为 0、1、2、…、F；主存的存储单元有 256 个（每个单元占 8 位，两个单元存放 1 条指令），其地址也用十六进制编码为 0、1、2、…、FF。

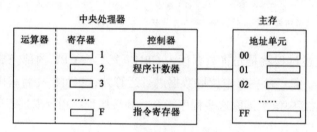

图 2-8　一种设想的模型机器系统

所有的机器指令则统一编码成如图 2-9 所示的形式，即包括两个部分：①操作码部分（Op-code），占 4 位（十六进制占 1 位），表征进行的操作，如 ADD、OR、JUMP、SHIFT 等；②操作数部分（Operand），占 12 位（十六进制占 3 位），提供指令操作数据的细节（内容或地址）。统一编码后，每一条指令均用 4 位十六进制的数值表示。模型机的全部指令清单如表 2-4 所示。

图 2-9　机器指令编码的构成

表 2-4　模型机的全部指令清单

操作码	操作数	说明
1	RXY	在以地址 XY 的存储单元中找到的位模式装载（LOAD）寄存器 R
2	RXY	以位模式 XY 装载（LOAD）寄存器 R
3	RXY	将寄存器 R 中的位模式存放（STORE）在地址为 XY 的存储单元中

（续）

操作码	操作数	说明
4	ORS	将寄存器 R 中位模式移入（MOVE）寄存器 S
5	RST	将寄存器 S 及寄存器 T 的位模式作为二进制补码表示相加（ADD），求和结果存放在寄存器 R
6	RST	将寄存器 S 及寄存器 T 的位模式作为浮点表示值相加（ADD），求和浮点结果存放在寄存器 R
7	RST	将寄存器 S 及寄存器 T 的位模式做或（OR）操作，并将结果存放在寄存器 R 中
8	RST	将寄存器 S 及寄存器 T 的位模式做与（AND）操作，并将结果存放在寄存器 R 中
9	RST	将寄存器 S 及寄存器 T 的位模式进行异或（XOR）操作，并将结果存放在寄存器 R 中
A	ROX	将寄存器 R 中的位模式循环（ROTATE）右移一位，进行 X 次。每次都把低位端开始的那个位放入高端
B	RXY	如果寄存器 R 中的位模式等于寄存器 0 中的位模式，那么转移（JUMP）到位于地址 XY 的存储单元中的指令。否则，继续正常的执行顺序
C	000	停止（HALT）执行

比如图 2-9 中所示的指令 35A7 表示：操作码是 3，操作数分别指出 5 号寄存器和 A7 主存储器地址单元。这条指令的含义是：将 5 号寄存器中的数据写入地址为 A7 的主存单元中。

采用机器语言重新来描述前面两个数据的加法运算（算法 2-1），我们可以得到如下程序指令清单：

156C 166D 5056 306E C000

请读者对其进行解码，给出这段程序的含义。

2.2.3 机器程序执行

有了机器语言，就可以编制机器代码的程序了。那么机器系统是如何完成程序执行的呢？通常，机器首先按照指令顺序将程序指令从主存复制到控制器（这里的顺序是指程序指令在主存中自然存放的地址顺序，除非遇到 JUMP 指令，才会按照新指定地址进行新的顺序读取），然后在控制器中对每条指令进行解码，最后按照解码的结果执行指令。

为了能够顺利完成这样的任务，在控制器中有两个特殊用途的寄存器，即程序计数器（program counter）和指令寄存器（instruction register），见图 2-8。程序计数器存放下一条指令的地址；指令寄存器存放当前正在执行的指令。

控制器按照如图 2-10 所示的循环周期不断重复执行其任务。循环周期分为这样三个环节：读取指令（Fetch）、解码指令（Decode）、执行指令（Execute）。读取指令，控制器按照程序计数器存放的下一条指令地址，从主存中读取下一条指令（注意，两个单元存放一条指令）并存放到指令寄存器中，同时程序计数器加 2（指向下一条指令地址）。解码指令，控制器根据指令寄存器中存放指令的操作码，将操作数进行分解，形成正确的部分，这样解码任务就完成了。

图 2-10　程序执行的循环周期示意图

接下来就是根据指令解码各部分的含义，启动对应的运算器电路来完成指令要求的任务，这便是执行指令。注意，如果是 JUMP 指令，运算的结果会改变程序计数器中的地址（通过在执行周期将转移指令操作数 XY 复制到程序计数器来实现），这样就可以达到 JUMP 指令的操作目的。

列举一个完整的程序执行例子。让我们再次回到两个数据的加法运算（算法 2-1）。这个加法运算对应的程序指令清单是：156C 166D 5056 306E C000。我们假定这段程序代码依次存放在 A0 地址开始的主存中，并且假定程序计数器初始内容就是 A0。那么，根据上述控制器循环周期，我们不难得到这段程序代码的机器执行过程：

(a) 最初程序存放在内存，程序计数器指向第一条指令地址 A0；
(b) 读取指令步骤开始时，取出程序计数器地址指向内存中的指令，放在指令寄存器中；
(c) 然后程序计数器计数增加 2，使它指向下一条指令；
(d) 执行指令寄存器中的指令；如果不是停机指令，则转（b），否则结束。

对于任意给定的程序代码，机器都是按照上述执行过程不断循环，最终完成程序的计算任务。实际上，不同的程序代码存放在主存中的不同区域，只要告知机器系统某一程序的起始地址，机器就可以顺利执行这一程序。

当然，程序指令与一般数据一样，都是二进制编码，本身没有明显的不同。如果指定执行的起始地址不是存放程序代码内容的地址，而是存放普通数据内容的地址，那么机器也会按照指令内容来解码，结果不可预料。

总之，按照这样的程序执行方式，机器系统就可以按照机器指令程序，实现人们希望机器所完成的计算任务，哪怕这一计算任务看起来十分复杂。当然，当要执行的计算任务非常复杂时，就需要对机器系统进行更加高级的运行管理，这就是我们下面要介绍的操作系统的功能之一。

2.3　操作系统

实际机器系统要比我们上面模型机复杂得多，不但主存空间要大得多，还有众多输入/输出设备需要控制，甚至有些机器系统采用更为复杂的多处理机系统。因此，为了更加方便用户使用机器、让机器更加有效地完成各种计算任务，需要有专门的软件系统来介入，这就是所谓的操作系统（Operate System, OS）。操作系统不仅需要将包括硬件（内存、CPU、外部设备）与软件（内存中的程序与数据、外部设备文件）在内的所有有效资源管理起来，还需要为用户提供良好的机器使用界面。

2.3.1　操作系统体系结构

为了更好地理解操作系统的工作原理，我们首先来分析一下机器系统不同的描述层次。如何理解一个机器系统呢？我们可以将其看作由一大堆晶体管构成的芯片，也可以看作由逻辑门或触发器构成的集成电路，或者更高级地看作由寄存器、控制器、运算器等构成的计算装置。当然，掌握了机器语言的人们自然还可以将其看作由机器指令支配的运算系统，甚至是由高级语言支配的计算工具。最后，从机器智能的角度看，机器系统还可以看作能够运行智能程序的载体，并表现出各种智能行为。

当然，一般情况下，我们可以将机器系统看作由机器硬件、操作系统和应用软件构成的一个综合系统，如图 2-11 所示。在带有操作系统的机器系统中打印财务报表的指令按照下面六个步骤来完成。

1）用户按下"P"键，如图 2-11 中①处所示。用户通过按下"P"键来发出打印财务报表的指令。

2）Hi，OS，发生了一个事件："P"键被按下了！如图 2-11 中②处所示。这一步的功能通过系统软件的中断响应程序来实现。

3）Hi，财务系统，键盘输入的是"P"，看着办吧！如图 2-11 中③处所示。这一步的功能通过系统软件调用财务系统来实现。

4）Hi，OS，打印我送到你那里的工资报表文件！如图 2-11 中④处所示。这一步的功能通过返回系统软件的打印进程调用来实现。

5）Hi，激光打印机，把我送给你的数据打印出来！如图 2-11 中⑤处所示。这一步的功能通过系统软件调用打印机设备驱动程序来实现。

6）激光打印机开始打印。如图 2-11 中⑥处所示。到此，打印财务报表的命令就完成了。

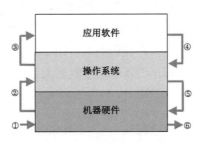

图 2-11　机器系统的扩展体系

通过这样的方式，一个机器系统可以扩展成为加载众多应用软件的复杂体系。面对如此复杂的机器系统，如何才能更好地把握并加以运用呢？这就需要屏蔽所有的具体细节，将机器系统看作一个与所有硬件电路具体操作无关的抽象计算系统。为此，就需要给机器披上一件内衣，将机器数据存储与操作的具体细节遮盖起来。这就是操作系统。

从机器系统使用者的角度讲，操作系统的组成如图 2-12 所示，其中与使用者接口部分称为外壳（shell）程序。外壳程序的主要任务是负责与一个或多个机器使用者进行交互。目前机器系统采用的外壳程序主要通过图形用户接口（Graphical User Interface，GUI）来完成这个任务。

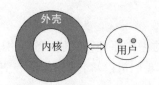

图 2-12　操作系统的组成图

计算机或手机用户都清楚，用户可以将被操作的对象，如文件、程序等，以图标的方式形象地展示在显示屏上。当用户需要查看或运行这些图标所代表的文件或程序时，只需点击这些图标，便可以与 shell 程序进行交互。用户之所以可以如此方便地进行这样的操作，依靠的就是图形用户接口。

从机器系统开发者的角度讲，操作系统的核心并非是外壳程序，而是指操作系统的内核（kernel）程序。内核程序通过有效组织机器系统的软 / 硬件资源来完成使用者提交的任务。在这一过程中，机器系统的使用者不必关心这些任务的具体实现，这样就起到了我们前面所说的抽象计算的目的。

内核程序需要实现的功能模块与所服务的机器系统类型有关，不同的机器系统需要配置不同的操作系统。一般而言，一个操作系统通常包括文件管理模块、设备驱动模块、存储管理模块、任务调度模块以及进程控制模块。

文件管理模块的任务是协调外部大容量存储设备的使用。为此，操作系统记录了所有外部存储文件及其动态变化状况。为了使这项工作得以有效开展，方便机器使用者使用，大多数文件分类、分组放置在树状目录之中。所有文件的操作最终都通过外壳程序调用文件管理模块来实施。

设备驱动模块的任务是控制各种 I/O 设备的运行，完成数据的输入 / 输出。一般每一种设备都配有特定的驱动程序。因此，机器系统每增加一种设备就需要安装对应的配套驱动软件。当然对于一些常用的设备，如键盘、打印机、磁盘、磁带和显示器等，一般操作系统备有相应的驱动程序，无须用户自己安装。图 2-13 所示是键盘的主要功能示意图，图 2-14 所示是一些常见的输入 / 输出设备。对于机器人系统而言，机器眼、机器耳、机器手等也属于外部设备。

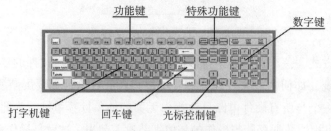

图 2-13　键盘主要功能键示意图

操作系统对设备的响应与控制通过中断响应来实现。比如在键盘上按下一个键，操作系统就会自动中断目前正在处理的程序，操作系统再根据中断向量中的数据信息（状态说明与中断地址），转向键盘输入处理。

存储管理模块的任务是对主存储器进行管理，协调对内存的使用，以提高使用效率。为此，该模块将整个内存划分为一个个页，并以页为单位进行分配管理与回收管理。当需要内存空间保存程序或数据时，存储管理模块就根据需求进行分配；在某个程序执行结束后，则会回收废弃的内存。当所有运行的程序需要的总空间超出内存的容量时，为了不影响系统的正常运行，存储管理模块会利用虚拟空间的方法来进行内存管理。一种常用的方法就是采用滚进滚出策略来实现所有程序的正常内容空间的需求。此时，实际的内存数据存放在外存中，只有当需要使用时才复制到内存，一旦暂时不用，就再复制回对应的外存中。

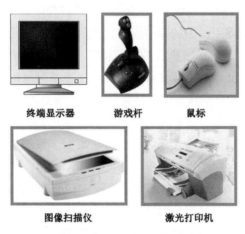

終端显示器　　游戏杆　　鼠标

图像扫描仪　　激光打印机

图 2-14　常见的输入 / 输出设备

目前操作系统一般采用分时策略来使用中央处理器。如果是多核系统，还需要解决在多个中央处理器中进行选择使用的问题。任务调度模块与进程控制模块就专门为此设置，其目的就是要高效使用中央处理器。因为任务调度模块涉及复杂的进程及其调度问题，我们留在后面专门介绍。这里只需知道，任务调度模块的任务是决定当前执行哪个程序，而进程控制模块的任务是控制程序执行的过程、决定具体什么时间段（分时）实际运行哪个程序、执行哪个阶段的工作任务。

除了外壳程序与内核程序外，操作系统还有一个自举问题。从操作系统本身的启动执行角度来看，操作系统是一类非常特殊的程序，具有自举功能。从上面的介绍可知，一般的程序启动执行都依赖于操作系统的支持。那么这时就出现一个问题：操作系统也是一个程序，它的启动执行又是如何进行的呢？为了解决这个问题，所有的操作系统都拥有一种特有的功能，就是自己引导自身的启动与执行。实现这一功能的就是操作系统中的引导程序（boot strapping）。

这样，每次开机时机器系统根据固定的微指令将引导程序读入内存并执行之。然后，执行的引导程序再将整个操作系统从外存读入内存的固定区域。最后，引导程序将执行指令的地址转移到该区域的首址，开始操作系统的运行。

一般微指令存放在固定的只读存储器（Read-Only Memory，ROM），无论是否开机（有无电源），都保持不变。有时为了方便启动操作系统，也可将整个引导程序保存在只读存储器中，于是开机时第一步就是直接自动执行只读存储器中的引导程序。

考虑到操作系统自举功能的实现，需要说明的是，在大多数 PC 中，引导程序优先从软盘驱动器 0 扇区 0 道首址读取操作系统。只有当没有软盘时，才尝试从机器的硬盘读取操作系统。因此，第一次使用一台计算机，需要将操作系统复制安装在硬盘固定区域（所谓的系统安装），以后每次开机时就不需要依赖软盘了。

2.3.2　组织协调机器活动

操作系统最为核心，也是最基本的任务就是组织协调众多活动程序的执行。在操作系统中，把执行活动中的程序称为进程（process）。如果说程序是指静态不变的一组指令，那么进程就是这组指令在机器系统中的动态活动，并随时间演化而变化。一个进程通常用其活动的当前状态来刻画，包括程序执行的当前位置（程序计数器的值）、有关 CPU 中寄存器中的值以及涉及内存单元中的值。如果某一时刻终止了当前机器的活动，那么该时刻所有机器系统中随时间变化的瞬间状态，就是当时执行的即刻进程状态。

除了动态与静态的差别外，进程与程序的差别还在于完成一个程序的执行，机器往往需要建立多个进程。比如某个程序代码中需要打印数据，操作系统就会为此任务专门建立一个打印进程。注意，如果两个不同的程序都需要打印数据，即便打印程序代码相同，操作系统依然会为程序的每一次调用建立不同的进程（因为涉及的数据与打印进度不同）。大体上讲，在操作系统中，所有的用户程序要完成的任务，均会分解为一个个相互关联的进程来协同完成。因此，这就会有如何协调众多进程几乎同时使用机器系统资源的问题，以及给出应对意外情况出现的处理办法。

在现代操作系统中，为了更好地实现进程执行过程，还提出了一个线程的概念。每个进程都有相应的线程，程序执行时是通过执行一系列线程来实现进程动态执行的。线程是进程的基本执行单元，一个进程的所有任务都通过线程的执行来完成。比如，一个进程需要打印数据，就是通过建立一个打印线程来完成。进程是资源分配的最小单位，线程是程序执行的最小单位。因此，同一进程内的线程共享所属进程的资源，而进程之间的资源相互独立。因此，在考虑操作系统对进程资源使用的协调问题时，不必考虑执行的线程。

一般在操作系统中，CPU 的使用按照分时策略来分配。将 CPU 运行时间划分为多个时间片段，然后以时间片段为单位，分配需要运行的各个进程。比如时间片段 1 执行进程 A，时间片段 2 执行进程 B，时间片段 3 执行进程 C，然后时间片段 4 接着执行未完成的进程 A，如此等等。由于某些进程在执行过程中需要等待其他进程的结果，比如调用打印进程，这样分时运行进程，就可以充分利用 CPU 资源。由于划分的时间片段非常短暂，在分时执行进程时，并不会影响每个进程单独占用 CPU 的执行效果。

如图 2-15 所示，为了实现对系统资源的有效利用，首先要管理进程，包括进程调度与控制。进程调度通过在内存保存所有进程状态表进行。当创建一个进程时，就在进程状态表中增加一条记录；进程结束时则将相应的记录删除。除了创建与撤销外，进程可能的状态还有就绪（随时可以执行）、等待（等待其他进程的执行结果或等待使用被其他进程占据的资源）和执行（占据 CPU）。

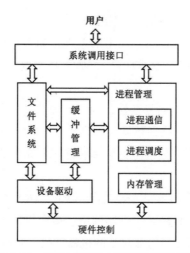

图 2-15 操作系统动态组织协调示意图

当一个 CPU 时间片段结束时，会自动产生一个中断信号，CPU 的支配权交给系统进程（进程管理程序）。系统进程从就绪进程队列中选择一个优先权最高的进程，将下一个时间片段的 CPU 支配权交给该进程。如果一个执行中的进程因为调用其他进程或需要的系统资源已被其他进程占据，CPU 就将该进程转为等待状态。如果处于等待状态的进程的需求得到满足，其就转为就绪状态。

有些等待队列需要的资源可能是其他进程计算的结果，因此建立进程之间信息交互机制是其中的一个重要方面，称为交互进程通信。有些等待队列需要的资源是一些稀缺的设备资源，此时就需要排队等待。

就绪或不同原因等待的进程往往不止一个，因此就会形成各种进程队列。比如就绪队列、打印机需求队列、内存需求队列等。因此，影响进程调度的因素非常复杂，这就构成了非常复杂的进程调度策略。

在进程调度中，一个非常棘手的问题就是有关进程间的竞争处理问题。这个问题如果处理不好，常常会产生所谓的死锁问题。简单来说，死锁情况就是指进程 A 需要的资源 a 被进程 B 占有，而进程 B 需要的资源 b 同时被进程 A 占有。这样进程 A 与进程 B 都因为无法满足资源，永远处于等待状态而无法转为就绪状态。

出现死锁的必要条件是：①存在对于不可共享资源的竞争；②对于资源的请求是分步进行的；③一旦资源被分配就不能被强制收回。因此，可以通过改变上述资源分类的策略来避免死锁情况的出现。当然，为此付出的代价就是资源利用效率变低。

需要说明的是，操作系统本身的各部分程序也作为进程来运行管理。因此，为了保证操作系统能够有效运行，系统进程的优先权最高，以保证在任何情况下，系统进程总能优先得以执行。另外，从组织协调机器活动的角度来看，可以将系统进程类比为人类大脑的意识活动，通过内省反思来监控其他有意识的思维活动。

2.3.3　网络操作系统概述

我们知道，如今的机器系统都处在相互通信的网络环境中。当机器之间组成通信网络的时候，为了有效应对网络通信问题，就需要网络操作系统来协调管理系统的资源。网络操作系统与前面介绍的操作系统没有本质上的差别，如果将机器之间的通信接口看作新增加的一种外部输入/输出"设备"端口的话，那么需要增加的无非就是这种特殊"设备"的驱动程序。

不过，考虑到机器之间通信的复杂性，为了有效构建机器之间的通信机制（除了网络通信驱动程序，还需要专门的网络通信协议处理软件），就需要专门研究网络拓扑结构、网络协议以及机器通信实现程序。如果考虑到多智能机器系统之间的通信，还要研究知识协议这种比较深入的课题。

机器网络一般分为局域网（Local Area Network，LAN）和广域网（Wide Area Network，WAN）。比如，局限于校园内部建立的机器网络、多台机器人协同完成任务构成的多主体系统等，均属于局域网；跨国公司内部建立的机器网络、互联网等，则属于广域网。另外，对外开放的网络称为开放网络，典型的如互联网；不对外开放的网络称为封闭网络，典型的如校园网。

如图 2-16 所示，机器网络的物理连接一般按照拓扑结构来分类。常见的网络结构主要有：

1）星形，组成网络的机器均通过一台中心机相互连接。

2）总线型，组成网络的机器全部连接到被称为总线的公用通信线路上。

3）环形，组成网络的机器以环状的方式相互连接。

4）不规则型，用随意的方式将机器连接起来。

5）混合型，采用前面若干结构复合而成。

环形与星形适用于局域网的构建；总线型可以满足广域网构建的需要；不规则型既适合局域网，又适合广域网；互联网则采用混合型拓扑结构。

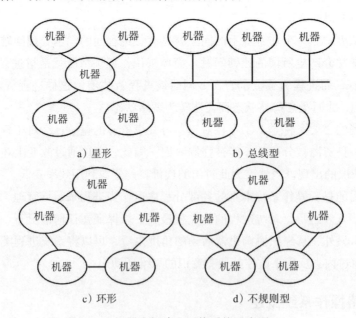

图 2-16   机器之间建立网络系统示意图

　　为了保证机器之间通信的有效性，在机器系统中需要采用一定的规则来完成机器之间的通信，这些用于保障有效通信的规则被称为网络协议。网络协议是有关网络通信的一整套规则，或者说是为了完成网络通信而制定的规则、约定和标准。

　　网络协议由语法（通信数据和控制信息的结构与格式）、语义（对具体事件应发出何种控制信息、完成何种动作以及做出何种应答）和时序（对事件实现顺序的详细说明）三大要素组成。一般网络协议分为物理层、数据链路层、网络层、传输层、会话层、表示层及应用层。

　　1）物理层（physical layer）。物理层协议规范有关传输介质的特性标准。连接头、帧、帧的使用、电流、编码及光调制等都属于各种物理层规范中的内容。

　　2）数据链路层（data link layer）。数据链路层涉及定义在单个链路上如何传输数据的协议。这些协议与被讨论的各种介质有关。

　　3）网络层（network layer）。网络层主要对端到端数据包的传输进行定义，包括标识所有结点的逻辑地址以及路由实现方式等。

　　4）传输层（transport layer）。该层协议的功能包括：是选择差错恢复协议还是无差错恢复协议；在同一主机上对不同应用数据流的输入进行复用；对收到的顺序不对的数据包进行重新排序；等等。

　　5）会话层（session layer）。会话层定义如何开始、控制和结束一个会话，包括对多个双向消息的控制和管理。

　　6）表示层（presentation layer）。这一层的主要功能是定义数据格式及加密。

　　7）应用层（application layer）。与其他机器进行通信的一个应用，对应到应用程序的通信服务。

　　构建网络操作系统，重点关注 1～4 的协议功能的实现；5～7 往往是网络应用程序考虑的内容。

　　除了操作系统的网络化之外，从智能科学技术发展趋势的角度来看，未来操作系统也必定会走向智能化的道路。智能化操作系统与目前操作系统的主要区别在于，对进程的管理不再只停留于形式调度之上，而是能够觉知到进程本身所执行的"内涵"，从而事先知道进程可能的执行效果。如此一来，操作系统就具备某种"自我意识"，能够扫视反思内部的执行程序，从而采取相应的措施。智能化操作系统可以突破目前"预先编程式"的机器系统模式。当然，实现智能化操作系统，还需要假以时日。

本章小结与习题

　　本章主要介绍机器系统的基本工作原理，包括硬件组成以及数据计算的运算方式、操作系统的基本构成与运作原理。机器系统为智能计算提供了一个基础平台，它既是智能软件系统开发的工具，又是智能软件系统的载体。因此，理解掌握本章内容十分重要。

　　习题 2.1　假设在图 2-3 所示触发器电路中上端输入 0，下端输入 1，请分析该电路的输出。

习题 2.2   下面列出了内存单元的地址与内容：

```
address    contents
  00         AB
  01         53
  02         D6
  03         02
```

那么，执行如下各步操作后，请给出内存各单元的最终结果：

（1）将地址 03 单元中的数据复制到 00 单元中；

（2）将地址 01 单元中的数据复制到 02 单元中；

（3）将地址 01 单元中的数据复制到 03 单元中。

习题 2.3   请将如下十六进制的数据转化为二进制数据表示形式：

BC 67 9A 10 3F

将如下二进制数据转化为十六进制数据表示形式：

101011001101 110001011100 000011101011

习题 2.4   采用 1024×768 像素的屏幕显示图像，如果每个像素亮度用 8 位表示，那么存储一幅图像需要多少内存单元？

习题 2.5   如果硬盘每个扇区包含 512 字节，每个字符用一字节表示，那么一页 3500 个字符需要多少个扇区？

习题 2.6   假设三个值 x、y、z 存储在机器内存中，请描述计算 $x+y+z$ 时 CPU 的数据运算过程。如果是计算 $2x+y$，其过程有什么不同？

习题 2.7   请给出下列每条机器指令的具体含义：

407E 9028 A302 B3AD 2835

习题 2.8   请将下列指令转化成机器指令代码形式：

（1）将地址为 55 的内存单元的值读入寄存器 8 中；

（2）将十六进制数值 55 写入寄存器 8 中；

（3）将寄存器 4 中的值右移 3 位；

（4）将寄存器 F 和寄存器 2 中的内容相加，结果放入寄存器 0 中；

（5）如果寄存器 0 和寄存器 B 中的值相等的话，则跳转到地址为 31 的内存单元所存储的指令。

习题 2.9   请给出操作系统的主要工作原理。如果换成是网络操作系统，又应该做哪些补充或调整？

第 3 章

算 法 运 作

算法是智能计算领域最为核心的概念之一。当人们拥有了一台机器,希望机器系统能够为人类服务,解决需要解决的某个智能计算任务时,那么人们首先要给出完成这项任务的算法步骤。比如,人们希望机器具备与人打桥牌这种智力游戏的能力,那么就需要为机器编制完成这个任务的算法。

应该说,正是通过编制算法,将人类智能"植入"机器系统中,从而构建能够表现出智能行为的机器。因此,编制的算法越智能,所构建的机器也就越能够具有更加智能的行为表现。从某种意义上讲,机器智能的限度就是能否找到相应智能算法的限度;能够找到算法的智能任务范围,也就是智能机器的可达能力范围。

于是,智能科学技术研究的一个重要目标,就是找出尽可能多的智能算法,使机器拥有尽可能多的人类心智能力。由此可见,算法在智能科学技术领域中占有重要地位。掌握算法的运用方法,也就成为学习这一专业的最基本技能。

3.1 算法构造

一般而言,所谓算法就是指解决一个(智能)计算问题的具体步骤的集合。要让机器拥有某种智能能力,就需要首先构造相应的智能算法。构造算法的前提是要给出某种算法表示的方式。尽管算法功能超越具体的表达形式,但功能总要通过一定的形式来呈现。当然,根据算法与其表达的关系,用以表达算法的方式并不唯一。因此,在算法构造中,为了相对独立于机器实现细节,一般采用某种原语作为算法的描述语言。在此基础上,再给出算法的具体构造方法及其实例。

3.1.1 界定算法性质

在日常生活中,人们在完成某项任务的过程中,需要遵循一定的算法步骤。比如"煮鸡蛋吃"这一任务的算法如下:①从冰箱里取出一枚鸡蛋;②将鸡蛋放进煮锅;③锅里加水直到没过鸡蛋;④持续给锅加温直到沸腾;⑤停止加温取出鸡蛋;⑥将鸡蛋放入凉水中浸泡 1 分钟;⑦敲破鸡蛋壳,去除全部蛋壳;⑧将去壳后的鸡蛋吃掉。

如果强调精确执行性,那么计算 1+2+3+4+5 的问题就是一个机器可以精确执行的实例。显而易见，这一问题的解决算法可表示为如下步骤：

1）先计算 1+2，得到 3；

2）将步骤 1 得到的结果加上 3，得到 6；

3）将步骤 2 得到的结果加上 4，得到 10；

4）将步骤 3 得到的结果加上 5，得到 15。

显然，最后该算法得到的计算结果为 15。

通过上述算法实例，我们可以了解到算法的一些特点。当然，作为机器系统能够严格精确执行的操作步骤集合，我们必须给算法下一个严格的定义：算法是一组明确的、可以直接执行之步骤的有限有序集合。

一般严格意义上的算法应该满足如下性质。

1）有序性：算法中所有步骤均有规定的执行顺序。

2）有限性：算法中的步骤是有限的。

3）明确性：集合中的每条指令均是明确的、可以直接执行的步骤。

4）终止性：有时候，我们还会要求每一个算法不但构成步骤数量有限，还要求这些步骤的动态执行也要在有限时间内结束。不过，对于特殊算法，有时候我们却需要其永不终止，如操作系统。关于这个话题，更多地涉及计算理论的内容，并跟算法效率的讨论有关。

对于算法而言，还有一个重要的方面，即一定要区分算法内涵与算法表示之间的关系。算法内涵是指一个算法所固有的功能本质，完成某一任务的具体步骤及其内在联系。算法表示则是具体给出的一种描述文本。一个算法可以有不同的描述文本，这些描述文本完成的任务完全一致，因此代表着一个相同的抽象本质。

算法内涵与算法表示的区别就好像一个故事与一本书的区别：一个故事可以写成不同版本的书，而这些不同版本的书所讲述的却是同一个故事。这里我们需要强调的是，算法的抽象本质是任务固有的复杂本性所决定的；而算法表示只是完成这一任务之算法的一种具体描述。

当然，还要考虑算法的效率性问题。效率指的是执行一个算法程序所要花费的时空代价。在时空代价中，时间代价是指算法执行中所要花费的时间，而空间代价是指算法执行中占用的内存空间。一般我们仅从理论上来讨论算法的效率，并不考虑具体机器系统实际消耗的时空。由于空间代价可以转化为时间代价，在考虑算法的效率时，主要查看对于给定的输入数据规模，一个算法需要动态执行多少个计算步骤。这种衡量方法也称为算法的计算复杂性。

算法的计算复杂性由算法所解决问题本身的复杂本性所决定，这是算法问题的计算复杂性。不过，同样的问题可以用不同的算法来解决，这些不同算法的计算复杂性才是反映算法效率的关键。我们希望，所有给定的问题都能够找到最低计算复杂性的那个算法，刚好反映了问题本身的计算复杂性。

衡量算法计算复杂性一般用输入数据的规模来比照，也即算法计算复杂性是其输入数据规模的函数，通常记为 $O(f(n))$，其中 n 为算法输入数据的规模，$f()$ 为算法的计算复杂性函数，$O()$ 为复杂性当量。

从理论上讲，可以将算法按照计算复杂性函数类别来进行分类。比如，函数为对数函数的就称为对数复杂性，函数为多项式的就称为多项式复杂性（又分为 k 次多项式），函数为指数的称为指数复杂性。一般同类型的复杂算法，在实际计算复杂性的算法效率上相当，因此通常不做细分，所以用 $O()$ 来进行归类。

对于算法的计算复杂性，我们当然希望越低越好。但不要忘记对于一个给定的算法，其计算复杂性不可能低于其所解决问题的计算复杂性。因此在比较智能算法构造能力时，比的就是对于同样一个问题，看谁找到的解决算法效率最高。或者说，比的是谁的算法计算复杂性最低或者最接近问题固有的复杂性。

最后，算法还有一个正确性问题。算法的正确性，是指要确保算法确实解决了给定的问题。目前，证明算法正确性主要有两种途径。一种途径是软件测试途径，就是具体运行算法的程序，以观其是否符合预期。通常可以采用各种选择测试数据的方法来系统地测试算法程序，分析算法的结果是否符合规定的（中间环节或最终结果）输出要求。另一种途径是程序正确性证明方法，这种方法是从理论上分析证明算法的正确性。

我们希望所构造的算法都是正确的，即算法的确刚好解决了所要解决的问题，不多也不少。但实际上，当需要解决的问题过于复杂时，很难保证构造的算法正确。大多数构造的复杂算法会存在许多错误（漏洞、Bug），常常会给各种智能系统带来灾难性后果。比如，美国航天飞机发射失败，常常就是软件算法上的一点小问题所致。因此，算法设计也是大事，不可不慎。

总之，算法是智能机器系统行为表现的内在核心"思维"所在，衡量算法的优劣，除了看其是否描述所要实现的功能之外，主要看其复杂性和正确性。智能算法的独特之处是能够将人类智能"植入"机器，使其更加聪明灵活地解决各种复杂的智能问题。

3.1.2 伪码描述算法

日常生活中我们一般采用自然语言来表达我们的思想，也常常采用某些图式来表达事物及其相互关系。但对于算法而言，由于明确性的要求，因此往往需要某种精确的形式语言作为算法表达的语言。这种可以精确描述算法的形式语言就称为原语。

定义原语一般有两个方面的考虑：语法和语义。语法规定原语中符号组合的规则，语义则说明原语中符号及其组合的含义。

我们可以采用机器语言作为描述算法的原语。但从有关机器语言的使用不难发现，尽管机器语言描述的算法能够非常方便机器执行，但直接用机器语言指令来理解与书写算法肯定十分单调乏味。如果算法足够复杂，机器语言也会极其烦琐。因此，为了兼顾机器算法执行的精确可行性和算法描述的直观性，我们需要一种方便的算法描述语言。这便是出现种类繁多的高级程序设计语言的原因。

当然，为了进一步使描述算法的高级语言具有某种通用性，避免与某种具体的程序设计语言相关联，忽略实现某种程序设计语言的细节，我们一般采用一种称为"伪码"的符号系统作为描述算法的原语。

伪码（pseudocode）是一种重在表达算法思想的非正式符号系统，常常用在算法的开发过程中。与一般高级程序设计语言相比，伪码的主要特点是既具有直观、方便性的优点，又忽略了严格语法的规范性。

由于算法思想主要通过各种递归语义结构来描述，因此与所有描述算法的语言符号系统一样，伪码必须能够给出各种递归语义结构的表达方法。有时为了直观表达算法的思想，也常采用一种称为流程图的图式来对伪码描述的算法做补充说明。

图 3-1 给出了流程图的基本符号。下面我们针对主要的递归语义结构，结合流程图表示，来给出伪码这种算法原语的具体规范。

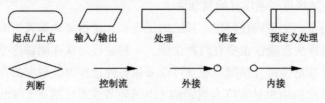

起点/止点   输入/输出   处理   准备   预定义处理

判断   控制流   外接   内接

图 3-1 流程图的基本符号

（1）赋值语义结构（赋值语句）

如果用 name 表示变量名称，用 expression 表示与 name 有关的表达式数值，那么我们称：

$$name \leftarrow expression$$

为一个赋值语义结构，其含义为"把 expression 的值赋给 name"。赋值语义结构的流程图如图 3-2 所示。

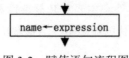

图 3-2 赋值语句流程图

比如下面的赋值语义结构实例：

$$x \leftarrow 3+4y$$

就表示将 3+4y 表达式的计算结果赋给 x。一旦这一计算结束，变量 x 的值就变成"3+4y"了。需要注意，上述赋值执行后，变量 y 的值保持不变。

（2）条件语义结构（条件语句）

根据某个条件式是否成立来决定采取进一步的计算活动，这种算法步骤的语义结构就称为条件语义结构。一般采用如下描述形式：

if（条件）then（活动1）else（活动2）

或者：

if（条件）then（活动）

其中，if、then、else 这些关键词称为保留词（不允许算法设计者用作命名变量名称的词，称为保留词），用于界定一个条件语义结构不同部分（内部）和作用范围（外部）。这些保留词的使用，对于在多重递归语义结构中分清嵌套结构之间的边界有着重要意义。条件语义结构的流程图如图 3-3 所示。

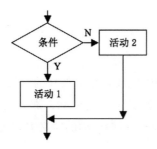

图 3-3 条件语句流程图

在上述条件语义结构中，第一个式子表示"如果（条件）成立，就执行（活动 1），否则执行（活动 2）"；第二个式子表示"如果（条件）成立，就执行（活动）"。比如，

if ($x \leq 6$) then ($y \leftarrow x+2$) else ($y \leftarrow x+6$)

就是一个条件语义结构。

（3）循环语义结构（循环语句）

只要某个条件式保持为真就继续规定的计算活动，这种算法步骤的语义结构就称为循环语义结构。一般采用如下描述形式：

while（条件）do（活动）

其中 while 和 do 也是保留词。循环语义结构的流程图如图 3-4 所示。

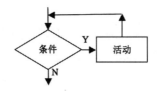

图 3-4 （while）循环语句流程图

循环语义结构的含义是："检查（条件）是否满足，如果其为真就执行（活动），并返回再次检查（条件）。只有当某次检查（条件）不满足时，才结束算法步骤。"比如 x 的初始值假定为 0，那么

while ($x<6$) do ($x \leftarrow x+1$)

就意味着一直执行 6 次（$x \leftarrow x+1$）计算，结果 x 的值变成了 6，循环结束。

有了上述三种基本的语义结构描述形式，就可以用来表示完整的算法思想了。通常，一个算法中每一个相对独立的步骤称为一个语句。算法中的语句均可以用上面三种语义结构之一来描述，称为具体应用。在算法中，由这些语义结构具体应用的语句组成的有序集合，就称为算法的伪码表示。为了使这样的伪码表示更具有可读性，一般规定语句之间用分号隔开。如果一个语句内部嵌有另一个语句，则采用缩进格式。比如语句：

if ($x \leq 6$) then ($y \leftarrow x+2$) else (if ($x \leq 6$) then ($y \leftarrow x+2$) else ($y \leftarrow x+6$))

写成缩进格式就是：

```
if (x ≤ 6)
    then (y ← x+2)
else (if (x ≤ 6)
        then (y ← x+2)
    else (y ← x+6)
)
```

进一步，对于重复出现的伪码段或者相对独立的一段伪码，可以用固定名称加以命名定义，称为过程。一个过程一旦定义了固定名称，那么在需要出现该过程伪码段的地方，就可以直接用该名称替代这段伪码。一般过程的定义方式为：

```
procedure name（参量）
伪码段
```

引用之处直接用语句"procedure name"来替代所定义的这段"伪码段"。过程语句的流程图如图 3-5 所示。

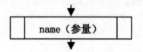

图 3-5　过程语句流程图

下面就定义了一个称为 greetings 的过程：

```
procedure greetings (y)
x ← y;
while (x ≤ 6) do
    (print ("hello");
    x ← x+1)
```

此时，在其他需要完成这一过程功能的地方，只需要直接调用这一过程名即可。比如：

```
if (x ≤ 10) then (procedure greetings (3))
```

等价于

```
if (x ≤ 10) then (
    x ← 3;
    while (x ≤ 6) do
        (print ("hello");
        x ← x+1)
)
```

有时候，为了使伪码的可读性更高，在嵌套的语句中，每一层语句的结束都用明显的标识来醒目地加以标记，使用诸如 end while、end if 等保留词。比如：

```
if (x ≤ 10) then (
    x ← 3;
    while (x ≤ 6) do
        (print ("hello");
        x ← x+1)
)
```

写成

```
if (x ≤ 10) then (
    x ← 3;
```

```
    while (x ≤ 6) do
    ( print ("hello");
        x ← x+1
    ) end while
) end if
```

使得伪码的嵌套层次更加一目了然。

当然，这种做法并非强制性的，依赖于个人偏好。作为中国人，有时也可以用汉语保留词来替换英语保留词。当然，只要不影响算法思想的表达，还可以采用人们自己认同的习惯方式来规定自己的伪码表达习惯，前提是要让别人能够理解、可读。

对于用流程图表达一个算法的过程，常常需要标记一个算法的开始和结束，其流程图标识如图 3-1 "起 / 止点"所示。有了表示算法的伪码原语和流程图，现在我们可以介绍如何编写解决具体问题的算法了，即所谓的算法构造。

3.1.3　算法构造过程

针对某个具体需要解决的问题，算法构造可以分为两个阶段：发现解决该问题的算法，以及用伪码将发现的算法表达出来。如果已经熟练掌握了伪码的使用，那么很显然，构造算法的重点在于发现算法。其实，发现算法就是一个理解解决问题的过程。

人一生中需要不断地解决问题。无论是在工作、学习，还是在生活中，人们总会遇到各种各样的问题需要解决。因此解决问题的能力体现了个体或群体的智能水平。当然，除了慧根潜质的深浅外，解决问题也有一些可以掌握的窍门。

参照解决问题过程的一般规律，我们可以给出解决给定问题的算法发现的一般原理，即算法发现具体包括以下 4 个阶段。

阶段 1：理解问题。

阶段 2：寻找一个可能解决问题的算法过程（思路）。

阶段 3：阐明算法并且用伪码将其表达出来。

阶段 4：从准确度和作为解决普适问题的工具的潜力这两个方面来评估一个算法是否有效。

解决问题的思路有很多，比如正向思维、逆向思维、混合思维以及灵机一动等，读者可以参考美国科普作家伽德纳所著的《啊哈，灵机一动》一书。但对于算法发现而言，主要的难点不在于去解决一个问题的特定实例，而是要找出一种适合某个问题所有实例的通用算法。

比如，要给出加法运算的一般算法，不仅仅是解决 "1+1" 这一个加法运算的特定实例。这时人们就会发现，对于给定问题，发现其解决算法并非易事。甚至对于许多问题，根本就不存在可以解决的算法。

为了使读者了解如何具体发现解决问题算法的一般过程，我们列举一个简单问题的实际算法构造例子，即计算 $1+2+\cdots+n$。这是一个从 1 开始连续求和的简单的累加问题，按照发现算法的 4 个阶段，我们可以依次给出如下的算法发现过程。

1）理解该问题要点如下：

①从 1 开始重复地进行相加运算；

②本次相加的和数作为下一次相加运算的被加数；

③加数连续递增，有规律地变化。

2）寻找一个可能解决问题的算法，过程思路如下：

①用 S 表示被加数（初始值为 0），用 I 表示加数（初始值为 1）；

②进行 n 次加法后结束，或者当加数大于 n 时结束；

③ S 中存放计算结果。

3）阐明算法并且用伪码将其表达出来。设 S 表示被加数，也表示累加和，I 表示加数，则算法如下（对应的程序流程图见图 3-6）：

步骤 1：输入 n 的值；$S \leftarrow 0$；$I \leftarrow 1$；

步骤 2：若 $I \leqslant n$，则转向步骤 3；否则，转向步骤 6；

步骤 3：$S \leftarrow S+I$；

步骤 4：$I \leftarrow I+1$；

步骤 5：转向步骤 2；

步骤 6：S 的值就是计算结果，算法结束。

4）从准确度以及作为解决普适问题的一个工具潜力这两个方面来评估这个算法是否有效：通过分析，该算法准确解决了所描述的问题；并且，对于任意给定的 n 都能给出唯一正确的结果，具有一定的普适性。

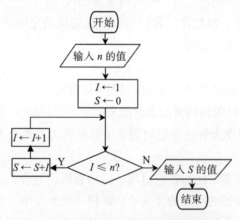

图 3-6　求 1 到 n 连加之和的程序流程图

当然，解决 1 到 n 连加之和的算法并不唯一。构造该问题算法的另一种思路是，计算 $1+2+\cdots+n$ 时，可以采用 $(1+n) \times n/2$ 的计算公式来计算，就可以得到计算结果。具体算法步骤如下：

步骤 1：$S \leftarrow n+1$；

步骤 2：若 n 是偶数，则 $S \leftarrow (S \times n) \div 2$；否则，$S \leftarrow S \times (n-1) \div 2+(n+1) \div 2$；

步骤 3：S 的值就是计算结果，算法结束。

正如在 3.1.1 节中说明的那样，同一个问题可以用不同的方法解决，即用不同算法解决同一个问题。因此，存在一个算法的比较（分析）和选择问题，比较的依据是算法的效率。显而易见，上面新的算法思路比原来的连加思路更加优越。

上述所举例子是比较简单的问题，可以通过直接构造算法的方法来解决。对于一个可以存在解决算法的复杂问题，往往难以直接给出解决问题的算法。为了能够找到解决复杂问题的算法思路，通常需要通过逐步求精（stepwise refinement）的方法来构造算法。

逐步求精就是把复杂问题不断分解为子问题，直到分解的子问题能够直接给出解决思路为止；然后再逐步将子问题的解决思路一层一层地整合起来，最终给出总问题的解决思路。这种问题不断分解的过程称为自上而下的分析方法，而将思路整合的过程称为自下而上的综合方法。这也是编制复杂软件系统最为常用的策略。

当然，逐步求精不是求解问题的全部。对于如何发现解决给定问题的算法，永远是一个开放性的科学难题，需要人们不断地去探索和发展新的方法。总之，算法发现是一项富有挑战性的技巧性工作，也是人们聪明才智得以展现的最佳载体。

3.2 算法结构

算法是计算步骤的有序集合，自然构成算法的内容是按照一定顺序排列的语句集合。但是在顺序排列的基础上，算法往往也包含着非常复杂的组织结构，以便有效地完成算法预定的各种复杂任务。为了有效地构造算法，我们必须学习并了解一般算法过程中一些常见的构造结构，特别是选择结构、迭代结构、递归结构。因此，我们专门在本节对算法的结构进行详细的分析。

通常可以采用程序流程图直接表示不同的算法结构。但简洁起见，更为了有效地表示算法结构，我们将采用一种由美国学者纳希（I. Nassi）和希内德曼（B. Shneiderman）提出的 N-S 盒图表示法来辅助分析算法的复杂结构。与流程图相比，N-S 盒图表示法既保留了流程图直观、形象和易于理解的优点，又摒弃了流程图功能域不甚明确、控制流可能任意跳转的缺点，使其更容易确定局部和全局数据的作用域。

毫无疑问，算法结构的基础是顺序结构，如图 3-7 所示。顺序结构反映的就是算法步骤按照给定的先后顺序依次执行的事实。算法的顺序结构非常简单明了，就计算复杂性而言，其并不起关键作用。在算法的语句集合中，算法复杂性主要体现在构成算法的具体语句结构中。具体语句结构主要包括选择结构、迭代结构和递归结构，也是分析计算复杂性的重点所在。下面我们来分析算法的这三种具体结构。

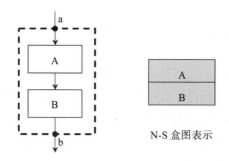

图 3-7　算法顺序结构及其对应的 N-S 盒图表示

3.2.1 算法选择结构

在算法实现中需要考虑多种可能情况的不同处理策略时，就会采用算法的选择结构。选择结构的具体表示一般采用条件语句，对应的典型结构流程图及其 N-S 盒图分析如图 3-8 所示。

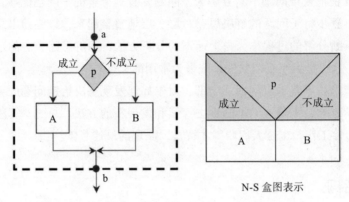

图 3-8 选择结构及其对应的 N-S 盒图表示

举例来说，对于给定的一个数据和一张数据表，要确定该数据是否出现在数据表中，就需要构造一个数据查找算法。比如查找某个人的姓名是否出现在给定的名单中，就属于这样一种数据查找问题。一般实现这一过程的伪码可以表示如下。

```
Procedure Search (list, TargetValue)
if (list 为空)
    then (返回失败)
    else (
        TestEntry ← 在 list 中选择第一个表项;
        while (TargetValue ≠ TestEntry 且 TestEntry 不是最后一个表项)
            do (TestEntry ← 在 list 中选择下一个表项);
        if (TargetValue=TestEntry)
            then (返回成功)
            else (返回失败)
) end if
```

在上述算法中多次用到了选择结构的 if 语句。当然，实现选择结构的语句不只有 if 语句，有时也会采用情况语句，一般定义如下（流程图如图 3-9 所示）。

```
switch (变量)(
    case "取值 1" (活动 1)
    case "取值 2" (活动 2)
    …
    case "取值 n" (活动 n)
)
```

其中，switch、case 均为保留词。

鉴于情况语句可以化解为若干条件语句的组合，因此无须给出专门的 N-S 盒图表示。不管是条件语句还是情况语句，选择结构本身不会增加计算复杂性。但是选择结构却是算法实现中非常重要的表达方式，可以有效地解决人们思维中的选择机制问题。因此，在算法的构造中通常少不了选择结构的运用。

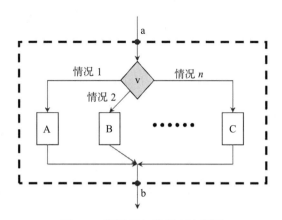

图 3-9　情况语句的程序流程图

3.2.2　算法迭代结构

算法构造的第二种实现结构就是迭代结构。在算法的迭代结构中，一组指令以循环方式重复执行。为了更好地理解这种循环结构，我们再以上述数据查找算法为例，来详细分析循环结构算法的特点。在上述 Search 算法中，为了解决姓名查找问题，我们从名单首列开始依次将待查姓名与名单中出现的姓名进行逐一比较，找到了就查找成功；如果名单结束也没有找到，则查找失败。现在，如果名单按照字母顺序排列，那么只须按照字母顺序查找即可，不必比较所有的表项，实现这一过程的伪码可以表示如下。

```
Procedure Search (list, TargetValue)
if (list 为空)
    then (返回失败)
else (
        TestEntry ←在 list 中选择第一个表项;
        while (TargetValue>TestEntry 且 TestEntry 不是最后一个表项)
            do (TestEntry ←在 list 中选择下一个表项);
        if (TargetValue=TestEntry)
            then (返回成功)
            else (返回失败)
) end if
```

上述新的 Search 算法按照字母排列顺序来查找，因此称其为顺序查找（sequential search）算法。简单分析可知，该算法的计算代价主要体现在 while 语句上，如果表的长度为 n 的话，那么平均需要 $n/2$ 计算步，因此算法的计算复杂性为 $O(n)$。

实际上，该算法中 while 语句就是一个迭代结构，而其中的指令"TestEntry ← 在 list 中选择下一个表项"以重复的方式被执行。通常，一条或一组指令的重复使用方式称为循环的迭代结构。这样的结构一般由两个部分——循环体和循环控制条件组成。在上述顺序查找算法中，通过 while 语句来实现这样的迭代结构，其循环控制过程是：检查条件，执行循环体，检查条件，执行循环体，……，直到条件为假。

一般情况下，循环控制由状态初始化、条件检查和状态修改三个环节组成，其中每个环节都决定着循环的成功与否。状态初始化设置一个初始状态，并且这一状态可以被修改，直到满足终止条件。条件检查是将当前状态与终止条件进行比较，如果符合就终止循环。

状态修改就是对当前状态进行有规律的改变，使其朝着终止条件发展。比如在顺序查找算法中，实现状态初始化的语句是：

TestEntry←在 list 中选择第一个表项

条件检查部分是：

TargetValue>TestEntry 且 TestEntry 不是最后一个表项

而状态修改部分则是：

TestEntry←在 list 中选择下一个表项

这样，三个部分的联合就构成了一个循环迭代结构。图 3-10 给出了 while 循环迭代结构及其对应的 N-S 盒图表示。

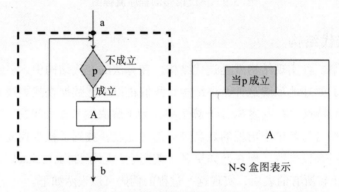

图 3-10　while 循环迭代结构及其对应的 N-S 盒图表示

当然，除了 while 语句外，也可以采用 repeat 语句来实现循环控制过程，其使用规定如下：

repeat （活动） until （条件）

其中，repeat、until 都是保留词。repeat 语句的含义如图 3-11 所示，其与 while 语句的不同之处是先执行循环体，然后进行条件检查。

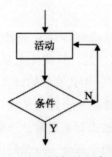

图 3-11　repeat 语句的程序流程图

由于 while 语句先检查条件，因此有可能循环体一次也不被执行就终止了循环；而 repeat 语句则起码要执行一次循环体，然后才有可能终止循环。我们称 while 语句是预查循环，而 repeat 语句是后查循环。图 3-12 所示为 repeat 循环迭代结构及其对应的 N-S 盒图表示。

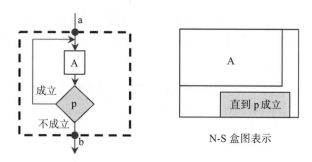

图 3-12 repeat 循环迭代结构及其对应的 N-S 盒图表示

图 3-13 给出了一个完整程序流程图转为盒图表示的实例，其中图 3-13a 为求最大公约数的程序流程图，图 3-13b 为对应的 N-S 盒图表示形式。从图 3-13 不难看出，用盒图表示算法结构具有简洁、直观和明确的特点。特别是对于循环迭代结构，表达清晰，一目了然。

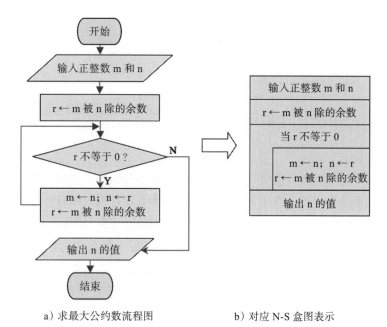

a）求最大公约数流程图　　　　　b）对应 N-S 盒图表示

图 3-13 完整程序流程图转为盒图表示的实例

3.2.3 算法递归结构

最后我们来分析递归结构。所谓递归，就是重复进行自身调用。图 3-14 给出了有关"花哨名词"递归迁移网（RTN），可以产生任意复杂的名词短语。递归迁移网用到的一个重要机制就是递归结构。

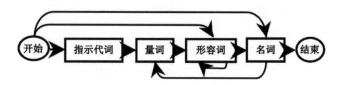

图 3-14 "花哨名词"递归迁移网（RTN）

在算法结构中也一样存在着比循环还要复杂的递归结构，同样可以实现重复计算任务。如果说循环通过重复执行同样一组指令的方式来进行，那么递归则是通过将一组指令当作自身的一个子程序调用来进行。

直观起见，我们通过一个名叫折半查找（binary search）的算法来说明算法中的递归结构。对于同样的名字查找问题的递归分析，具体构造的算法如下。

```
procedure Search(List, TargetValue)
if (list 为空 )
    then
        ( 返回失败 )
    else(
        TestEntry ←选择 List 的 "中间" 值;
        Switch(TargetValue)(
            case(TargetValue=TestEntry)(
                返回成功
            )
            case(TargetValue>TestEntry) (
                BList ←位于 TestEntry 前半部分 List;
                返回 procedure Search(BList, TargetValue) 的返回值
            )
            case(TargetValue<TestEntry) (
                AList ←位于 TestEntry 后半部分 List;
                返回 procedure Search(AList, TargetValue) 的返回值
            )
        )
    )
) end if
```

上述算法中出现了过程自身调用的情况，这便是递归结构。递归过程的控制主要通过过程调用参数的变化来进行。在上述算法中这样的参数就是列表本身。如果追踪某个递归过程就会发现，其计算过程是一层一层递进调用，然后再一层一层返回。

对于递归结构而言，在动态执行过程中，递进的最大层数称为该递归结构的递归深度。对上述折半算法进行分析可知，递归算法的计算复杂性与递归深度密切关联，如果表的长度为 n 的话，那么平均需要计算的递归深度为 $\log_2 n$，因此算法的计算复杂性为 $O(\log_2 n)$。显然，折半查找算法的效率要高于顺序查找算法的效率。

另一个需要运用递归结构来设计求解算法的是图 3-15 所示的汉诺塔问题：将 A 柱子上的 n 个盘子借助于 B 柱子移到 C 柱子上，问如何移动盘子？约束规则是：①每次只能移动一个盘子；②盘子只能在这三个柱子上存放；③大盘不能压在小盘上面。

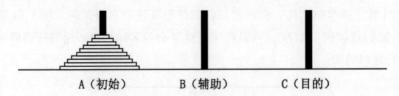

A（初始）　　　B（辅助）　　　C（目的）

图 3-15　汉诺塔问题示意图

根据图 3-16 所示的实例分析可知，对于任意 n，求解的方法是：将 A 柱子上的 n 个盘子分成两部分：1 个盘子和 $n-1$ 个盘子，如图 3-17 所示。然后按照如下步骤移动盘子。

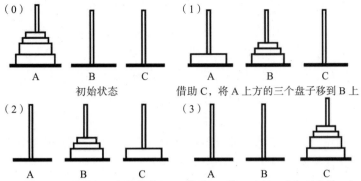

图 3-16　汉诺塔问题递归解法思路（设 $n=4$）

第一步：将 A 柱子上的 $n-1$ 个盘子移动到 B 柱子上。

第二步：将 A 柱子上剩下的那个盘子移动到 C 柱子上。

第三步：将 B 柱子上的 $n-1$ 个盘子移动到 C 柱子上。

这样，剩下的问题就是 $n-1$ 个盘子的汉诺塔问题，就可以通过递归方法来求解，直到 $n=1$ 为止。整个递归算法如下。

```
procedure hanoi(int n, char A ,char B,char C)
if(n=1) then printf("%c-->%c\n", A, C); //输出
    else (
        hanoi(n-1,A,C,B); //左向递归
        printf("%c-->%c\n", A, C); //输出
        hanoi(n-1, B, A, C);  //右向递归
)
```

图 3-17　汉诺塔问题分解示意图

在上述算法中，左向递归是借助 C 将 A 柱上方的 $n-1$ 个盘子移动到 B 柱；右向递归则是借助 A 将 B 柱上的 $n-1$ 个盘子移动到 C 柱。图 3-18 给出的是当 $n=3$ 时，上述算法的实际递归执行过程。

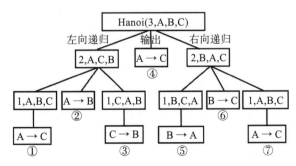

图 3-18　汉诺塔问题算法的运行图解（设 $n=3$）

对于递归结构的程序算法，保证递归过程终止的条件也是需要考虑的问题。比如上述折半查找算法中表列为空或者找到目标，可以保证递归过程的终止；而汉诺塔问题只须保证塔高层次 n 是有限值即可。与循环终止条件的显式表示不同，递归终止条件往往是隐含表示的，因此在设计递归算法时需要格外注意。因为，有时不恰当的递归也会产生悖论，使计算无法终止。

最后需要强调指出的是，从理论上讲，所有算法的结构都可以看作并化解为递归结构，关键在于递归的深度。其实，作为计算理论之一的递归函数论，就是以递归的思想建立起完整的计算理论模型。这就是我们在一开始关于算法构造的原语介绍中，就将各种算法步骤的描述方式称为递归语义结构的原因所在。

在算法中，递归的思想非常重要，如果说计算能力比的就是算法，那么对于算法而言，比的就是递归。从更为广泛的视野讲，递归也是大自然的一种普遍现象。从自然界的分形结构，到语言、音乐、绘画中的嵌套结构，无不体现着递归的本性。正是从这个意义上讲，通过递归计算，算法的方法可以被应用到自然与人文的各个方面，特别是可以应用到智能问题的求解之中。

3.3 搜索算法

早期人工智能最重要的算法应用就是人类智力游戏问题的求解。在问题求解方面最为基础的智能算法就是各种问题状态空间的搜索算法。为此，要想知道人们到底如何运用算法来进行机器智能系统开发，就要先从相对简单的智能搜索算法开始。希望通过主要搜索算法的学习，我们可以了解运用算法解决智力游戏问题的基本策略。

3.3.1 盲目搜索算法

首先来看一个具体的八数码难题的智力问题。如图 3-19 所示，在 3×3 格图中置入 $1 \sim 8$ 这八个数码。如果我们把八数码的一种分布状态定义为一种八数码排列状态，那么该问题要求对于任意事先设定好的两种状态，能否单靠一步步挪动数码（利用空格进行）建立起从一种设定的状态转变为另一种设定状态的完整步骤。

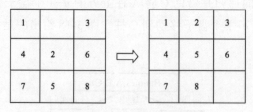

图 3-19 一个八数码问题

图 3-20 给出的就是图 3-19 的一种求解步骤，可以让机器自动完成。这种解法的思路就是，对所有可能走出的状态全部依次列出，然后寻找一条能够连接两种设定状态的途径。那么这条途径所经过的状态，依次构成了沟通两种设定状态转变的完整步骤。就图 3-19 所给出的问题来说，图 3-20 中按自上向下、自左向右依次排列的（1）→（3）→（8）→（17）构成的粗线所标路径便是要求解的路径。

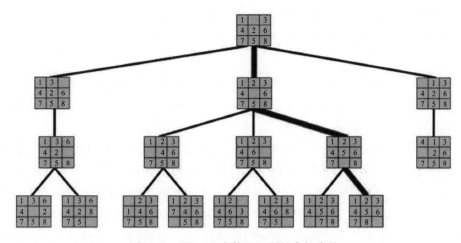

图 3-20 图 3-19 中数码问题的求解步骤

为了便于满足机器算法在实现上的要求，还可以通过设置一些基本的状态单步变换规则，如图 3-21 所示，使机器具有通用数码问题的解题能力。在图 3-21 中，"⇦"表示将左面数码移入右面空位（空格左移规则），"⇨"表示将右面数码移入左面空位（空格右移规则），"⇧"表示将上面数码移入下面空位（空格上移规则），"⇩"表示将下面数码移入上面空位（空格下移规则）。此时机器可以对任意 $n \times n$ 给定数码问题的初始状态和终结状态，依靠运用固定的变换规则，求解出完整的步骤路径。

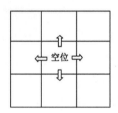

图 3-21 通用数码问题求解规则

在求解过程中使用规则来解题的办法是：从初始状态开始，运用所有可以运用的规则（当前的状态同规则左部的状态相同，则该规则就可以运用），去产生其全部可以产生的新状态（所运用规则右部的状态并未出现在已有状态中），然后再对每一个新状态重复同样的过程，直到不再有新的状态出现为止。

这样就形成了所有从初始状态开始，运用规则所能产生的全体状态及其递推关系。我们称一个问题能产生的全部状态及其递推关系为该问题的状态空间。如果状态空间中出现了终结状态，那么从初始状态到终结状态的路径就构成了具体问题的一个解。当然，如果状态空间中有多条通向终结状态的路径，就说明该问题有多个解。

反映上述求解问题的一种最为简单的算法就是状态空间的盲目搜索算法。该算法具体步骤如下（算法中，我们用 S（path）表示状态 S 及其所走过的路径）：

1）建立一个状态集 S，开始 S 为空。

2）建立一个解集 L，开始 L 为空。

3）将初始状态 S（0）作为当前新状态 S（path），放入 S 中。

4）如果当前新状态 S（path）已经是目标状态，则搜索成功，S（path）就是解，将其放入 T 中。

5）如果任何规则都不能应用于状态集中的任何状态，或者不能产生有效合法的新状态，则停止搜索。如果 L 为空，则搜索失败，返回没有解；否则返回 L，即为所求得的全部解。算法结束。

6）按照某种原则选取 S 中的一个状态 T（path）和可以用于该状态的某条规则 R_i（第 i 条规则），产生一个当前新状态 S（path，i）并放入 S。转步骤 4。

现在，分别将图 3-19 中的左边格局和右边格局分别作为初始状态和目标状态，将空格左移规则、空格右移规则、空格上移规则和空格下移规则分别编码为第 i 条规则（i=1，2，3，4）。那么，运行上述盲目搜索算法，就可以得到该八数码问题的求解路径，恰好是图 3-20 所给出的结果。

很显然，对于任意智力求解问题，只要给出的具体状态之间有解的路径存在，那么采用上述算法，机器就可以找到所有解，只是多花费一点时间而已。所以利用状态空间搜索方法，原则上可以让机器解决一大类智力游戏问题。只要为机器找到反映问题的本身状态及其变化规则，然后利用机器无比惊人的搜索能力去寻找解路径即可。

3.3.2   启发搜索算法

当然，机器的计算速度总有限度。对于搜索空间特别庞大的问题求解，如何避免不必要的计算搜索也是机器要更好地解决实际问题所面临的课题。为此，在实际搜索算法实现中，对于任意一种状态都先将其与终结状态进行比较，就可以计算其间的差距。然后在每次向前生成新状态时，只对最有希望（差距最小）的状态做进一步搜索发展，并以此类推，直到遇到终结状态为止。只有在最佳状态搜索发展失败时，才去发展次佳状态，这就是启发式搜索算法的基本思想。

用启发式搜索方法来求解状态空间问题，需要对所解问题本身有所了解，并在大量经验或知识的基础上设计出反映当前状态好坏的估算方法。只有有了这样的保证，才能够更加有效地实现问题求解，最终照样可以成功获得解。

根据启发式方法来搜索状态空间的问题解，需要考虑如下问题：①如何选择展开的节点？②是选择部分节点展开还是选择全部节点展开？③选择哪条规则进行展开？④如何取舍展开的节点以便确定搜索方向？⑤如何决定终止或继续搜索？⑥如何定义启发代价估算函数？

最简单的启发式算法就是在前述盲目搜索算法的基础上引入一个代价估算函数。每次遇到新状态时，先计算一个代价估算值；然后根据估算值的大小，决定下一步搜索的状态节点。我们可以假定估算值越小其状态越优，以此给出状态最优搜索算法。

显然，代价估算值是路径的函数，记为 f（path）。于是，每个状态一经产生，不但要附上从初始状态达到此状态的路径，还要附上该路径的代价估算值，统一记为 S（path，f（path））。

在上述搜索思想的指导下，加上有序搜索策略的考虑，按照状态估算值用折半查找法将新状态插入序列状态表中，就可以形成如下有序搜索算法。

1）建立一个状态序列空表 SS。

2）建立一个状态空集 S。

3）定义一个估算函数 f（path）。

4）如果初始状态为 S_0，则定义初始状态 S_0（0，f（0））为当前新状态。

5）将所有当前新状态按估算值从小到大的顺序插入 SS 中。

6）如果在 SS 或 S 中原有状态与某个当前新状态相同，则删除这个原有状态。

7）如果 SS 表首是一个新状态，则转步骤 10。

8）如果没有规则可以应用于 SS 表首状态，或者虽能应用但不能产生有所改善的合法新状态，则将此表首状态从 SS 中去除，送入 S 中；否则转步骤 11。

9）如果 SS 为空表，则搜索失败，算法无解，结束。

10）如果 SS 表首状态是目标状态，则搜索成功，如果该状态为 S（path，f（path）），则解为（path），算法结束；否则转步骤 8。

11）取所有可以应用于 SS 表首状态 S（path，f（path）），并运用能够产生各种不同的、有所改善的合法新状态的规则 R_i，$i \in I$，产生当前新状态集 S（path，i，f（path，i）），对属于同一状态的各状态仅取估算值最优者，转步骤 5。

在上述有序搜索算法中，不同的代价估算函数可以形成不同的优先搜索策略。比如，如果 f（path）涉及状态节点所在路径的深度值，则上述算法就是广度优先搜索算法；如果 f（path）涉及状态节点所在路径的代价，则上述算法就是代价优先搜索算法；如果 f（path）涉及状态节点所在路径深度的负数，则上述算法就是深度优先搜索算法。

我们可以进一步赋予代价估算函数新含义，即状态的代价估算取值，不但与到达这个状态的路径有关，而且与从该状态到达目标状态的路径有关。以乘坐动车为例，我们可以将到达的每个车站定义为一个状态，将到达某个车站的票价作为代价估算值。那么，当动车到达某个车站时，既要考虑出发站到达当前车站的票价，又要考虑当前车站继续去往目的地车站的票价，这样才能正确获得搜索最优路线总的代价估算值。

令 S 为初始节点，t_i 为一组目标节点；n、n_i、n_j 为任意节点，$k^*(n_i, n_j)$ 是从 n_i 到达 n_j 的最小代价；$g^*(n) = k^*(S, n)$ 是从初始节点到节点 n 的最小代价；$h^*(n) = \min k^*(n, t_i)$ 是从节点 n 到一个目标节点 t_i 的最小代价；$f^*(n) = g^*(n) + h^*(n)$ 是从初始节点出发，经过节点 n，到达一个目标节点的最小代价。那么，基于状态空间的一种问题求解启发式搜索算法（通常称为 A 算法）为：

1）令 $g(n)$ 为对 $g^*(n)$ 的估算；$g(n) > 0$。

2）令 $h(n)$ 为对 $h^*(n)$ 的估算；$h(n) \geqslant 0$。

3）令 $f(n) = g(n) + h(n)$ 为每个节点 n 处的估算函数。

4）使用上述估算函数 $f(n)$ 调用有序搜索算法。

如果在上述算法中规定 $h(n) \leqslant h^*(n)$，并且将 $k^*(n_i, n_j)$ 的定义推广为：

$k^*(n_1, n_2, \cdots, n_m)$ 为从 n_1 出发，经 n_2，$\cdots$，到达 n_m 的最小代价

并规定存在一个正整数 $e > 0$，使得对任意的 n_i、n_j、n_m（$n_j \neq n_m$）均有：

$$k^*(n_i, n_j, n_m) - k^*(n_i, n_j) > e$$

这样就得到启发式 A* 算法。

对同一个搜索问题，启发信息多（即 h 值大）的 A* 算法展开的节点是启发信息少的（即 h 值小）A* 算法展开节点的子集。如果估值函数 $h(n)$ 是单调的，则对被 A* 算法展开的任意节点必有 $g^*(n)=g(n)$。

在 A* 算法中，选择估算函数 $f(n)=g(n)+h(n)$ 是决定问题求解效果的一个关键因素。好的估算函数不仅能够找到最优解，而且能够高效地找到最优解。如果在高效与找到最优解之间不能兼顾，那么应该如何进行抉择呢？针对具体应用问题的求解，这些都是开放性研究课题。

在人工智能研究领域，运用启发式搜索算法（A* 算法）来解决实际问题的例子有很多。比如 4.2.1 节中图形分析的边线合成算法，以及 11.2.2 节中车辆行驶导航系统的路径规划算法，采用的都是启发式搜索算法。

3.3.3 博弈搜索算法

如果求解的问题是两人博弈游戏，比如国际象棋比赛或围棋比赛，那么机器又如何采取相应的算法策略来解决问题呢？由于博弈游戏涉及对抗性的敌我双方，因此机器在求解这类问题时采用的算法通常称为博弈树搜索算法。

博弈树是一种特殊的与或树，如图 3-22 所示。如果我方先手，那么这棵博弈树的根节点就是我方，我方与敌方依次轮流形成中间节点。最后博弈树的叶节点有三种可能（针对根节点为我方而言），即赢局、输局或平局。

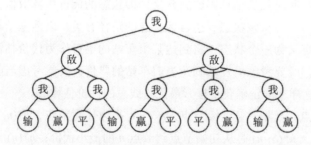

图 3-22 博弈与或树

在中间节点生成过程中，我方每走一步均有多种可能的走法，因此每一种可能走法构成"或节点"（没有弧线连接）。在博弈树中，我方每走一步的分枝末端均有敌方对应的走步，此时形成"与节点"（用弧线连接表示）。敌方走步形成"与节点"的原因是，对于敌方任何一种变化走步，我方都必须要有应对的走法。接着，从敌方生出的每个节点分枝与我方对接，我方可以选择各种可能的走法，因此这些走法又构成"或节点"关系。如此这般，直到出现最终结局，或赢、或输、或平，就形成了博弈树的叶节点。

有了博弈游戏的博弈树表示，评价一场博弈的优劣就可以通过该场博弈所对应的博弈树来进行。要形成对我方有利的博弈树遵循的原则是：在最坏的可能中选择最好的走法。

这个原则的前提是，假定敌方不会犯错误，总是选择对我方最不利的走步，我方必须在此前提下选择对自己最有利的走步。在博弈树搜索中，这样的原则称为极小极大原则，在极小困局中取得极大效果。搜索到的博弈树，也称为极小极大博弈树。

不过，在真实的博弈中，往往会遇到搜索空间十分巨大的博弈问题求解，博弈树的规模会远远超出机器的计算能力。比如国际象棋比赛，每一步棋局的平局有 30 种不同的走法。如果按每一局比赛中平均双方各走 40 步，那么整个博弈树可能的叶节点总数高达 $(30^2)^{40}$，大约为 10^{120} 的规模。这样大的数据规模，超出任何一台机器的存储空间。哪怕机器对每步棋的计算只需要 1 毫微秒，完成一局比赛起码需要 10^{103} 年。如果换成围棋，按照每步走棋的选择为 200 种可能，一局比赛双方轮流走棋均为 100 步计算，那么一局棋的比赛需要花费 10^{800} 年的时间。显然，这是机器不可能胜任的计算任务。

因此，我们必须进一步完善极小极大博弈搜索方法，才能应对现实中搜索空间十分庞大的各种真实博弈问题。就是说，对于博弈树的穷举搜索必须适可而止，对于不必要搜索的分枝就不再深入下去。具体的解决策略是，根据一定深度节点的估算值来评分，然后根据评分值来进行有选择的进一步搜索。

为此，类似于启发式 A* 搜索算法，h 函数需要设置一种博弈树所处节点（棋局）的静态估算函数 f(棋局)。一般对于叶节点可以令：f(输局)$= -\infty$，f(赢局)$= +\infty$，以及 f(平局)$=0$。对于其他节点，则有多种可选择的方案。

可以考虑当前棋局到胜利棋局的距离，如果胜利在望则 f(棋局)取值很大，否则取值就小。或者 f(棋局)度量为从当前棋局到某个明显有利于我方的棋局之间的距离。或者以当前敌我双方棋局的形势对比作为 f(棋局)度量。至于实际静态估算函数如何获取，自然依赖于具体博弈活动的经验和知识，或人工总结凝练，或机器学习获取。

有了静态估算函数值，我们还应该注意尽量避免生成不必要的后代节点。博弈树是一种特殊的与或树，即极小极大树，因此在搜索过程中会出现两种明显的冗余现象，即极大值冗余和极小值冗余。对于这两种冗余现象，我们可以对其进行剪枝以达到优化搜索的目的，如图 3-23 所示。

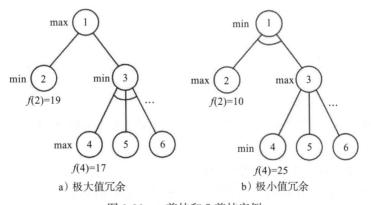

图 3-23　α 剪枝和 β 剪枝实例

图 3-23a 是极大值冗余现象。在图 3-23a 中，max 代表我方力争的极大值"或节点"，比如节点 1 的值应为节点 2 和节点 3 的值中较大的。min 代表迫使敌方取得极小值"与节

点"，所以节点 3 的值应是其所有子节点值中的极小者。现已知节点 2 的值大于节点 4 的值，因此节点 3 一定小于或等于节点 4 的值，自然也小于节点 2 的值。这表明，继续搜索节点 3 的其他节点（5，6，7，…）已经没有意义。于是可以将以节点 3 为根节点的子树全部剪去，这就是所谓的 α 剪枝。

与极大值冗余现象相对偶的是极小值冗余，如图 3-23b 所示。在图 3-23b 中，节点 1 的值应是节点 2 和节点 3 的值中较小的。现已知节点 2 的值小于节点 4 的值。由于节点 3 的值应是其所有子节点值中的极大者，一定大于或等于节点 4 的值，自然也大于节点 2 的值。这表明，继续搜索节点 3 的其他节点（5，6，7，…）已经没有意义。于是可以把以节点 3 为根节点的子树全部剪去，这就是所谓的 β 剪枝。

运用带有静态估算函数的 α 剪枝和 β 剪枝，就可以在极小极大博弈搜索算法的基础上，给出一种带剪枝的博弈树搜索算法。如果设 PS 为一个栈集合，其中每个元素 PS[i] 均为如下五元组结构：

<棋局，节点类别，搜索深度，估算值，子节点数>

这里节点类别要么为"与节点"，要么为"或节点"。那么带剪枝的博弈树搜索算法具体步骤如下。

1）建立一个空棋局栈 PS[]。

2）确定正整数 depth 为最大搜索深度。

3）建立已知结果的棋局栈 PB[]。PB 是与 PS 一样的五元组结构，PB 中每个元素的第一、第二和第四分量已有确定的值。

4）建立根节点 PS[1]=< 初始棋局，或节点，0，$-\infty$，0>。

5）t=1（搜索节点）。

6）如果有 $X \in$ PB[]，满足 PS[t]. 棋局 =X. 棋局 $\wedge$ PS[t]. 节点类别 =X. 节点类别，则 PS[t]. 估算值 = X. 估算值，转步骤 10。

7）如果 PS[t]. 搜索深度 =depth，则 PS[t]. 估算值 =f（PS[t]. 棋局）（f 为估算函数），转步骤 10。

8）如果 PS[t]. 棋局不能生成新的后代，则 PS[t]. 估算值 =f（PS[t]. 棋局），转步骤 10。

9）生成 PS[t]. 棋局的一个新后代：

① PS[t]. 子节点数 = PS[t]. 子节点数 +1（后代计数）；

② t=t+1；

③ PS[t]. 棋局 = 新棋局；

④如果 PS[t-1]. 节点类别 ="或节点"，那么 PS[t]. 节点类别 ="与节点"，否则 PS[t]. 节点类别 ="或节点"；

⑤ PS[t]. 搜索深度 =PS[t-1]. 搜索深度 +1；

⑥如果 PS[t-1]. 节点类别 ="或节点"，那么 PS[t]. 估算值 =$-\infty$，否则 PS[t]. 估算值 =$+\infty$；

⑦ PS[t]. 子节点数 =0；

⑧转步骤 6。

10）如果 $t=1$ 则算法结束，给出最后算出的估算值。

11）$t=t-1$（信息反馈）。

12）如果 PS[t]. 节点类别 = "或节点"，则：

①如果 PS[$t+1$]. 估算值 > PS[t]. 估算值，则 PS[t]. 估算值 =PS[$t+1$]. 估算值（取极大值），否则转步骤 8；

②如果 $t=1$ 则转步骤 8；

③如果 PS[t]. 估算值 > PS[$t-1$]. 估算值，则 $t=t-1$（β 剪枝）；

④转步骤 8。

13）如果 PS[t]. 节点类别 = "与节点"：

①如果 PS[$t+1$]. 估算值 <PS[t]. 估算值，则 PS[t]. 估算值 =PS[$t+1$]. 估算值（取极小值），否则转步骤 8；

②如果 $t=1$ 则转步骤 8；

③如果 PS[t]. 估算值 <PS[$t-1$]. 估算值，则 $t=t-1$（α 剪枝）；

④转步骤 8。

带剪枝的博弈树搜索算法也是以我方开局为前提的。如果是敌方开局，则只需将步骤 4 中 PS[1] 设置的 "初始棋局" 改为 "敌方先行一步的棋局" 即可。另外，算法的 depth 即最大深度是固定的，这会带来许多不合理的现象，需要给出更加完善的解决策略。

带剪枝的博弈树搜索算法的有效性是建立在静态估算函数绝对可靠以及剪枝效率之上的。如何保证静态估算函数的绝对有效性及其剪枝效率，正是不断改进博弈搜索算法的关键。比如有人建议采用负极大值估算方法，也有人将估算函数分为乐观和悲观两个估算函数，以及通过改进 α 剪枝和 β 剪枝方法来实现更优化的剪枝效果。当然，随着各种机器学习方法的不断出现，自然也可以利用棋谱大数据的深度学习来形成最佳估算函数，或者利用强化学习来动态给出最优应对策略，如此等等。

最后需要指出的是，实际生活中的各种博弈情况要复杂得多。有时博弈的结局只有输赢，没有平局，所谓零和博弈。甚至有些博弈的结局并不是简单的输赢，而是体现在多种可能的得分上，如此不一而足。当然，不管是哪种博弈，其博弈过程运用的原则都大同小异，因此上述极小极大博弈搜索算法具有一定的普适性。

本章小结与习题

本章介绍了智能计算中最为核心，也是最为基础的内容，即算法设计及其运用。人类的智能是否可以用算法来表示，这是一个开放问题，我们不得而知。但是起码从目前来看，算法不能说是实现机器智能的唯一手段，也是最为重要的手段。因此，我们必须对有关算法的概念、结构、效率，以及构造原语、伪码及求解问题搜索算法有基本的了解，并掌握其中的核心内容与思想，为智能系统的构建奠定基础。

习题 3.1 有一种火柴棍游戏是这样的：由 17 根火柴棍构成一幅 2×3 的小方格图案，如下所示。现需要去掉其中的 5 根火柴，使得剩余的火柴棍刚好形成相互独立的、两两之间没有公共边的 3 个小方格。请给出起码三种以上的解决问题的算法思路。

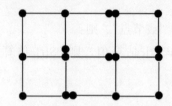

习题 3.2   对于给定的一个由 0~9 十个数字组成的数列，请设计一个算法，对该数列进行重排，使得结果数列刚好比给定的数列大。

习题 3.3   构造一个能够计算一个字符串在另一个字符串中出现次数的算法，请用伪码来表示所给出的算法，并分析算法的计算复杂性。

习题 3.4   请给出图 3-13 所示程序流程图对应的伪码程序。

习题 3.5   设有两个正整数 m 和 n，如何求其最大公约数？请使用递归结构，设计一个能够解决该问题的算法。

习题 3.6   请编制一个算法，来求解这样一个智力游戏问题：农夫携狼、羊和菜过河，但只有一次只能载两物的独木舟，并且农夫不在场时，狼会吃羊、羊会吃菜，请问农夫如何安全过河，请给出算法、流程图及解结果。

习题 3.7   你认为人类智力的主要特点是什么？哪些方面是机器可以模拟的，哪些又是机器不可能模拟的？

习题 3.8   在网上查找有关独立钻石棋的玩法，试用不同的搜索策略来编制求解独立钻石棋的程序，并比较不同方法的运行时间和复杂性。

习题 3.9   民间有一种五子棋的博弈游戏，了解这种游戏的玩法，并请用博弈搜索方法为机器设计赢得这种游戏的程序。

第 4 章

环 境 感 知

对环境信息的感知能力,是人类生存活动中一种不可或缺的心智能力。人类通过视觉、听觉、嗅觉、味觉、体觉(触觉、痛觉、温觉、冷觉)随时可以了解周围环境的变化信息,以便做出相应的应对行为。在所有这些感觉中,视觉无疑是最重要的,大约80%以上的外部环境信息经视觉系统传入大脑。因此,长期的进化过程造就了高度发达的人类视觉系统。那么,对于机器而言,若以视觉为例,是否也能够拥有像人一样的视觉感知能力呢?为了能够对如何让机器实现人类复杂的视觉能力有比较清醒的认识,还是让我们具体看一看机器视觉的工作原理吧!

4.1 机器视觉

在人类心智的机器实现研究中,恐怕没有哪项研究像机器视觉研究这样,能够取得如此巨大的实际应用性成功。我们研发的六条腿机器人,可以在月球上信步漫游,靠的就是能够辅助其有效把握周围地形的视觉能力。美国的爱国者导弹可以准确地拦截伊拉克的飞毛腿导弹,也有机器视觉识别和跟踪系统的功劳。交通监控系统可以正确识别出正在疾速奔驰的汽车牌号,也是在视觉计算系统的帮助下做到的。那么何为机器视觉系统呢?机器视觉系统又是如何工作的呢?以及机器视觉系统的主要环节又是什么呢?下面我们就做简要介绍。

4.1.1 机器视觉概述

机器视觉工作的研究内容就是让机器具备一定的视觉观察能力。具体来讲就是通过视觉观察设备使机器能够像人一样对环境目标进行识别、理解和跟踪。我们可以将机器视觉看作机器智能的一个分支,主要是通过对视觉环境信息的处理来构建机器智能系统。因此,机器视觉的研究内容涉及机器智能理论、方法和技术的方方面面,可以看作机器智能研究的一种浓缩。但与人类视觉相比,即使在简单的图像分析理解方面,机器视觉目前的研究成就也难以企及人类的视觉能力。这种状况说明,机器视觉领域还有很多内容需要我们去探索与研究。那么,当下的机器是如何进行视觉计算工作的呢?

严格来说,机器视觉研究就是采用智能计算等人工手段,让机器装置在某种程度和范围内去替代自然视觉的研究工作。机器视觉研究的主要任务就是通过对采集到的图像或视频进行处理来恢复并理解相应的动态场景及其含义。

有关视觉计算理论、方法与技术的研究工作，自 1965 年肇始以来，已经近 60 年的时间了。在 20 世纪 60 年代中期，美国科学家罗伯兹率先开展有关积木世界中多面体的识别理解研究。罗伯兹主要采用自底向上的方法，通过运用预备处理、边缘检测、轮廓构成、对象建模、目标匹配等技术来对图像进行处理，最终识别图像中的多面体。

到了 20 世纪 70 年代，机器视觉研究已经形成若干重要的研究方向。比如目标制导的图像识别、图像处理和分析的并行算法、从二维图像提取三维体视信息、序列图像分析和运动参量求值、视觉知识的表示以及视觉系统的知识库等。大约在 20 世纪 80 年代，以美国著名科学家马尔（D. Marr）建立的视觉计算理论为标记，机器视觉研究走向了迅速发展的崭新阶段。

随着性能的不断提高，机器能够更加有效地处理图像和视频等大规模数据，机器视觉的发展也更加迅速。目前人类正在进入智能社会时代，智能科学技术将被越来越广泛地应用到几乎所有领域。在这一发展过程中，机器视觉的理论、方法和技术也不断成熟。因此，随着机器视觉研究的不断深入，其应用领域也将不断拓展，前景广阔。

目前机器视觉的应用已经遍及工业、农业、国防、交通、医学、公安等各个领域。表 4-1 列举了部分应用领域的实例，其中在智能机器人、航空图像分析、医学图像分析以及公共安全监控等方面尤为突出。可以漫步在太空的机器人、美国的 SDI 星际大战系统、运动员水下训练辅助系统，以及家居安防监控系统等，都是机器视觉应用的实例。

表 4-1   机器视觉应用状况表

领域	对象	形态	任务	知识	实例
工业	室内外景物、机械零件	自然光、X-射线	物体识别、产品检测	物体几何模型、反射表面模型	智能机器人、工业机器人
航空	地形地貌、建筑物、导弹	自然光、红外	资源分析、天气预报、导弹制导	地理模型、气象模型、导弹轨迹	SDI 系统、卫星定位系统
医学	身体器官	X-射线、光、超声、同位素	异常诊断、病情分析、科学研究	解剖模型、细胞组织、染色体结构	CT 重构系统、虚拟手术系统
公安	指纹、虹膜、头像	光、热、红外	资料存档、罪犯辨认	各种生物形状模型	指纹识别系统
体育	身体器官、运动人体	X-射线、光、超声	疲劳分析、运动校正、训练指导	运动模型、人体模型	水下训练辅助系统
安防	行人、群体、车辆	红外、自然光、热	人车识别跟踪、群体突发事件	行人模型、车辆模型、群发事件	家居安防、机场监控系统

从更大的应用范围来看，机器视觉可以应用的领域还有自动光学检测、生物特征识别（虹膜、指纹、人脸等）、无人驾驶汽车、产品质量检测、物品自动分拣、文字符号识别、目标识别追踪、图像视频检索、医学图像分析、遥感图像分析、卫星跟踪定位、军事空中侦察，等等。

总之，机器视觉是一个年轻而诱人的学科领域，有着广阔的应用前景。当然，开展机器视觉的研究工作也会涉及众多的相关学科。许多理论和应用问题有待人们去不断探索、研究和解决。

4.1.2 视觉计算过程

对于机器而言，要实现视觉计算过程，首先要给出可以进行形式化表征的计算策略和方法。根据美国视觉计算理论提出者马尔的观点，视觉感知首先是一个信息处理过程，要从图像中发现外部世界有什么以及处在什么位置。因此，视觉对象的内部表征就成为视觉计算的主要载体。于是，视觉计算任务就成为如何根据给定的图像来获取各个层次的内部表征，直至恢复图像的三维景象。马尔便是从计算理论、表征与算法以及硬件实现这三个层次来建立视觉计算理论的。

1）计算理论：确定视觉计算的目的。

2）表征与算法：如何实现视觉计算任务，确定输入/输出的表征，给出不同表征转换之间的算法。

3）硬件实现：在物理上如何实现视觉表征及其转换算法。

上述三个层次中的第二个层次是视觉计算理论的核心内容。马尔针对第二个层次提出了如下四级具体表征。

1）图像：通过摄像机获取的图像，其像素取值表达的相对光强可以用像素灰度取值来表征。

2）原始要素图：表达二维图像中的重要变化信息及其分布，如零交叉、斑点、端点、不连续点、边缘片段、有效线段、组合群、曲线组织、边界等。

3）2.5维图：在以观察者为中心的坐标系中，将可见朝向、大致深度及其不连续轮廓表达清楚，如表面要素的朝向、距离观察者的深度、深度上的不连续点、表面朝向的不连续点等。

4）三维模型：在以物体为中心的坐标系中，用体积基元和面积基元给出景物的模块化分层次表征。

这样，按照马尔计算理论的四级步骤，在一定程度上可以完成视觉景物的深度计算任务，从而恢复三维景物的立体形状。当然，在马尔视觉计算理论的运用过程中，还要根据机器视觉的任务给出具体的处理步骤。

按照研究对象与目标的不同，可以将机器视觉任务分为图像处理、模式识别、图像理解、景物分析、目标检测与跟踪等方面。如果按照机器视觉的不同计算阶段来划分，按由浅入深的顺序分析，需要经过如下处理步骤。

1）图像获取：通过某种视觉图像采集设备，如照相机、摄像机、遥感仪、X光断层扫描仪、雷达、超声波接收器、红外感应器等，可以获取二维图像、三维图像甚至图像序列。

2）预备处理：对获取的图像进行各种滤波或矫正处理，使获取的图像质量更好、效果更佳。

3）特征提取：根据研究目标的不同，获取描述图像的各种基本要素，如边缘与线条、区域与纹理、深度与运动信息等，属于低层信息处理阶段。

4）区域分割：对获取的特征集合进行初步的整合处理，将图像分割为多个有机组成部分，属于中层信息处理阶段。

5）高级处理：或进行图像分类，或理解图像含义，或进行景物分析和识别视觉目标，或跟踪视觉目标，都需要经过高级计算处理，属于高层信息处理阶段。

如果不考虑视觉图像的获取与预备处理，那么上述步骤的后面三个步骤构成了视觉计算的三个主要环节，可以分别称为差异性信息检测、相似性参数分析以及综合性含义理解，如图 4-1 所示。第一个阶段涉及差异性低层处理技术，包括图像处理、图形检测、运动检测、空间检测、分形检测等。第二个阶段涉及相似性中层处理技术，包括边线合成、区域生成、纹理识别、表面恢复、物体表征等。第三个阶段涉及理解性高层处理技术，包括场景描述、景物匹配、含义推断、知识习得、目标规划等。构成视觉计算关键环节三个阶段的主要研究内容，我们将在后面详细介绍。

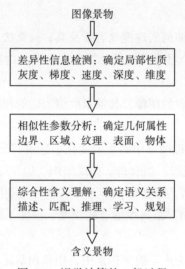

图 4-1   视觉计算的一般过程

4.1.3   机器视觉环节

机器视觉的第一个重要环节就是差异性信息检测。在差异性信息检测中，首先是边缘检测问题。边缘是那些在图像中对比反差强烈的像素点，反映了图像中重要的图形信息。图形知觉是一切视觉感知的基础，所以边缘检测技术也就构成了视觉计算的基础。需要指出的是，由于彩色图像可以简单地看作多个单色图像的叠加，比如可以看作由红、绿、蓝三色所构成，因此，针对灰度图像的边缘检测技术同样可以推广到彩色图像的处理中。所不同的是，后者必须考虑边缘的叠加效果。

差异性信息检测中的运动检测涉及视频序列图像，主要是通过前后视频多帧之间的对比匹配，来获得运动速度信息。运动信息不仅对于分析物体运动方向和速度至关重要，而且对于分析物体的空间信息，甚至利用速度变化的不连续性来进行图像分割等，都十分重要。所以从根本上讲，运动信息检测是完整的视觉计算过程中不可或缺的重要环节，特别是对于视频序列图像分析更是至关紧要。

至于差异性信息检测中的空间信息，从观察者的角度看，主要是指图像景物的表面朝向或深度。研究表明，人类视觉的空间信息主要通过双目视差和环境光流的分布差异产生。

因此，相应的也可以通过这两种途径来进行空间信息的检测。自然，对形成的空间深度图像进行边缘检测，我们还可以进一步获得空间边缘图像。所有这些都是反映表面的重要深度或朝向及其变化的空间信息，为视觉的三维景物描述提供了重要的直接依据。

获得了各类差异性信息检测结果，就可以在此基础上进一步开展相似性参数分析计算了。此类相似性参数分析的第一个方面就是边线合成处理，所谓边线合成就是将检测到的边缘点有机地连接起来，形成可以用参数表示的边线。边线合成是一个复杂问题，应根据人类视觉组织规律的要求，给出的边线方法也应该尽量将连续边缘点连接在一起，以形成简单、对称、整齐、均匀和熟悉的曲线。

相似性参数分析的第二个方面是区域生成。区域生成与边线合成往往是相辅相成的两个方面。一方面可以根据合成的边线轮廓将图像分割为不同的区域，另一方面也可以根据生成的区域来确定区域之间的边线轮廓。不过区域生成可以借助的因素更加丰富，具有相同属性的像素往往构成同一区域，据此就可以将图像分割为有共同属性的区域组块，从而完成整个图像的区域生成。

相似性参数分析的第三个方面是纹理识别。纹理识别的目的与边线合成、区域生成一样，也是为了将图像分割为相对独立的组块，使视觉计算的后续处理更加容易。不同的是，由于纹理的特殊结构既不完全满足均匀性，又不完全满足剧变性，而是一种建立在局部剧变性上的全局均匀性，所以需要有不同于边线和区域处理的方法。一般而言，纹理识别方法要比边线合成和区域生成都要复杂，具体要视纹理的性质特点来确定，但最终都可以用参数来表示纹理。

最后，任何边线合成、区域生成和纹理识别最终都要与深度信息结合起来，以形成参数化描述的表面，这样才能够推得图像景物的三维形状。所以，表面恢复就构成了相似性参数分析的最后一项内容。实际上，视觉的目的就是要通过二维分析来恢复三维结构的景物，而景物表面又是直接可见的，所以其恢复和描述对于视觉计算而言，就显得特别重要。可以这样说，要想全面有效地解决表面恢复问题，就相当于要全面有效地解决整个视觉计算问题，表面恢复已经成为视觉计算的一个核心问题。

表面恢复处理之后，视觉计算就可以进入综合性含义理解阶段。最为简单的含义理解就是景物匹配。景物匹配的目的是要识别出图像景物。自然，无论采用什么形式，感知是把输入图像与先有对象表达形式相匹配的过程。这一过程也就是要针对给定的景物去建立或寻找出与内部预先确定的表示之间的关系。于是，景物匹配的计算实现就深深依赖于描述景物的表示方法。有了景物的表示方法，景物匹配就能按照表示方法的要求建立起景物的描述，然后找出与原有内部描述的对应关系。

除了景物匹配的理解外，推断景物所隐含的潜在意义也是视觉计算中一个重要的理解过程。不同于景物匹配，含义推断不仅依赖于景物及其表现形式，还依赖于视觉问题的背景知识。要正确理解一幅景物图像的含义，就需要了解相关因果知识并通过推理分析来获得潜在的意义。毫无疑问，含义推断离不开各种推理技术，而推理就是一种解决问题的能力，使隐含的信息明确化。

最后，拓而广之，景物的理解、含义的推断又跟知识的机器学习、问题的求解规划等更高级的认知活动相关联。不过，所有这一切又是人类视觉感知能力的深层表现。只要不断揭示人类视觉活动规律，机器视觉的研究就必定会越来越深入。

因此，随着视觉计算理论、方法及技术的不断发展，研究人员越来越清晰地认识到借鉴人类视觉运作机制的重要性。特别是近些年来，仿造人类视觉运作机制来构造新的视觉计算方法代表了视觉计算领域前沿性的研究走向。目前主要涉及的研究包括：利用视觉初级皮层区功能柱结构开展的视觉计算模型研究，有关视觉注意机制的计算模型研究，以及视觉联想机制的量子计算模型研究，等等。

总之，视觉计算研究的目标就是要构建一套行之有效的视觉计算理论、方法与技术，并应用到实际问题的解决之中。但由于人类视觉本身的复杂性，在视觉计算研究中必然会遇到许多意想不到的困难，甚至遭遇困境。对这一点，我们必须要有清醒的认识。

4.2 图形分析

针对二维图像中物体形状的参数化描述，属于图形分析要研究的问题。通常输入的二维图像经过采样、量化、滤波及校正等处理后，可以得到一幅机器内部的二维灰度数字矩阵。图形分析就是分析图像中所包含的图形形状。根据图形分析的角度不同，采用的分析方法也有所不同。正如我们前面介绍的那样，常用的分析方法有边线合成方法、区域生成方法和纹理识别方法等。

4.2.1 边线合成方法

对于给定图像的二维灰度数字矩阵，要找出图像中所包含的图形，一种方法是将其分为边缘检测、边线合成和参数化表征等环节来完成。首先通过边缘检测找出图像中所有的边缘点，然后再将这些边缘点合成起来形成边线，最后对获取的边线加以参数化表征。如此便完成了图形的分析任务。

所谓边缘点是指图像中灰度变化较快的像素点。如果二维灰度图像 F 是 $M \times N$ 矩阵，我们用 $f(x, y)$（$x=0, 1, \cdots, M-1$；$y=0, 1, \cdots, N-1$）表示图像 F 在 (x, y) 点的灰度值，那么图形边缘点的寻找就是要完成如下三个基本步骤。

1）逐点计算图像每一点的灰度变化率，形成对应的梯度图像。

2）根据梯度图像实际数据分析，动态设置一个确定边缘点的阈值 T。

3）根据梯度图像以及阈值 T，确定边缘点及其走向。

基于这样的认识，在图形分析的研究中，业已构造了许多具体的边缘检测方法。这里我们从基本原理出发来给出一种经典检测方法。设 $g(x, y)$ 表示对应于 $f(x, y)$ 的梯度函数，那么有：

$$g(x, y)=(s(x, y), q(x, y))$$

其中：

$$s(x, y)=((\Delta f_x)^2+(\Delta f_y)^2)^{1/2}$$
$$q(x, y)=\tan^{-1}((\Delta f_x)/(\Delta f_y))$$

分别称为梯度幅值和梯度走向，这里

$$\Delta f_x = f(x+\text{size}, y) - f(x, y)$$
$$\Delta f_y = f(x, y+\text{size}) - f(x, y)$$

分别为在尺度 size 下 $f(x, y)$ 沿 x 轴和 y 轴的灰度差分。

注意，在上述计算公式中，size 的取值非常重要，应该根据图像性质和任务来确定。size 的选择既要足够小到能够很好地反映图像的局部变化，又要足够大到能够克服图像中微小噪声变化的影响。当然，对于复杂图像，需要采用多尺度检测的技术，此时 size 需要根据图像的变化来动态选取，比如采用小波变换函数来确定。

有了梯度图像的每一点梯度 $g(x, y)$，就可以通过静态规定或动态确定的方式设置一个阈值 T。有了阈值 T，只要梯度幅值大于 T 的像素点就全部确定为边缘点，并将其梯度走向作为边缘走向。将所有边缘点集成而形成的图像，称为边缘图像。

在边缘图像的基础上完成图形分析，接下来的问题就是要将检测到的边缘点有机地连接起来，形成用参数表示的边线。此时需要解决的问题包括：①确定某个边缘点是否属于某条边线往往存在歧义选择问题；②边线会因为信息丢损而发生边缘点间隙的中断现象；③一旦识别出一条边线，为了方便参数化表示，需要将边线进行分解处理，形成线段集。这就需要采取一些整体性的策略来解决歧义消解、线条延伸和边线分段等问题。一种比较综合的解决方法就是智能合成方法。

对于得到的一幅边缘图像，照样可以用 $s(x, y)$ 和 $q(x, y)$ 分别表示图像 (x, y) 处边缘的幅值和走向。那么，可以将整幅边缘图像看作以 $q(x, y)$ 为节点并具有 $s(x, y)$ 权值构成的图。其中，如果边缘走向 $q(x, y)$ 和 $q(x', y')$ 恰好连成一线，其连线走向又与边缘走向相同，那么就认为节点 (x, y) 和节点 (x', y') 之间有一条弧，参见图 4-2。这样一来，在边缘图像中寻找一条从 A 点到 B 点的边线，就相当于在图中寻找一条从 A 点到 B 点的最优路径。

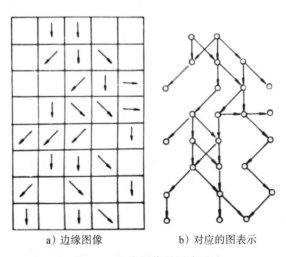

a）边缘图像　　　　b）对应的图表示

图 4-2　边缘图像的图表示法

于是就可以借助于问题求解的启发式搜索算法来完成边缘的追踪任务。为此，我们首先假设：

1）路径应当遵循从 A 点到 B 点的边缘方向。

2）具有产生后继节点的方法。

3）有一个代价函数 $h(x, y)$，能够给出从 A 点到 B 点在经过 (x, y) 节点时最小代价路径的估算。

通常代价函数 $h(x, y)$ 可以为两个分量之和：由起始节点 A 到节点 (x, y) 路径的最小代价估算函数 $h^{(A)}(x, y)$，以及由节点 (x, y) 到目标节点 B 路径的最小代价估算函数 $h^{(B)}(x, y)$。于是就可以按照如下启发式搜索算法来完成边线的寻找任务。

1）"扩充"起始节点集 S（将后续节点放入 S 表中，并用指针将其回溯到起始节点）。

2）从 S 表中去掉 $h(x, y)$ 值最小的节点 (x, y)，如果 (x, y) 为 B 节点，则结束搜索，通过指针回溯追踪求出最优路径，如果 S 表为空，则表示寻找失败。

3）否则，扩充节点 (x, y)，将其后续节点放到 S 表中并用指针回溯到 (x, y)，转步骤 2。

在上述边线合成的启发式搜索算法中，一个重要的问题是如何确定代价函数的构成。当然，我们既要考虑与特定任务有关的因素，也要考虑与特定任务无关的普适因素。这里作为通用算法的介绍，我们仅能给出普适性因素的选取。这些普适性因素主要包括如下四个方面。

1）边缘强度：代价函数应该包括边缘强度的贡献，一般可取 $s_{max}-s(x, y)$ 作为贡献值，这里 $s_{max} = \max\{s(x, y)\}$。

2）曲率：对于低曲率边线，曲率可以用某种单调增加函数来度量，并作为代价值的有机部分。可以计算两个边缘之间的夹角 $\theta=\mathrm{diff}(q(x, y)-q(x', y'))$ 作为曲率的度量。

3）接近度：设 $d=\mathrm{dist}((x, y), C)$ 表示从节点 (x, y) 到近似边线 C 的最小距离，则 d 应作为代价值的一部分。

4）偏离度：对于基本的线性曲线，目标周围的点可以通过偏离度 $\delta=\mathrm{dist}((x, y)$，目标点）来估算，并作为代价值的一部分。

显然，利用边缘图像无法保证一定能找到一条路径，因为在 A 点和 B 点之间可能存在不能克服的边缘间隙。如果出现这种情况，则在搜索前必须进行边缘的内插，或者利用重新定义边缘的策略来跨过这些间隙。最后需要将找到的所有边线进行分段，用直线或曲线拟合的方法将其转化为参数化表示形式。

启发式搜索边线合成方法的主要缺点是该算法必须记住当前最优路径的全部节点，而这会使得空间资源开销很大，使算法的可行性大幅降低。为了克服这一缺点，可以用一些改进的搜索方法来替代，比如选择剪枝法、深度优先搜索法、广度优先搜索法、界限分枝法等更为智能的搜索方法。

4.2.2　区域生成方法

图形分析的一个重要任务就是要通过参数化描述来刻画构成图形的形状组块。因为很明显，用一点一点的图像像素点描述，或者使用边缘图像来描述图形确实太复杂了，对于大多数图形分析而言没有实际意义。为了得到一个有用的图形描述，当然必须要把图像点集有效地组织起来。上面介绍的边线合成是一种组织方法，区域生成则是另一种组织方法。

　　所谓区域生成就是将图像中具有某种相似属性的点集聚成不同的区域，形成图像的一种区域分割模式。然后再对各个分割的区域进行参数化表示，从而形成整个图形的参数化描述。

　　因此，图像区域的生成可以根据区域属性的相似性来进行。具体反映到实际图像上，就是要寻找各个具有均匀属性的区域。所谓均匀区域，是指每个区域满足一个属性，比如颜色。这就要求分割后的区域不但在所希望的属性方面是一致的，而且每两个相邻区域满足不同的属性。

　　形式上，若设 A 表示图像 F 的全体像素集，$A_k(k=1, 2, \cdots, m)$ 表示 m 个分割的区域，那么将 A 分割为一组均匀属性的区域 A_k 是指其满足：

$$A=\bigcup_{k=1}^{m} A_k$$

$$A_i \bigcap A_j = \varnothing, i \neq j$$

$$(\forall k)H(A_k) = \text{true}$$

$$(\forall i \neq j)H(A_i \bigcup A_j) = \text{false}$$

其中，$A_k(k=1, 2, \cdots, m)$ 均满足单连通性，H 为某个度量区域属性均匀性的谓词，度量的属性可以是灰度（颜色）、梯度、速度、深度、维度或这些属性的复合等。

　　不失一般性，我们假定 A 中的每个元素均可以用一个 n 维性质向量：

$$\omega(x, y) = [\omega_1(x, y), \omega_2(x, y), \cdots, \omega_n(x, y)]^{\text{T}}$$

来刻画其属性。这样就可以根据像素的这个属性描述，来定义像素之间的相似性度量。我们可以用

$$R_1(x_1, y_1, x_2, y_2) = \sum_{\lambda=1}^{n} |\omega_\lambda(x_1, y_1) - \omega_\lambda(x_2, y_2)|$$

及

$$R_2(x_1, y_1, x_2, y_2) = \sqrt{\sum_{\lambda=1}^{n}(\omega_\lambda(x_1, y_1) - \omega_\lambda(x_2, y_2))^2}$$

分别指出两个像素点之间的绝对差异和均方差异。于是就可以据此来给出判别相似性的准则：只要 R_1 和 R_2 足够小，比如小于某个预先设定的阈值 T_1 和 T_2，则可以断定这两个像素点相似。从而可以形成如下属性均匀性谓词：

$$H(A) = (\forall (x_1, y_1) \in A, (x_2, y_2) \in A)(R_1(x_1, y_1, x_2, y_2) < T_1 \wedge R_2(x_1, y_1, x_2, y_2) < T_2)$$

　　考虑到图像属性连续分布的整体性特点，我们还可以进一步将 n 维性质向量扩充为：

$$\omega(x, y, l) = [\omega_1(x, y, l), \omega_2(x, y, l), \cdots, \omega_n(x, y, l)]^{\text{T}}$$

也即性质向量依赖于以 (x, y) 为中心的图像 $l \times l$ 邻域。我们称两个像素点 (x_1, y_1) 和 (x_2, y_2) 相似，是指在相似性准则下，其各自依赖于邻域的性质向量相似。

　　当然，也可以通过结合上面两种标准来规定相似性度量，就是用 $\omega(x, y)$ 来与 $\omega(x, y, l)$ 进行比较，以确定像素点 (x, y) 是否与其邻域相似。这样一来，无疑对相似性做了更为整体的刻画。

　　有了图像属性均匀性谓词的定义，加上相似性判断准则，我们就不难给出均匀性区域

分割的如下算法。

1）令 $k=1$，$A_1=\{a_1\}$，$a_1 \in A$ 为任选的一个元素，通常可取（0，0）元素。

2）对 A 中所有元素进行遍历：

①取得当前遍历元素 (x, y)；

②对所有的 k 进行测试，如果存在 i 使 $H(A_i \cup \{(x, y)\})$=true，则令 $A_i=A_i \cup \{(x, y)\}$；

③否则，令 $k=k+1$，$A_k=\{(x, y)\}$。

3）遍历结束可得 A_i，$i=1, 2, \cdots, k$；A_i 即为所要生成的 k 个区域。

均匀性谓词区域生成方法的思想简单，关键在于要根据具体图像确定合适的均匀谓词。只要选定 n 维性质向量，就可以确定属性均匀性谓词，从而也就解决了区域的分割问题。有一种称为分裂合并区域生成的方法，就是具体运用属性均匀性谓词来进行区域分割的。

在分裂合并区域生成方法中，如果对于某个 k 值，A_k 不满足谓词 $H()$，则意味着该区域不均匀，因此应当将其分裂为子区域；同样，如果对于一对区域 A_i 和 A_j，合并后满足了谓词 $H()$，则说明这两个区域属性满足均匀性，所以应当合并为一个区域。具体实现这种分裂合并区域生成方法的算法如下。

1）选取某一种组织区域的聚类结构（这里采用四邻点连接法，如图 4-3 所示）及属性均匀性谓词 $H()$。如果该结构中任一区域 A 满足 $H(A)$=false，则将该区域分裂成四个子区域。如果任意四个相邻的区域 A_{k1}、A_{k2}、A_{k3}、A_{k4} 满足 $H(A_{k1} \cup A_{k2} \cup A_{k3} \cup A_{k4})$=true，则将四个区域合并为一个区域。当没有区域可以分裂或合并时，停止。

2）如果某相邻区域 A_i、A_j（可能大小不同），满足 $H(A_i \cup A_j)$=true，则将这两个区域合并。

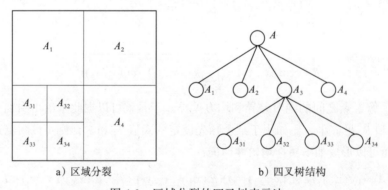

a）区域分裂　　　　　　b）四叉树结构

图 4-3　区域分裂的四叉树表示法

为了更加有效地分裂和合并区域，往往需要借助一些辅助信息，特别是图像的语义信息。例如，一个室外景物区域可能的语义解释可以是天空、草地或汽车，知道了这些背景知识，有助于区域的分割。原则上，只有当区域达到较大尺寸时才使用语义信息。此时，需要对图像区域的语义信息进行专门的标注训练。

总之，这种基于语义解释的分裂合并算法，是利用高层知识来对区域进行有理解的分割。自然，鉴于分割的目的就是正确理解图像语义，所以这种运用背景知识的指导性分割技术无疑更多地体现了人类视觉的特点。

4.2.3 纹理识别方法

有时候图形的形态表现既不是剧变性的边线，也不是均匀性的区域，而是一种介乎两者之间的纹理形态。一般而言，我们很难给纹理下一个确切的定义，自然也就很难有统一的处理方法。比如，我们经常用来描述纹理的术语有细腻、粗糙、光滑、柔软、毛茸茸的、粒状的、斑纹的、杂乱的，等等，这些术语都很难给出严格描述。图 4-4 给出了一些纹理的实例。

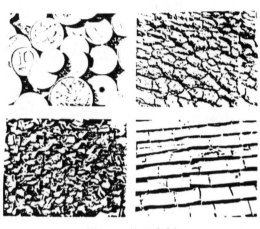

图 4-4 纹理实例

从直觉上我们无疑可以确定，这样的纹理都是由某种基元按照一定统计或结构关系构成的。所以，在进行纹理识别的研究中，相应地也要通过统计方法和结构方法来进行。一般对于宏观纹理，由于能够发现纹理基元及其构成关系，所以通常采用结构分析的方法进行纹理识别。此时，可以借用边线合成方法或区域生成方法来分析出各个基元，然后再运用某种二维文法结构来加以组织，最后给出纹理的识别描述。

但是对于微观纹理，由于其表现的基元及其关系不再明显，因此只能借助统计分析方法来进行纹理的识别。所谓统计方法是指把纹理当作某种模式，然后用模式识别处理方法对纹理进行聚类分析。具体步骤是：先通过对纹理图像有关特征的统计计算，获得一组反映需要处理的纹理的特征值；然后在特征空间中找出该纹理的模式类别；最后识别出给定的纹理。纹理统计识别方法的关键是如何选取理想的特征。

在纹理统计分析方法中，有一种获得纹理特征的方法是基于图像的傅里叶变换，这就是纹理的傅里叶统计分析方法。傅里叶统计分析方法是通过纹理图像在空间频率上所呈现功率谱的峰值来构成纹理的基本特征。

设 $P(f)$ 为 $f(x, y)$ 的傅里叶变换所确定的功率谱，则有

$$P(f) = \left| F(u,v) \right|^2$$

$$F(u, v) = \frac{1}{MN} \sum_{x=0}^{M-1} \left[\sum_{y=0}^{N-1} f(x, y) e^{-i2\pi vy/N} \right] e^{-i2\pi ux/M}$$

上式中，$u=0, 1, \cdots, M-1$；$v=0, 1, \cdots, N-1$。因为不同的纹理有着不同的功率谱，所以 $P(f)$ 便是纹理的一个重要特征。

　　另外，如果将傅里叶空间划分成区块，那么我们还可以通过定义区块的半径和角方向来导出纹理的另外两个特征。区块半径特征定义为：

$$v_{r_1 r_2} = \iint\limits_{r_1^2 \leqslant \xi^2 + \eta^2 < r_2^2} P(f)(\xi, \eta) \mathrm{d}\xi \mathrm{d}\eta$$

其中，$[r_1, r_2)$ 是一个半径区块。区块角方向特征由下式定义：

$$v_{\theta_1 \theta_2} = \iint\limits_{\theta_1 \leqslant \tan^{-1}\left(\frac{\eta}{\xi}\right) < \theta_2} P(f)(\xi, \eta) \mathrm{d}\xi \mathrm{d}\eta$$

其中，$[\theta_1, \theta_2)$ 是一个扇形区块。

　　通常直观上，半径特征与纹理的粗糙程度有关，即细腻的纹理对于小半径区块有较高的半径特征值，而粗糙的颗粒纹理对于大半径区块有较高的半径特征值。角方向特征则反映了纹理的方向性，即如果某种纹理沿某一方向 θ 含有较多的边线，则在频率空间 $\theta+\pi/2$ 方向的周围，$P(f)$ 将具有较高的值。

　　除了半径特征和角方向特征，通过傅里叶功率谱可以计算的第三种特征是纹理表面的分维数 D，即

$$P(f)=C f(x, y)^{-2H-1}$$
$$D=2-H$$

D 的大小反映了纹理表面的粗糙程度。

　　有了傅里叶变换计算得出的这些特征值，就可以对纹理进行识别。当然，针对不同的纹理，可以选择上述不同半径区块和不同扇形区块的纹理特征，加上纹理分维数特征来组成纹理识别的特征向量。然后，只要将纹理图像看作一种二维景物，就可以采用景物识别的特征向量匹配识别方法来进行纹理的识别，参见 4.3.2 节，最终完成纹理这一类图形的分析任务。

　　傅里叶统计分析方法是一种重要的纹理统计识别方法，由于傅里叶变换考虑了纹理部分的整体信息，所以往往对某一类纹理能够取得很好的识别效果。当然纹理识别除了统计分析方法外，也有基于结构分析的方法，比如文法识别方法。考虑到该方法比较专业，此处不做介绍，感兴趣的读者可以查阅相关资料。

4.3　景物理解

　　人类视觉看到的景象都是三维空间中可以活动的景物。因此，对于机器视觉而言，只停留在图形分析层面是远远不够的。所以，机器如果要具备类似于人类的视觉能力，也必须首先获得这种根据二维图像获得三维景物的能力。应该说，从纯理论意义上看，景物理解能力的实现是机器视觉研究最为核心的研究课题。

4.3.1　空间信息获取

　　视觉生理和心理研究表明，人类的空间信息主要通过双目视差和环境光流的分布差异产生。这里所说的双目视差，是指两只眼睛从不同位置观察景物所形成的位置差异；而环

境光流的因素则包括来自运动的结构信息、来自质地的形状信息以及来自明暗和轮廓的形状信息等。所有这些信息源在视觉系统中分散与聚合的相互影响加工过程中，形成了三维形体的形象景物。

因此，对于机器视觉而言，景物理解的第一步就是要从输入的图像中获取三维空间信息。空间信息的三维线索，从观察者的角度看，主要是指图像景物的表面朝向和深度信息。所以，为了重构三维景物，仅仅依靠图形分析显然是远远不够的。为了理解三维景物，首先需要通过双目视差和运动光流的检测来获得空间信息。

通过双目视差来恢复空间信息是一种重要而又强有力的方法。这不仅因为其速度、可靠性和精确性是其他方法无法比拟的，而且对于在其他方法无法获得深度信息的情况下，双目视差检测技术仍能从局部的线索中得出清晰的可视深度图像。

双目视差就是从稍微不同的角度来观察物体形成的视觉差异，而从不同角度得到的两幅图像中的物体位置必定存在着一定的相对差异，参见图 4-5。我们知道，单纯根据这个差异，就能估计出物体与观察者之间的距离，参见图 4-6。于是，景物空间信息的获取就可以采用如下步骤，通过对两幅图像进行检测分析来获取物体的空间信息。

1）从一幅图像中选出位于景物一个表面上的某一特定位置 p。

2）在另一幅图像中鉴别出同一个表面点的位置 p。

3）测出这两个对应点之间的位移视差 $\Delta d=a+b$。

4）根据图 4-6 进行简单的几何分析计算，来确定物体在该点的三维空间位置 $h=fd/\Delta d$，其中，f 为相机景深，d 为两个相机的间距。

显然，从上述的双目视差计算过程不难看出，如何辨认两幅图像中的对应性关系是一个关键问题。应该说，尽管目前有许多具体的方法和技术可以解决这一问题，但它依然是一个开放性问题。

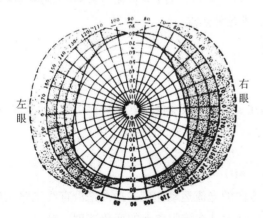

图 4-5 左右眼视野及双眼视野

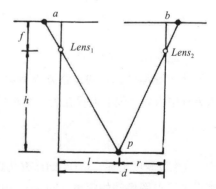

图 4-6 双目体视原理

我们再来看一看如何通过环境光流分布差异来恢复物体的空间信息。环境光流分布差异是指各种不同的物体表面，因其大小、距离、粗糙程度、反射率、光谱选择性以及光照条件的不同，在物体图像空间的每一点上所形成的光强和性质的差异，参见图 4-7a。根据光流来恢复空间信息，是指根据观察者运动或物体运动所产生的视网膜速度矢量场，来推知观察者周围可见表面的三维结构。

很明显，当一个人在一个静止物体的客观世界中运动时，投射到视网膜上的视觉景物好像在流动一样。这就为直接根据延伸焦点来计算光流提供了依据。事实上，当平移运动的方向和凝视的方向一定时，客观世界好像不断地从一个特定的视网膜点流出来，这个点就是延伸焦点。在某些情况下，延伸焦点有可能是无穷远点，但可以肯定的是，每一个运动方向只有一个唯一的延伸焦点。图 4-7b 给出的实例表示在有多个运动方向的视场中存在着多个延伸焦点。

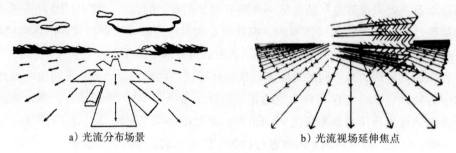

a）光流分布场景   b）光流视场延伸焦点

图 4-7   环境光流分布

为了从运动光流中获取三维空间信息，我们必须计算延伸焦点，从而确定光流方程。为此，我们设视点为原点，视场方向沿 z 轴正方向向外，并设焦距 $f=1$。那么透视畸变方程，也即随时间 t 的变化而变化的"光流路径"参数方程就是：

$$(x', y') = \left(\frac{x_0 + ut}{z_0 + wt}, \frac{y_0 + vt}{z_0 + wt} \right)$$

其中，(x_0, y_0, z_0) 为初始时刻的某一点；(x', y') 表示经过时间 t 后该点的图像位置；(u, v, w) 表示客观世界中点在 x 轴、y 轴、z 轴的速度分量。显然，当 t 为负无穷大时，该点的图像沿这一直线后退，指向图像中的一个特定点，即延伸焦点

$$\left(\frac{u}{w}, \frac{v}{w} \right)$$

也就是光流在图像上的起点。

对于匀速运动，点的光路方程展示了其在 z 方向的深度信息。尽管该信息无法直接从光流方程中得到。但它们存在着一个精确关系：

$$\frac{D(t)}{V(t)} = \frac{z(t)}{w(t)}$$

其中，$z(t)$ 为深度坐标；$w(t)=\mathrm{d}z(t)/\mathrm{d}t$ 为深度方向的光流运动速度；$D(t)$ 是沿直线光路从延伸焦点到该点图像间的距离，而 $V(t)=\mathrm{d}D(t)/\mathrm{d}t$ 则为其在该距离上的变化速度。结论是，客观世界中某点的距离与速度的比值，等于该点图像的距离与速度的比值。

于是，已知任何一点的深度，就可以决定具有相同速度 w 的所有其他点的深度。将两个点分别代入上述等式并令 $w_1(t)=w_2(t)$（匀速运动假设），就有：

$$z_2(t) = \frac{z_1(t)D_2(t)V_1(t)}{V_2(t)D_1(t)}$$

进一步，如果观察者是在车上并可以控制车的速度，而客观世界是静止的，则透视畸变方程和上述方程可得空间坐标：

$$z(t) = \frac{w(t)D(t)}{V(t)}$$

$$y(t) = \frac{y'(t)w(t)D(t)}{V(t)}$$

$$x(t) = \frac{x'(t)w(t)D(t)}{V(t)}$$

注意：$(x'(t), y'(t))$ 为 t 时刻的图像位置，其满足：

$$(x'(t), y'(t)) = \left(\frac{x(t)}{z(t)}, \frac{y(t)}{z(t)} \right)$$

于是便得到了空间位置信息。

当然，对于更一般的观察者运动，光流曲线都可以分解为旋转和直线两个部分。同样，我们可以利用直线部分来计算深度或表面朝向。方法就是将图像分成小区域，然后用运动位差求出每个区域的延伸焦点方程。如果足够多的区域提供一个一致的延伸焦点，那么直线部分的运动位差就可以从旋转部分分离出来，这样就能够利用上述计算方法计算出深度或表面朝向。

有良好性质的三维物体被包围的表面或边界面，能够无歧义地确定这个物体。现在我们获得了物体各处的深度空间信息，只要将其与合成的边线、生成的区域以及识别的纹理相结合，就可以得到参数化描述的表面。

总之，对于景物空间信息的获取而言，就是要通过双目视差、环境光流等检测技术，找到存在于图像中的各种差异信息，并形成反映这些差异的景物表面深度和朝向信息，然后再通过与形成的边线、区域和纹理相结合，恢复物体的表面，最后将恢复的物体表面用参数化方法加以表示出来。

4.3.2 景物匹配识别

不考虑含义推断、学习和规划等后续步骤，景物理解的最后一个环节就是景物匹配识别。景物匹配识别的目的是要对输入的图像景物进行解释，给出"景物是什么"的答案。对于机器而言，具体任务就是对于给定图像景物，建立或找出与预先确定的景物内部表示之间的关系。可见景物的表示方法十分重要。有了景物的内部表示方法，景物匹配就能够按照表示方法的要求建立景物的描述，然后再找出与原有内部描述的对应关系。

一个简单有效的景物表示方法是特征向量表示方法。通常对于许多视觉目标而言，可以通过一组特征取值来刻画给定的景物。比如，对于正多面体，我们可以通过棱边长度、顶点个数、物体面数等数值给出其描述。于是就可以通过特征向量空间中点的对应性来完成景物匹配任务。

设对于一类景物，可以采用一组特征向量 $\boldsymbol{y}$ 来描述景物，即有：

$$\boldsymbol{y} = (y_1, y_2, \cdots, y_n) \in \mathbf{R}^n$$

而 m 个不同景物的样本特征向量分别为：

$$y^{(j)} \in \mathbf{R}^n, j=1, 2, \cdots, m$$

那么形式上，只要输入景物的 y 与某个 $y^{(j)}$ 一致，我们就可以确定该景物即为所描述的标准景物。

更一般地，样本特征向量可以取为一个范围，即用一个特征子空间来表示标准景物的描述。这样，只要输入景物的特征向量落入某个特征子空间，就认为该景物是该子空间所描述的标准景物。

在实际匹配中，考虑到相同景物可能产生的形态差异，通常我们需要通过聚类来进行允许有误差的匹配。也即只要 y 与某个 $y^{(j)}$ 或子空间最靠近，我们就确认 y 是这个 $y^{(j)}$ 或子空间所描述的景物。

判断两组特征向量取值的靠近程度有许多种方法，常见的有如下三种特征空间距离计算方法。注意，若与子空间比较，则取点到子空间的平均距离来计算，或者按照到子空间的聚类中心的距离来计算。

1）明考夫斯基距离。明考夫斯基距离计算的公式采用如下形式：

$$D_q = \left(\sum_{i=1}^{n} \left| y_i - y_i^{(j)} \right|^q \right)^{\frac{1}{q}}$$

其中，$y=(y_1, y_2, \cdots, y_n)$ 为输入景物的特征向量；$y^{(j)}=(y_1^{(j)}, y_2^{(j)}, \cdots, y_n^{(j)})$ 为样本景物的特征向量。显然，当 $q=2$ 时，上式就是欧式空间的计算公式。

2）马氏距离。设 y 和 $y^{(j)}$ 形式同上且满足正态分布，其相应的协方差矩阵为 $\boldsymbol{M}$，则马氏（马哈拉诺比斯）距离的计算公式为：

$$D = ((\boldsymbol{y} - \boldsymbol{y}^{(j)})\boldsymbol{M}^{-1}(\boldsymbol{y} - \boldsymbol{y}^{(j)})^{\mathrm{T}})^{\frac{1}{2}}$$

其中，T 表示向量的转置运算。

3）类似度距离。类似度不是一种真正的距离，而是反映两个特征向量的某种接近程度，公式为：

$$R(\boldsymbol{y}, \boldsymbol{y}^{(j)}) = \frac{(\boldsymbol{y} \cdot \boldsymbol{y}^{(j)})}{|\boldsymbol{y}| \cdot |\boldsymbol{y}^{(j)}|} = \cos \alpha$$

其中，· 表示向量内积运算，$|\boldsymbol{x}|$ 表示向量 $\boldsymbol{x}$ 的模，α 是 $\boldsymbol{y}$ 与 $\boldsymbol{y}^{(j)}$ 在 n 维空间中的向量夹角。类似度公式若按 n 维向量展开可得：

$$R(\boldsymbol{y}, \boldsymbol{y}^{(j)}) = \frac{\sum_{i=1}^{n} y_i \cdot y_i^{(j)}}{\sqrt{\left(\sum_{i=1}^{n} y_i^2 \right) \left(\sum_{i=1}^{n} \left(y_i^{(j)} \right)^2 \right)}}$$

这便是类似度公式的一般形式。有时出于需要，常常对分量进行加权计算。

有了具体的接近度计算公式，基于特征向量表示方法的景物匹配就可以通过如下步骤来实现。

1）根据视觉计算目的，对给定的一类景物，通过直观或分析方法，确定一组可有效描述该类景物的特征集，然后对其形成特征向量空间，给出标准景物的样本特征向量值或子空间。

2）根据景物实际特征空间中的分布情况，选择区分标准，以便能对该类景物进行有效的区分匹配。

3）给出获取给定景物特征向量值的计算方法，要切实保证计算得到的特征向量值的精确度。

4）对由特征向量表示的景物进行匹配，也就是将输入景物的特征向量值与一个个样本特征向量值进行比较，找出最接近的匹配样本。

显然，基于特征向量空间的这种景物匹配方法，对于有复杂结构的景物并不适合。因为特征数和样本数都会严重影响匹配计算复杂性的开销。为了克服这一弱点：一方面可以采取某种高深的特征向量降维方法来压缩特征数；另一方面可以借助简单的状态空间搜索技术来减少样本匹配次数。前者涉及具体问题的分析，我们不做深入讨论。后者是基于景物之间的相互联系，将样本特征向量有效组织起来。于是，便可以采用各种状态空间搜索技术来减少不必要的匹配计算。

首先，我们可以按样本的聚集关系将特征空间逐级分划为多级区域组织，使得每层区域的子区域内聚距离小于区域之间的分离距离，如图 4-8a 所示。这样就可以形成样本空间的结构树，如图 4-8b 所示。在样本空间结构树中，根节点代表整个样本空间，叶节点代表各个样本点，中间节点表示各级层次的样本区域。有了样本空间结构树，我们就可以通过如下搜索步骤来完成景物匹配。

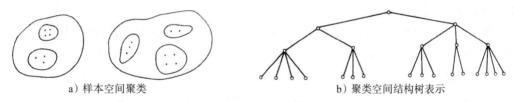

a）样本空间聚类　　　　　　　　b）聚类空间结构树表示

图 4-8　样本空间聚类结构树

1）计算输入景物的特征向量值。

2）$k=0$。

3）在当前节点下属的子节点中寻找一个与输入景物特征向量值最接近的区域节点。

4）当前节点指向该区域节点。

5）如果当前节点不为叶节点，则转步骤 3。

6）计算输入景物与当前叶节点之间的距离误差，如果误差大于标准，以失败结束；否则给出所找到的叶节点作为样本节点，成功结束。

当然，匹配的效果依赖于区域划分的好坏。为了不遗漏最佳匹配并提高匹配效率，也可以采用各种更高级的搜索技术，如深度优先法、广度优先法、爬山法、回溯法、启发式方法等，来进一步改善这里的匹配过程。

最后需要指出的是，景物匹配识别的计算实现不但依赖于描述景物的表示方法，而且依赖于匹配识别方法的选择。除了我们介绍的最基本的特征向量表示方法之外，还有许多更高级有效的表示方法。即使采用相同的表示方法，也有众多不同的匹配识别计算方法，特别是各种机器学习方法。所有这些都是未来读者需要去深入学习和研究的内容。

4.3.3 主动视觉计算

视觉系统是人类最重要的一种感觉系统，也是人类所有感觉系统中研究最为成熟的一个分支。人类的视觉系统不仅具有十分复杂的信息加工过程，而且整个视觉的信息加工过程也是一个对环境景物主动感知的过程。在这一主动感知过程中起关键作用的是对环境动态变化的选择性注意机制。

人类的视觉信息处理系统由视觉感官、视觉通路和多级视觉中枢组成，实现着视觉信息的产生、传递和处理。人类对客体的视知觉由低层次的各种感觉信息经过多层次的加工逐步形成。视网膜内的神经节细胞构成低级中枢，外侧膝状体（LGN）构成皮层下中枢，视皮层初级功能区构成高级中枢。

低层次的感觉信息是指从视网膜上提取的信息，对应于视知觉的早期加工。视知觉的早期加工对光谱成分、双眼视差、速度、方位等各种感觉信息的处理采用并行模式。光谱成分参与颜色知觉的形成，双眼视差参与深度知觉的形成，速度信息参与运动知觉的形成，方位信息参与形状知觉的形成。

对于分析性景物知觉而言，人类的视觉系统采取的是一种分而治之的策略。比如形状、颜色、纹理这样的特征，与运动特征在不同神经通道上加工。在人类的视觉系统中，视觉信息在神经加工处理的过程中形成两条不同的通路，分别用于对物体感知（识别视觉）和空间定位（动作视觉）。

图 4-9 给出的就是人类视觉加工的双通路结构示意图。眼睛将外部视觉刺激通过视网膜转换为神经信号。然后视网膜将这些神经信号通过外侧膝状体（LGN）转送到达初级视觉皮层（PVC）的 V1 区和 V2 区。最后，到达 V1 区和 V2 区的神经加工分为腹侧和背侧两条并行的行进路线。所以，人类视觉过程总体上形成了一种串并共存的复杂加工方式。

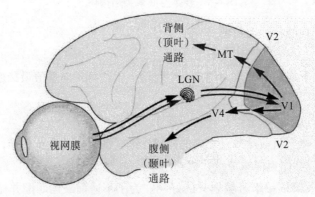

图 4-9　视觉加工的双通路结构

在双通路加工过程中，腹侧颞叶通路进行目标识别，解决"what"的问题。在视觉信息到达 V1 区和 V2 区之后，腹侧通路经过 V4 区继续行进到颞下叶皮层（ITC），最后到达腹外侧额叶前部皮层（VLPFC）。背侧顶叶通路处理运动和空间信息，解决"where"的问题，控制视觉选择注意的转移。在视觉信息到达 V1 区和 V2 区之后，背侧通路则经过中颞叶区（MT）行至后顶叶皮层（PPC），最后到达背外侧额叶前部皮层（DLPFC）。

从神经信息的流向过程可以发现，视觉信息处理过程有多条路径，既涉及皮层，又涉及子皮层。视觉信息处理过程是一个既有信息的横向流动又有信息的纵向流动的，极为复杂的动力学过程，具有非常复杂的层次结构。不同的加工通路之间并非彼此独立、互不相关，而是存在交互作用。

根据视觉信息的双通路加工过程，我们可以将视觉特征输入分为空间特征与非空间特征。非空间特征通过 what 通路来获取，空间特征通过 where 通路来获取，两条通道并行地到达不同的部位。不过，即使在此分治过程中，空间特征与非空间特征之间仍具有联系。在主客观因素的作用下，所在部位的特征有的被抑制，有的被不同程度地激活。处于最高激活水平部位的诸特征被选择而得到注意，这便是动态视觉选择性注意机制。

视觉注意的主要功能是选择有意义的信息以进行知觉加工。视觉注意的选择功能有自顶向下与自底向上两种。当人们有目的地用视觉去感知某一个场景时，自顶向下与自底向上两种注意都会在视觉加工过程中发挥作用。尽管这两种注意机制不同，但无论视觉加工是否与目标相关，都很难将这两种注意严格地区分开。注意的选择实际上是这两种因素相互影响、共同作用的结果。

自顶向下的注意以工作记忆内容为目标模板，按照人们的主观目的性引导视觉注意。根据一种被称为特征引导搜索的理论，注意加工的两个阶段都会受自顶向下注意的影响。一方面，注意可以在视觉信息获得注意的选择过程中发挥作用；另一方面，注意也能自顶向下地对前注意阶段的视觉特征加工过程施加影响。

同自顶向下的注意机制相反，注意也可能受到新异刺激的影响。在视觉信息加工过程中，新异刺激的显著性（方向、运动、颜色、形状、对比度等特征与周围相比差异的大小）自底向上地引起视觉的注意，这就是特征驱动的注意。这种注意具有反应速度较快、占用的知觉负载较低的特点。

针对上述人类视觉信息加工的规律，现有的视觉计算模型相应地也分为自底向上（bottom-up）和自顶向下（top-down）两类。自底向上的注意计算模型是基于图像的初级视觉特征分析所形成，属于数据驱动的计算模型。自顶向下的注意计算模型是基于高层知识与视觉任务指引的计算模型。目前，自底向上的注意计算研究比较成熟，而自顶向下的注意计算研究面临较多困难。

自底向上的视觉选择性注意计算模型模拟了刺激驱动的视觉注意机制，可以通过大规模并行处理来选择突现的刺激，因此速度较快。大多数自底向上的视觉选择性注意计算模型都有类似于图 4-10 所示的架构。这类模型首先对输入图像在多个尺度上提取各种视觉特征，并将提取到的视觉特征以一定的权重合并生成一张显著图，最后采用某种机制从显著图中选出注意焦点。

为了克服自底向上注意计算的缺陷，需要结合自顶向下的注意计算策略。自顶向下的策略主要是基于线索注意，通过认知控制来利用高层知识引导注意对目标的选择。根据利用上层信息的不同，自顶向下策略还可以细分为基于物体整体信息的方法和面向知识与任务的方法。基于物体整体信息的方法主要是利用物体的整体性信息引导注意的计算。

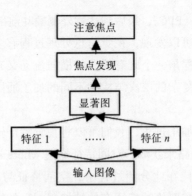

图 4-10 自底向上视觉选择性注意计算模型架构

应该指出,目前机器视觉系统的构建,主要建立在视觉信息处理的自底向上策略之上。比如马尔的计算模型,以及前面介绍的视觉计算各个环节都采用自底向上策略,很少运用人类视觉经验的自顶向下策略。为了弥补这样的不足,未来的机器视觉系统构建应该着重引入自顶向下策略。

自顶向下策略的引入,应该主要依据人类视觉认知机理研究的成果,通过引入联想觉知机制,形成一种具有觉知能力的视觉感知动态计算模型。图 4-11 给出的就是按照这样的思路构想的一种动态视觉注意的计算模型。

在图 4-11 给出的模型中,除了必需的自底向上视觉加工处理外,还加入了体现自顶向下计算策略的"联想记忆"和"整体觉知"模块。然后将自底向上和自顶向下两者加工策略相融合,整合成实时动态场景中关注对象觉知,从而解决动态场景的视觉计算问题。我们希望这样的研究思路能够为主动视觉的机器实现提供一种新的计算途径。

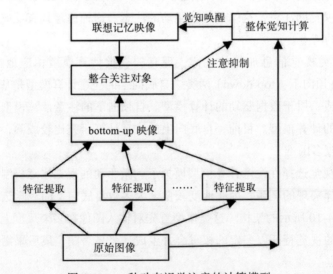

图 4-11 一种动态视觉注意的计算模型

总之,景物理解的主动视觉,特别是主观意念参与的知觉过程是与人类整个心智能力,包括意识、情感、经验等在内的机能密不可分的,而其中的视觉选择性注意是人类视觉系统能够开展主动感知活动的基础。因此,希望机器视觉也能够部分地模仿人类景物理解能力，首先必须解决主动视觉机制的计算实现问题。我们期待有朝一日，在机器主动视觉的计算模型及其系统应用方面，有长足的进步。

本章小结与习题

本章主要介绍了机器视觉的原理，给出了机器视觉处理中的主要步骤所涉及的问题，介绍了图形分析和景物理解的视觉计算方法，以及给出了未来主动视觉计算的发展趋势。希望读者自己也能够思考这样的问题：如何让机器拥有人类的视觉能力，哪怕是部分能力？特别是针对人类视觉机制如何开发更为先进的机器视觉系统，以及这项工作将会面临的困难是什么？

习题 4.1　机器通过理解图像来控制自己的行动，这与远程信号控制机器行动有何不同？建立具有感知能力的机器需要具备什么能力？

习题 4.2　请查找一些不可能图形，然后通过分析这些图形，思考如果希望机器能够理解这样的图形，应该如何设计相应的智能算法？

习题 4.3　对于由小立方体构成的任意图案，如何能够设计一个智能算法，可以数出给定图案的小立方体个数？

习题 4.4　查阅有关人类知觉组织律，能否将其中某种知觉组织律引入图形分析之中，并构建相应的机器图形分析算法？

习题 4.5　对于视觉深度信息的获取问题，针对某种特定的体视线索，你是否能够提出某种计算思路，来实现对这种深度线索的提取？

习题 4.6　视觉选择性注意机制在人类视觉信息加工过程中起着十分重要的作用，如何让机器具备视觉注意能力，哪怕是部分具备，一直是困扰机器视觉研究的一个难题。你能否对书中提出的解决方案提一些意见，并给出你自己解决这一问题的新思路。

第 5 章

语 言 理 解

理解力是心智能力的重要方面。一般理解力包括时间理解力、空间理解力和因果理解力，强调对概念及其关系的把握。在人类的心智活动中，最能全面反映理解力表现的莫过于对语言意义的理解。因此，语言理解能力成为机器智能的基础，实现这一能力也就成为机器智能研究的一个重要目标。这样的研究，学术界统称为自然语言理解。应该说，自然语言理解是智能科学技术中历史最为悠久的一个研究领域。对于汉语的自然语言理解而言，目前的研究内容主要包括语句理解、语义理论、语篇分析等多个方面。为此，我们分别从这三个方面来介绍自然语言理解的主要问题及其处理方法。

5.1　语句理解

语句理解处理涉及常规的辩词断义、语句分析、推断语义等方面的问题处理。从计算的角度来看，主要涉及的问题包括分词标注、句法分析和语义获取三个方面的内容。在本节中，我们分别从意群语词分割、句法依存分析和语境意义获取三个方面来给出一种语句理解的解决途径。

5.1.1　意群语词分割

不同于西方书面语言，在汉语书写形式中，词与词之间没有空格分隔符。因此，对于书面汉语理解而言，首要问题就是要将语流中一个个词分离出来，即所谓汉语词语切分问题。已有研究发现，这并非是一个轻而易举可以解决的问题。特别是，汉语词语切分往往存在着歧义性，需要在一定的语境上下文参照下才能确定。反过来，语境上下文的利用又依赖于一个个切分好的词，这样就有一个分词与语境相互依存的问题。

那么，我们应该如何进行汉语词语的切分呢？在语言理解研究中，汉语词语切分的任务就是要从构成语句的语词层次开始，逐级地划分出全部词语，以便建立起反映层次关系的联系。例如，对于语句"帮助二春去照应照应大家伙儿。"，图 5-1 给出了反映这种要求的汉语词语切分结果，其中最为关键的便是切分出一个个语词的分词问题。

对于机器来说，如果我们已经建有一个完全的机器词典，其中收录了全部可用语词，那么最简单的办法就是采用最大语词匹配策略来进行机器语词切分。这种方法通过依次读取语句中的汉字，并当汉字串积累到最长且构成为机器词典中可接受的语词时，就将该汉字串作为一个语词。然后再从语句剩余的汉字流中如法去分割下一个语词。如此等等，直到语句结尾，就完成了全部语词的切分工作。对图 5-1 中的例子而言，用最大语词匹配法来切分得到的结果由图中 15、16、5、21、23 标数给出。采用这种方法时，对于比语词大的词语划分，则归于句法分析去完成。

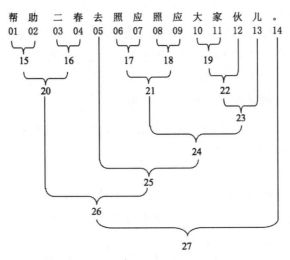

图 5-1　汉语词语切分例句

很明显，由于语词搭配歧义性的多种可能选择的存在，这种最大匹配切分方法虽然能够保证切分出来的语词具备合法性，却不能保证这种切分结果在句法上的合理性。考虑到歧义性语词切分只有在一定的考察语境下才能够得到正确的切分，因此仅靠机械地最大匹配显然无法彻底解决语词的切分问题。

歧义性是汉语分词中不可避免的现象，因此歧义消解就成为机器分词中一个核心问题。因为如果没有歧义切分现象，那么只要有一部完备的机器词典，原则上任何一种机械分词方法，比如最大分词法，都可以完成汉语的分词任务。但事实上，作为一种自然语言，汉语不可能没有歧义现象。比如对于"他的确切意图是什么"这句话，最大匹配切分法的切分结果为：

　　他 | 的确 | 切 | 意图 | 是 | 什么 | ？

而合理的切分结果应该是：

　　他 | 的 | 确切 | 意图 | 是 | 什么 | ？

而对于"他的确切菜了"就能保证正确切分为"他 | 的确 | 切 | 菜 | 了"。这其中的原因就在于字段"的确切"具有切分歧义。

作为一种歧义消解的策略，为了利用语境上下文制约的关系，可以采用通过对所有可能切分做最优选择的方法来进行语词的切分。此时必须要考虑词与词之间、字与字之间存在的很多优先组合关系，如搭配、共生、词联和定位等限制。

不失一般性，我们假定要切分的是语句中的语词，语词的构成单位为汉字。那么汉字在语词构成中能出现的位置角色就只有四种可能，即位于词首、位于词中、位于词尾或独自构成语词。由于存在着歧义性，某个汉字可能充当不同语词或相同语词中的多种角色。例如在"美国会采取行动制裁伊拉克"中，"国"字既可能是语词"美国"中的词尾字，又可能是语词"国会"中的词首字。因此，最终"国"字的角色到底是什么，需要通过上下文来确定。

于是当我们对语句中的汉字都标注了各种可能的角色后，剩下的问题就是要利用各种语境上下文关联、语词固定搭配以及词频统计信息等制约关系来确定各汉字唯一的角色（四者选一）。一旦所有汉字的角色全部唯一确定了，语词的切分也就完成了。这就是我们所要介绍的歧义消解策略。在具体实施汉语自动分词中，可以在建立大规模语料库的基础上，利用词频和字频统计知识以及搭配切分规则，采用某种机器学习算法来消解歧义。

首先我们在切分过程中并不先确定一种切分，而是保存所有可能的切分序列。保存的方式就是在单个汉字 Z_i 的结构中设置四个概率值：

$$\langle p_{i0}, p_{i1}, p_{i2}, p_{i3} \rangle \text{ 且} \sum p_{ij}=1, i=1, 2, \cdots, n$$

其中，Z_i 为语句（语境）中第 i 个汉字，而 p_{i0}、p_{i1}、p_{i2}、p_{i3} 分别表示 Z_i 作为独词、词首、词中和词尾的可能性概率。

有了上述定义，脱离开语境单独看一个汉字时就同时存在作为各种构词要素的可能性；而当把汉字串归结为词串的时候，每个汉字作为构词要素的角色必定是确定的。如果语句分解存在歧义，那么就可以利用四个概率值来同时保存各种切分序列，再利用基于语料统计学习的歧义消解算法，去除所有不一致切分而保留最为合理的切分序列。

为了提高分词精度和速度，也为了方便利用各种统计信息和知识，需要更加全面地考虑汉语词语切分任务。为此，可以在分词歧义消解算法的基础上增加各种辅助功能，来形成一个汉语分词系统，如图 5-2 所示。

在图 5-2 中，"预处理"主要按非汉字符号（如标点标号符）将语句划分为语段，使得各语段中不再出现非汉字符号。然后经过"分词校正"完善后，将以语段单位提供给"构成词网"处理。"构成词网"是专门为了提高切分效率而设置的模块。在不存在歧义分词的情况下先采用改进的最大匹配法进行初步分词，形成可能构成词网（反映了各种可能的构词组合选择）。如果构成词网中的构词组合选择唯一，就结束分词过程；否则按照歧义分词情况处理，运用"搭配库"提供知识"消除歧义"。在分词过程中，无论是最大匹配分词还是歧义消解分词，均会用到"分词词典"。最后，"后处理"主要是对分词结果进行规范化处理，使其形成易为汉语信息处理后继步骤运用的形式。

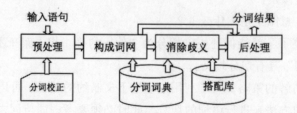

图 5-2   汉语分词系统模块图

总之，通过上述语词切分原理，就可以在一定程度上对给定的汉语语句进行分词，给出比较理想的分词结果。有了比较理想的分词结果，就可以进行汉语语句理解的后续处理了。

5.1.2　句法依存分析

句法分析是自然语言理解中一个至关重要的环节。句法分析上接语词切分，下连语义理解，起着承上启下的作用。如果说语词切分是一种自下而上的理解步骤，那么句法分析便是一种自上而下的理解步骤。两个步骤相互补充交替，也许就可以在某种程度上走出语句理解的困境。那么我们应该采取什么策略来开展句法分析的研究工作呢？

目前比较成熟的一种解决策略是采用概念依存句法分析方法。这种方法首先是找出语句中的主名词和主动词，形成一个初步的语义结构，然后通过在语句中寻找所需要的其他成分来不断完善这一语义结构，最后给出语句所反映的概念依存网络。

例如，语句"穿红背心的小伙跑得很快"的概念依存分析如图 5-3 所示。图中，①为依存宾语，②为"的"字结构附加语，③为依存定语，④为"的"字结构定语，⑤为依存主语，⑥为"得"字结构补语，⑦为"得"字结构附加语，⑧为依存状语。

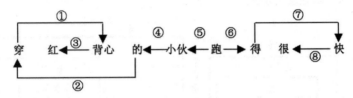

图 5-3　语句概念依存分析的实例

依存语法描述的是语句中词与词之间的直接句法关系。这种句法关系是有方向的，通常是一个词支配另一个词，或者说，一个词受另一个词支配。所有的受支配成分都以某种依存关系从属于其支配者，这种支配与被支配的关系体现了词在语句中的关系。按照依存关系来进行句法分析，一般遵循如下五个基本约定。

1）一个语句中只有一个成分是独立的。

2）其他成分直接依存于某一成分。

3）任何一个成分都不能依存于两个或两个以上的成分。

4）如果 A 成分直接依存于 B 成分，而 C 成分在语句中位于 A 成分和 B 成分之间，那么 C 成分或者直接依存于 A 成分，或者直接依存于 B 成分，或者直接依存于 A 成分和 B 成分之间的某一成分。

5）中心成分的左右两边的其他成分不发生依存关系。

依存语法分析语句的方式，是通过分析语句成分间的依存关系，建立以语句成分为节点的依存语法树，以此表达语句的结构。所以首先要解决的问题是，确定依存语法中语句成分的种类和成分之间的依存关系类型。根据依存约定 1 ～ 5，语句中有唯一的独立成分，称之为中心语（可以是单个的词，也可以是由两个或两个以上的词组合成的短语）。独立成分作为依存关系树的根节点，其他成分都依存或间接依存于中心语。

在语句依存成分中，有些对语句的结构起决定性作用，称为基本句型成分，包括主语、状语、补语、宾语（含第二宾语）。还有些语句依存成分是独立于句型结构的，主要用于表示插话、语句的语气、时态或停顿等，称为附加成分。附加成分包括插入语、叹词、句末语气词、呼告语、应答语、动态助词和标点符号等。

另外，为了反映汉语中的特殊句式，还可以设计一些特殊成分，比如"把"字语、"被"字语、主题和兼语等。在传统语法中，定语是主语和宾语的修饰语，定语只受主语和宾语的支配，不直接与中心语发生关系，所以定语不是句型成分。

图 5-4 给出了句法依存分析的又一个例句，采用的是一种依存关系网的平面表示法。这种表示法具有以下特点：①每个词语都有向上依存关系；②各种依存关系之间不出现交叉现象；③中心语只支配其他成分，其本身不受其他语句成分的支配；④较好地体现了依存语法的五个基本约定；⑤所有的节点都是语句中具体的词；⑥从分支上看，每个父子关系表示相应的两个词之间的关系。

依存关系网表示方法简单、直观，接近人类的分析语句方法。因此这种表示法比较适合人们对语句的理解，同时便于转化为机器内部语义表示形式。实际上，只要定义足够反映语义依存关系，通过概念依存关系的确定，就能够有效地得出语句所对应的语义结构，并表示为机器内部可以处理的形式。

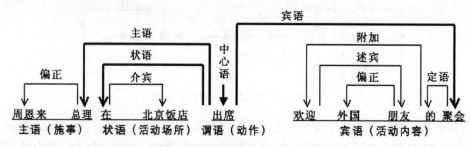

图 5-4   依存关系网的例句分析

比如，在句法依存分析结果中，可以将各对关系用三元组表示，即（A，B，R），其中 A 和 B 分别代表语句中的词语，R 表示词语 A 与 B 之间的关系。R 是个有向弧，它由 B（支配者）指向 A（被支配者），即词语 A 的向上依存关系为 R。

例如，将上述图 5-4 中的例句表示转为三元组表示，可以得到如下三元组系列：（总理，出席，主语）、（周恩来，总理，偏正）、（在，出席，状语）、（北京饭店，在，介宾）、（宴会，出席，宾语）、（的，宴会，定语）、（欢迎，的，附加）、（朋友，欢迎，述宾）、（外国，朋友，偏正）。

采用这种表示方法具有以下优势：①便于机器表示；②与依存关系网的平面表示法一一对应；③词语与词语之间的依存关系清晰、直观；④充分体现了自然语言的不对称现象，较好地解决了自然语言语义结构表达式表达问题。

当然，单纯依据词语的依存关系有时很难确定汉语词语之间正确的句法关系，即在依存关系这个层面上也很难排除汉语的句法歧义。比如语句的同形异构问题、含有多义词或兼类词的句法结构、语句含义的确定问题，都无法将词语依存关系进行孤立分析，必须借助语义或语境知识来解决。

为了解决这些句法歧义消解问题，可以利用已经切分好的语词结果（包含多选多值标注语词系列），根据语义与语境共生原则来动态确定语句成分及其依存关系。这样以依存语法作为语言模型的基础，就可以给出如下分为两级处理的句法分析策略。

第一级是语句级。基于中心词同其他成分间的语义约束关系，通过寻找汉语语义类之间可能存在的句法关系，实现语句成分过滤，完成语句主干提取。

第二级是上下文级。将语法、语义和语境信息一体化，结合依存语法确定汉语语句中各成分间的依存关系。

于是，通过某种基于语料统计之上的机器学习算法，就可以更加有效地进行汉语语句的成分确定和成分间依存关系的分析。当然，随着智能科学技术的不断进步，还可以引入更为先进的方法和手段来解决汉语句法分析问题。

总之，以依存语法作为语言模型，结合语境信息的利用，在一定范围内可以解决汉语句法分析问题。这种句法依存分析的策略就是，利用已经切分好的语词结果（多选多值标注语词系列），对汉语语句成分及其依存关系进行确定，完成汉语句法分析任务。

5.1.3 语境意义获取

一旦通过句法依存分析获得了一个语句的全部依存关系，就可以将其转化为某种逻辑语义结构的表示形式，以便机器内部表示并进一步开展其他语义表达处理。比如，适当地根据各种语义关系将一些词语转化为相应的谓词，就可以采用一阶谓词逻辑表达式给出语句的意义表述。

就以图 5-3 给出的语句为例，如果我们用谓词 wear (x,y) 表示 x 穿着 y，用谓词 red (x) 表示 x 是红色的，用谓词 underwaist (x) 表示 x 是背心，用谓词 guy (x) 表示 x 是小伙，以及用谓词 runfast (x) 表示 x 跑得快，那么就可以将该语句的全部依存关系转化为如下一阶逻辑表达式：

$$(\exists x)(\text{guy }(x) \wedge (\exists y)(\text{underwaist }(y) \wedge \text{red }(y) \wedge \text{wear }(x,y)) \wedge \text{runfast }(x))$$

来给出该语句的意义表述。

再依据图 5-5a 的语义解释模式去确定该语句的最终含义。如果这一语句的陈述确为事实，那么上述逻辑表达式及其真值一起构成了该语句的最终意义。

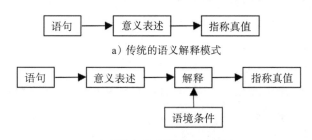

a）传统的语义解释模式

b）语境条件下的语义解释模式

图 5-5 语义获取的不同模式

对于前面给出的句法分析直至获得语义表达，我们不难看出，其有效性基于一个前提，就是我们的语言是无歧义的。不过，由于语句歧义的普遍存在，语句的语义往往并不能唯一确定。因此，为了更加全面地解决语言理解问题，接下来需要着手处理的问题是如何消解语言使用中无处不在的歧义问题。

显然，如果我们能够设计一种表示语义的形式描述语言，其满足无歧义性、具有简单的解释规则和推理规则，以及具备由语句形式确定的逻辑结构，那么我们就可以通过定义良好的形式语言（比如某种逻辑系统）来确切地表述出给定自然语言语句的语义，只要自然语言的语句含义是无歧义的即可。因为对于严格的形式语言，机器可以很容易地实现不同语言之间的相互转换。

但事实上，没有哪种自然语言不存在歧义现象，甚至可以说歧义现象是自然语言的一种固有属性。因此，要想解决语句的语义分析，从而可以用形式语言来描述自然语言语句的语义，就不可避免地要解决语言的歧义消解问题。

由于能够左右歧义确认的外界条件主要是语境，因此在歧义语句的理解方面，只有联系语境才能正确把握其正确意义，而仅靠语句本身的结构成分及其组合意义是不够的。为了使机器也能够进行歧义消解工作，就必须有一种强调语境条件的语义分析方法。

大多数歧义可以通过语言的或主观的语境条件来消除，这也是人类语言理解能力最有效、最基本的机制之一。因此，对于语言的机器实现而言，重要的不是寻找语境来使语言不含有歧义，而是要在给定的语境中理解歧义的语言。自然语言的理解说到底就是一种解释，将歧义的语句通过语境条件作用得出其尽可能确定的意义，或者同时保留多种关联或选择的意义，并用机器可以严格无歧义处理的形式加以表述。

本着这样的原则，有了句法分析的结果，语言理解的核心问题就变为如何在给定的语境中获取语句意义的问题了。具体来说就是要给出语句意义的形式化描述、利用语境上下文来尽可能地消除语言的歧义从而获得比较确定的语句意义。

如图 5-5b 所示，与传统语义的解释模式相比较，新方法强调的正是语境条件的参与。这样对语句的理解就不仅是"意义表述"及其真假取值（指称真值）的结合了，还是"意义表述"与在一定的语境条件（前提）参与下得出的真假取值的结合。

例如，对于语句"我是写作本书的最终完成者"，按照语境条件下的语义解释模式，可作如下分析。

1）语句：我是写作本书的最终完成者。

2）意义表述：说话者称自己是写作本书的最终完成者。

3）语境条件：说话者是本书作者，时间为 2022 年 3 月 16 日，作者在 2022 年 3 月 16 日尚未完成本书的写作。

4）解释：本书作者在 2022 年 3 月 16 日称自己是本书的最终完成者，但事实上本书在 2022 年 3 月 16 日尚未完成。

5）指称真值：假。

在上述分析中，对于给定的"语句"，"意义表述"为用逻辑表达式表示的"语句"，"语境条件"为逻辑条件式，"解释"为推论，"指称真值"为对"语句"的赋值，并与"意义表述"一起构成了对该"语句"的语义描述。

用语境条件下的语义解释模式可以处理歧义语句的机器理解中的非模糊类歧义问题。具体方法是对多种歧义理解分别用逻辑表达式表示，然后形成"与"（代表双关歧义）"或"（代表选择歧义）逻辑联式。然后利用语境条件式来推演，取这一逻辑联式中真假值为真的某个逻辑表达子式为其结果。如果结果为真的逻辑表达子式不唯一，则表示在此语境条件下也不能完成歧义消解。

总之，语言意义的不确定性、对语境的敏感性是自然语言最重要的功能表现。当然歧义的产生也是诸多因素相互作用过程中处于不同动力学制约下状态冲突的、必然会出现的现象。因此，只有充分考虑意群相互作用认知机制的实现问题，才能够真正有效地推动语言机器理解的进程。

5.2 语义理论

自然语言理解的核心问题是如何在给定的语境中获取语句意义。具体来说就是要给出语句意义的形式化描述、利用语境上下文来尽可能地消除语言的歧义，从而获得比较确定的语句意义。此时，由于自然语言拥有丰富的歧义现象，因此如何通过语境中意群相互作用来得到最终意义，就成为形式化的意义获取的关键。为此，我们介绍一种描述语言意义的形式化描述理论，即蒙塔鸠语法及其一种内涵逻辑语义表示方法。这样通过其所拥有的语言意义映射规则，就可以为汉语言理解提供一种形式化的语义获取途径。

5.2.1 范畴分析语法

美国逻辑学家蒙塔鸠（R. Montague，1930—1971）在去世前夕，建立了一种自然语言的逻辑语法体系，世称蒙塔鸠语法。这是一种以内涵类型理论为基础的自然语言的语义描述理论，其目的是要用逻辑形式语言直接给出自然语言的语义表示。蒙塔鸠在 1970 年提出他的语法理论时明确指出："人工语言与自然语言之间不存在什么重要的理论差别，这就是我的观点；因此，我认为用一种既自然又严格的数学理论来同时理解两类语言的句法和语义是完全可能的。"正是基于这样的观点，蒙塔鸠采用内涵类型理论的逻辑语言描述自然语言的语义，并给出了理解自然语言的一般框架。

蒙塔鸠语法理论的体系结构如图 5-6 所示。整个语法理论体系包括语形描写、语义表示和语义模型三个部分。语形描写采用的是一种经扩展的范畴语法；语义表示采用的是以内涵类型理论为基础的逻辑语言系统，并建立了从范畴语法描写的语句到这种逻辑语言表达式之间的转换关系；语义模型采用的是内涵类型理论中的可能世界语义模型，来给出逻辑语言表达式的语义解释。如此一来，蒙塔鸠语法理论就实现了从语形描写、语义表示到语义解释的完整自然语言理解过程。

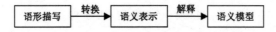

图 5-6　蒙塔鸠语法理论的体系结构

从语法体系的构造思想上看，不管是采用范畴语法，还是建立内涵类型理论的语义描述，均基于弗雷格的意义复合原理。因此，蒙塔鸠语法理论是一种意义复合理论，由有限的规则和基本成分来产生无限多的语句和语义表达式。

蒙塔鸠语法理论的优点非常明显。除了直接系统地给出了自然语言的语义逻辑表示语言外，由于采用可能世界的语义学模型，还给出自然语言的歧义消解、语境条件的利用途径。正因为如此，蒙塔鸠语法自诞生以来，受到了普遍欢迎。特别是在自然语言的机器理解方面，美国、日本以及中国等国家的一些学者已广泛采用蒙塔鸠语法理论来从事具体语言的机器理解和机器翻译工作。

那么，蒙塔鸠语法到底是如何描述自然语言的语句和语义的呢？又是如何实现从语形描写到语义表示的转换的呢？还是让我们先从范畴语法说起。范畴语法的主要特点是在规定的有限基本范畴上，通过导出规则来复合定义所有自然语言中的语法范畴。比如，我们可以定义"语句""普通名词"和"不及物动词短语"三个基本范畴，然后通过导出规则：如果 A、B 是范畴，那么 A/B 也是范畴来形成新范畴。

在范畴语法中，每个范畴均对应一个语言表达式集合。比如所有语句集合组成"语句"范畴的表达式集，等等。于是，所谓"A/B"范畴（读做"A 右除 B"）是指对 A 范畴表达式经右边去掉 B 范畴表达式所形成表达式对应的范畴。

例如，"语句"右除"不及物动词短语"就形成了"（主词）名词短语"这一范畴。因为"（主词）名词短语"右接"不及物动词短语"就构成了"语句"。表 5-1 给出了主要的语法范畴及其表达式说明。

表 5-1   语法范畴及其表达式

范畴定义	说明	表达式
S	语句	张三吻一个独角兽……
CN	普通名词	男人、语言、大象、公园……
IV	不及物动词短语	抽烟、起床、谈话、漫步……
T=S/IV	项	张三、李四、他、我们……
TV=IV/T	及物动词	爱、吻、知道、是、发现……
IV/S	语句型补语动词	相信、断言、认可……
IV/IV	不定式补语动词	试图、希望……
CN/CN	前置形容词	绿的、大的、想象的……
S/S	语句修饰型副词	必要地……
T/CN	限定词	某个、每个、这个、一个……

用范畴语法中的范畴来分析语句的句法结构，只要明确表达式的范畴归属以及范畴之间的右除关系就行了。实际上，A/B 范畴的表达式右边结合 B 范畴的表达式，就形成了 A 范畴的表达式。例如，对于语句"张三吻一个独角兽"，按照范畴语法，可以进行语法分析并形成相应的语法分析树，如图 5-7 所示。

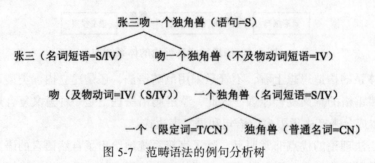

图 5-7   范畴语法的例句分析树

需要强调指出的是，范畴语法相对于其他语法就形式语言分析方面而言，更适合计算处理。在大多数情况下，不同形式语法的分析结果之间也可以相互转换，这就为在实际机器句法处理中引入范畴语法带来了诸多便利。

现在我们转到蒙塔鸠语法的语义表示问题。我们知道，对于语句描述的意义内容，特别是有或真或假判断性语句，我们可以用命题或谓词逻辑来表达。比如，对于"张三吻一个独角兽"这一语句，如果我们用 KISS(x, y) 表示"x 吻 y"，那么 KISS（张三，独角兽）这一命题就表示了"张三吻一个独角兽"的意义内容了。

蒙塔鸠在语义表示问题上继承了这种逻辑语义理论的思想，同时又注意到了自然语言中语句概念描述的复杂性。因此蒙塔鸠采用了一种层次类型分级表示的方法来构成自然语言中语句意义的逻辑描述语言，即一种类型内涵逻辑描述语言。

在类型逻辑理论中，所有的逻辑命题表达式都按照其描述概念性质的不同层次归入不同类型。类型逻辑理论的类型就像范畴语法中的范畴一样，可以通过有限个基本类型及其导出规则来定义。这样，对于不同描述层次的语句，就可以用不同类型的逻辑表达式来表示语句的语义（内涵意义）了。一般基本的逻辑类型记为 e 和 t，对应的表达式分别为个体表达式和语句命题。导出规则为：

1）如果 a、b 是类型，那么 $<a, b>$ 也是类型。

2）如果 a 是类型，那么 $<s, a>$ 也是类型。

在上面的约定中需要补充说明的是，s 本身不是类型，而是一种将逻辑类型中的表达式与可能世界语义模型建立联系的中介。s 在这里表明的是这样定义的类型逻辑是一种内涵类型逻辑。

很明显，采用类型逻辑来表示语句命题的内涵意义，很容易与语句的范畴描写表达式建立起直接对应关系。实际上如果令函数 f 满足：

$$f(S)=t$$
$$f(CN)=f(IV)=<e, t>$$
$$f(A/B)=<<s, f(B)>, f(A)>$$

那么我们确实可以在范畴与类型之间，从而也在范畴语句表达式与类型逻辑表达式之间建立一一对应关系。特别是考虑到范畴语句和类型逻辑的复合性质，这样的对应关系也一定可以通过有限规则来实现。

当然，要能够正确理解这里的内涵类型逻辑语义表达式，还必须涉及蒙塔鸠语法的最后一个构成部分，即语义模型的解释问题。

蒙塔鸠内涵类型逻辑的语义解释采用的是一种可能世界语义模型的语义解释方法。所谓可能世界语义模型，指的是在对逻辑语句的语义解释中，其真值及其意义依赖于代表不同语言环境的世界模型，相同的语句在不同的世界模型中其意义和真值可以不同。

这种语义模型最先由美国逻辑学家克里普克给出。一般一个可能世界的语义模型由三部分组成：①可能世界的集合；②可能世界之间的可达关系，建立了不同可能世界之间的意义联系；③对逻辑表达式真值的解释函数。

那么，这种语义解释又如何建立起我们直观上对语句意义理解的联系呢？实际上，其联系十分明显，就是在这种逻辑表达和解释里，对语句的意义就用语义表达式结合其在可能世界中的真值来给出。

总之，蒙塔鸠语法采用一种内涵类型逻辑及其语义模型为我们提供了一个认识和分析自然语言的有力工具。当然，自然语言毕竟不是逻辑形式语言，有许多问题尚不能为蒙塔鸠逻辑形式化语义学所描述。但起码在一定范围内，我们可以运用蒙塔鸠语法这一工具来解决自然语言理解的形式化描述问题。

5.2.2　内涵类型逻辑

在自然语言中，我们既可以讨论事物的性质，也可以讨论事物性质的性质，如此等等。就描述的层次而言，事物的命题、事物性质的命题、事物性质的性质命题等是属于不同概念逻辑层次的命题。为了有效区分这种差别，不至于在逻辑表示中产生悖论，就需要给出能够分门别类，在不同类别之间建立起联系的逻辑描述系统。蒙塔鸠语法采用的内涵类型逻辑理论就是为了这样的目的而提出的一种逻辑语义表示方法。

作为一种自然语言语义解释的逻辑中介，必须能够处理语言中各种内涵现象的描述问题。自然语言的内涵性关系到若干不同方面。首先，自然语言包含时态、模态和信念等表达式，所有这些都涉及内涵意义问题。除此之外，自然语言还具有直接指称，如命题、个体概念和性质等内涵实体的能力。因此，任何描述自然语言语义的逻辑系统也必须具有这些能力。内涵类型逻辑理论正为这一目标而提出。

在规定逻辑表达式的语形规则方面，正像我们上面介绍的那样，内涵类型逻辑理论首先基于类型概念之上，并可以通过导出规则导出所有合法的类型，形成类型集 T。然后，每个类型都对应有自己的表达式集。在类型论逻辑语言中，公共符号部分有：

1）每个类型 a 对应的无限变量集 VAR_a。

2）逻辑联结符（$\wedge$、$\vee$、$\rightarrow$、$\neg$、$\leftrightarrow$）。

3）等价符（$=$）。

4）算子符（$\square$、$\diamondsuit$、$\uparrow$ 和 $\downarrow$）。

5）左右括号：（和）。

针对类型理论语言 L 特有的部分有：对每个类型 a，对应的类型常量集为 CON_a^L（可为空集）。

正如一般的类型理论一样，我们必须小心区分不同类型的常量和变量。内涵类型语言的语形表达式集定义如下。

定义 5.1　对于任意类型 a，a 类型的表达式集 WE_a^L 为仅使用如下规则在有限步内构成的最小集：

1）如果 $\alpha \in \mathrm{VAR}_a \cup \mathrm{CON}_a^L$，则 $\alpha \in \mathrm{WE}_a^L$。

2）如果 $\alpha \in \mathrm{WE}_{<a,b>}^L$ 且 $\beta \in \mathrm{WE}_a^L$，则 $\alpha(\beta) \in \mathrm{WE}_b^L$。

3）如果 φ，$\psi \in \mathrm{WE}_t^L$，则 $\neg\,\varphi$，$(\varphi \wedge \psi)$，$(\varphi \vee \psi)$，$(\varphi \rightarrow \psi)$ 及 $(\varphi\alpha\leftrightarrow\psi) \in \mathrm{WE}_t^L$。

4）如果 $\varphi \in \mathrm{WE}_t^L$ 且 $v \in \mathrm{VAR}_a$，则 $\forall v\varphi$，$\exists v\varphi \in \mathrm{WE}_t^L$。

5）如果 α，$\beta \in \mathrm{WE}_a^L$，则 $\alpha{=}\beta \in \mathrm{WE}_t^L$。

6）如果 $\alpha \in \mathrm{WE}_a{}^L$ 且 $v \in \mathrm{VAR}_b$，则 $\lambda v\alpha \in \mathrm{VAR}_{<b,\ a>}{}^L$。

7）如果 $\varphi \in \mathrm{WE}_t{}^L$，则 $\Box\ \varphi$，$\Diamond\ \varphi \in \mathrm{WE}_t{}^L$。

8）如果 $\alpha \in \mathrm{WE}_a{}^L$，则 $\uparrow \alpha \in \mathrm{WE}_{<s,\ a>}{}^L$。

9）如果 $\alpha \in \mathrm{WE}_{<s,\ a>}{}^L$，则 $\downarrow \alpha \in \mathrm{WE}_a{}^L$。

所有的 $\mathrm{WE}_a{}^L$ 一起构成语言 L。

在上述定义中：$\mathrm{WE}_a{}^L$ 表示语言 L 中类型 a 的全体表达式集；$\alpha(\beta)$ 表示类型 $<a,\ b>$ 的表达式代入类型 a 的表达式 β 后得到的类型 b 的表达式；λ 为自由变量约束算子；$\Box$ 和 $\Diamond$ 分别为必然算子和可能算子；$\uparrow$ 和 $\downarrow$ 分别为内涵意义的施加和还原算子。这里 $\uparrow$ 读作 "加帽"，对任意 a 类型的表达式施加 $\uparrow$ 后获得 $<s,\ a>$ 类型的表达式，意指 a 类型表达式 α 的内涵。比如指向真值的 $\varphi \in \mathrm{WE}_t{}^L$，加帽后，$\uparrow \varphi \in \mathrm{WE}_{<s,t>}{}^L$ 就指向真值函数（从可能世界映射到真值的函数，因此是内涵化了）。$\downarrow$ 读作 "脱帽"，是 $\uparrow$ 算子的逆算子，只能施加于已具内涵意义的表达式之上。

为了给出内涵类型逻辑 L 的语义定义，我们必须首先给出基于个体域 D 和可能世界 W 之上的各个类型表达式的解释域。

定义 5.2 对于类型 a 的解释域记为 $D_{a,\ D,\ W}$，定义如下：

1）$D_{a,\ D,\ W}=D$

2）$D_{t,\ o,\ W}=\{0,\ 1\}$

3）$D_{<a,\ b>,\ D,\ W}=D_{a,\ D,\ W}\rightarrow D_{b,\ D,\ W}$

4）$D_{<s,\ a>,\ D,\ W}=D_W\rightarrow D_{a,\ D,\ W}$

注意 D_y^x 表示函数族 $D_x\rightarrow D_y$。

在实际使用中，为方便起见，只要可能，一般都省略下标 D 和 W，记 $D_{a,\ D,\ W}$ 为 D_a，其他以此类推。很明显，在定义 5.2 中：e 类表达式指向个体；t 类表达式指向真值；而 $<a,\ b>$ 类表达式指向从类型 a 中表达式个体域到类型 b 中表达式个体域的函数；最后 $D_{<s,\ a>}=D_W\rightarrow D_a$，恰好说明以 D_a 为值域的全体函数集，即 $W\rightarrow D_a$。表 5-2 给出了各种内涵类型及其表达式等的解释说明。

表 5-2 逻辑类型及其表达式

类型	表达式种类	例子	解释
e	个体表达式	约翰	个体概念
t	语句命题	约翰爱玛丽	命题
$<e,\ t>$	一元一阶谓词	散步、红的	一阶性质
$<e,\ <e,\ t>>$	二元一阶谓词	爱，坐落厦门与……之间	二元一阶关系
$<<e,\ t>,\ e>$	一元二阶谓词	是一种颜色	二阶性质
$<t,\ t>$	语句型修饰符	非	否定
$<e,\ e>$	个体变换函数	之父	—
$<<e,\ t>,\ <e,\ t>>$	谓词修饰符	迅速地，美丽地	—
$<e,\ <e,\ <e,\ t>>>$	三元一阶谓词	坐落在……与……之间	三元一阶关系
$<<e,\ t>,\ <<e,\ t>,\ t>>$	二元二阶谓词	是一种比……更亮的颜色	二元二阶关系
$<e,\ <<e,\ t>,\ t>>$	二元混阶谓词	是一种……性质	二元混阶关系
$<<<e,\ t>,\ t>,\ t>>$	一元三阶谓词	是一种二阶谓词	一元三阶性质

对于内涵类型理论语言 L，一个模型 M 由一个非空集个体域 D、一个非空可能世界集 W 和一个解释函数 I 构成。当然还需要一个 W 上的可达关系 R，不过这里假设 R 为一个全域可达关系，就可以简化模型。

就解释函数 I 而言，如果 α 为类型 a 的一个常量，那么 $I(\alpha) \in D_a^W$，即 $I(\alpha)$ 为 $W \to D_a$ 中的一个元素。如果 v 是类型 a 的一个变量，那么需要一个指派函数 g，使得 $g(v)$ 为 D_a 的一个元素。

使用上述的内涵类型理论逻辑语言，就可以给出语句的内涵类型逻辑语义表达式。不过由于目前的逻辑语义学理论主要是针对英语语句结构建立起来的，因此当运用到汉语语句时，还需要做适当的改造。特别是所基于的范畴语法，应该针对汉语强调意合而不是形合的事实，构造适用于汉语分析的意合范畴语法，然后在此基础上，就可以利用上述内涵类型理论逻辑语言来描述汉语语句的语义了。

内涵类型理论是描述自然语言语义十分有用和重要的一种逻辑语义学理论。如果再将其他模态算子融入其中，比如时态算子，或者与其他逻辑系统相结合，比如认知逻辑系统，那么其描述自然语言语义的能力也会更好，比如可以反映时态语义或主观解释语义等。这样内涵类型理论也可以成为描述汉语语义及理解的重要工具。

5.2.3 语义映射规则

语言的理解在于获取语句的意义。如果采用的是蒙塔鸠语法，那么意义的获取过程就成为如何将范畴语法描述的句式映射为内涵类型理论描述的语义逻辑表达式。接着就可以在一定的语义模型中解释得到的语义逻辑表达式，最终获取语句的意义。很显然，这里的关键问题是要建立从范畴句式到内涵类型表达式之间的变换映射。

从前面的介绍我们已经知道，范畴与类型之间具有确定的对应关系。因此，变换映射主要是解决范畴中所有表达式与对应类型中所有表达式之间的对应关系。下面通过实例具体给出这种变换映射的规则系统。

首先对要使用的符号做如下说明：小写字母 j、m、b 等表示类型 e 中的常量；x、y、z、x_0、$\cdots$、x_n 表示 e 中的变量；大写字母 X、Y、Z、X_0、$\cdots$、X_n 表示类型 $<s, <e, t>>$ 中的变量；字母 U 表示类型 $<s, <<s, <e, t>>, t>>$ 中的变量。另外，为了方便起见，在内涵类型理论推导中采用如下简化规则。

NC1：如果 γ 为类型 $<a, <b, t>>$ 的表达式，α 为类型 a 的表达式而 β 为类型 b 的表达式，那么可以将 $\gamma(\beta, \alpha)$ 写成 $(\gamma(\alpha))(\beta)$。

NC2：如果 δ 为类型 $<<s, <<s, <e, t>>, t>>, <e, t>>$ 的表达式，则记 $\lambda z \lambda x \delta(x, \uparrow \lambda X \downarrow X(z))$ 为 δ^*。

接下来系统介绍从范畴句式到对应类型表达式的变换映射规则。在基本词汇（每个范畴 A 所对应的基本词汇记为 B_A）之上，经递归作用，可以形成每个范畴 A 的扩展表达式集 P_A，满足如下规则：

$$S_1: B_A \subseteq P_A$$

形式上，这些词汇元素与常量的结合可以通过指派函数 g 来完成，即要求 g 满足如下要求：

1）g 为 $B_A \to \mathrm{CON}^L_{f(A)}$ 的映射。

2）如果 $\alpha \neq \beta$，则 $g(\alpha) \neq g(\beta)$。

其中，f 为范畴到类型的映射。

当然，这里还需要考虑 B_T、be 和 necessarily 等词汇的例外。对于 S_1 的规则，对应的变换映射规则分别为如下 4 条。

$T_1(a)$：如果 α 属于 g 的定义域，则 α 变换为 $g(\alpha)$，记为 $\alpha \mapsto g(a)$。

$T_1(b)$：如果 x 是范畴 T 中的基本表达式，即 $x \in B_T$ 特别是一些像人名之类的专有名词，则有 x(John, Elsie, he_n, 38) $\mapsto \lambda X \downarrow X(x))$ 的映射规定。

$T_1(c)$：be $\mapsto \lambda U \lambda x \downarrow U(\uparrow \lambda y\ (x{=}y))$。

$T_1(d)$：necessarily $\mapsto \lambda p \square \downarrow p$。

如果是范畴 T 中的扩展表达式，特别是带有 every、the、a（n）、one 等冠词的名词短语，则范畴句式的构造规则为：

S_2：如果 $\delta \in P_{T/CN}$ 且 $\zeta \in P_{CN}$，则

$$F_1(\delta, \zeta) \in P_T \text{ 及 } F_1(\delta, \zeta) = \delta\zeta$$

其中，F_1 为字串连接函数。

对应 S_2 的变换规如下。

T_2：如果 $\delta \in P_{T/CN}$ 且 $\zeta \in P_{CN}$，$\delta \mapsto \delta'$，$\zeta \mapsto \zeta'$，则有 $F_1(\delta, \zeta) \mapsto \delta'(\uparrow \zeta')$ 的映射。

有了如上有关范畴 T 的描述和变换规则，就可以围绕着范畴 IV 的描述和变换来处理简单句式的构造和变换。

S_3：如果 $\delta \in P_{IV}$ 且 $\alpha \in P_T$，则 $F_2(\alpha, \delta) \in P_S$ 且 $F_2(\alpha, \delta){=}\alpha\delta'$。

这里 δ' 在 δ 中用第三人称单数现在式来替代主动词的结果；语形算子 F_2 主要将 T 范畴与寻找到的 IV 范畴中的主动词两个字串连接起来，形成语句。S_3 的变换由 T_3 规则完成：

T_3：如果 $\delta \in P_{IV}$ 且 $\alpha \in P_T$，$\delta \mapsto \delta'$，$\alpha \mapsto \alpha'$，则有 $F_2(\alpha, \delta) \mapsto \alpha'(\uparrow \delta')$ 的映射。

例如，对于语句"该大象抽烟（The elephant smokes）"就有图 5-8a 所示的范畴句法分析树以及图 5-8b 所示对应的逻辑语义变换结果。根据内涵类型理论的逻辑等，又可以将图 5-8b 中的逻辑表达式结果简化如下：

$$\lambda X \exists x\ (\forall y\ (\mathrm{ELEPHANT}\ (y) \leftrightarrow x{=}y)\ \wedge \downarrow X\ (x)\ (\uparrow \mathrm{SMOKE})$$
$$\Leftrightarrow \exists x\ (\forall y\ (\mathrm{ELEPHANT}\ (y) \leftrightarrow x{=}y)\ \wedge \downarrow \uparrow \mathrm{SMOKE}\ (x))$$
$$\Leftrightarrow \exists x\ (\forall y\ (\mathrm{ELEPHANT}\ (y) \leftrightarrow x{=}y)\ \wedge \mathrm{SMOKE}\ (x))$$

所以，最后"该大象抽烟"的内涵类型理论语义表达式为：

$$\exists x\ (\forall y\ (\mathrm{ELEPHANT}\ (y) \leftrightarrow x{=}y)\ \wedge \mathrm{SMOKE}\ (x))$$

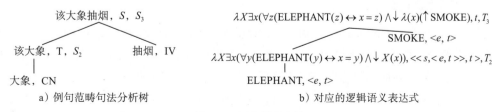

a）例句范畴句法分析树　　　　　　b）对应的逻辑语义表达式

图 5-8　语义转换例句

对于更复杂的句式，如遇到及物动词，对应的范畴句式的构造也更复杂一些。对于复合句的处理比较简单，可以在简单句变换处理的基础上，根据不同的情况（不同类型的复合句）进行不同句式构造和语义变换。当然，为了使全部规则更加有效地处理语言的语义获得，并扩大处理的范围，需要有一些语义公设，包括：

MP1：$\exists x\,\square\,(x=\alpha)$, $\alpha=j, m, b$ 式子。

MP2：$\exists S\forall x\forall U\,\square\,(\delta(x, U)\leftrightarrow\downarrow U(\uparrow\lambda y\downarrow S(x, y)))$。

MP3：$\forall x\forall y\,\square\,(\mathrm{BE}^{*}(x, y)\leftrightarrow(x=y))$。

MP4：$\square\,(\mathrm{BE}=\lambda U\lambda x\uparrow U(\uparrow\lambda y(x=y)))$。

MP5：$\forall x\forall U\,\square\,(\mathrm{SEEK}(x, U)\leftrightarrow\mathrm{TRY}(x, \uparrow\mathrm{FIND}(x)))$。

MP6：$\forall X\forall x\,\square\,(\gamma(X)(x)\rightarrow\downarrow X(x))$，这里 γ 是 PINK、GREEN、LARGE、SQUARE。

MP7：$\forall p\,\square\,(\mathrm{NECESSARILY}(p)\leftrightarrow\square\downarrow p)$。

MP8：$\exists X\forall x\,\square\,(\delta(x)\leftrightarrow\downarrow X(\downarrow x))$，这里 δ 是除 rise、fall、change、resign 之外的 IV 语义变换。

MP9：$\forall x\,\square\,(\delta(x)\leftrightarrow\exists x(x=\downarrow x\wedge\delta(\uparrow x)))$。

MP10：$\forall x\,\square\,(\delta(x)\rightarrow\exists x(x=\uparrow x))$，这里 δ 是除 number、treasurer、chairwoman、price、temperature 和 percentage 之外的 CN 语义变换。

根据这些语义公设，就可以更好地运用语义变换规则。当然，自然语言十分复杂，那些超出内涵类型理论描述范围的语言现象还是无法用本节介绍的方法处理。本节介绍的方法仅局限于语句处理，因而涉及语篇分析的情况还须另谋出路。

5.3　语篇分析

在自然语言理解研究早期，人们只注重单句的结构及其意义获取问题。但随着研究工作的逐步深入，人们开始认识到语篇分析的重要性。实际上，语篇所传递的信息要远远超过其构成单句所传递信息的总和。特别是，正如我们一再强调的那样，即使对于单句的理解，也只有在更大的语篇语境之中才能最终显现其完整的意义。尽管语篇由一个个语句组成，但语篇的整体意义绝不是各单个语句意义的简单算术之和。这里面还有语句之间各种时空、因果和指代等关系。因此，离开了语句之间各种关系的重建，任何语言理解的最终解决都不现实。在本节中，我们就来介绍有关语篇分析的形式化方法，并给出一种汉语语篇分析的初步方案。

5.3.1　语篇表述理论

美国学者坎普（Hans Kamp）提出了一种语篇表述理论（Discourse Representations Theory, DRT），用于描述自然语言语篇的语义。由于语篇表述理论主要是针对语篇语义描述问题，即针对的是句群序列而不再像蒙塔鸠语法那样仅仅局限于孤立的语句，因此该理论所处理的语义单位不再是语句，而是语篇。语篇表述理论的另一个特点是将语义解释不再看作表达式与实在之间的一种直接关系，而是看作语义表述的中间层次，并成为语篇表述理论的语法基本构成。

相对于蒙塔鸠语法，语篇表述理论更加关注语篇中的不定项及其指代问题，因此从处理语篇语义方面，其是对蒙塔鸠语法的一种重要补充。在语篇表述理论中，一个最重要的内容是首先要给出语篇的一种语法结构。这种语法结构可以通过一组构造规则将其变换为语篇表述结构（DRS）。通常对于给定的句群语篇，可以通过下文的步骤和一种框架表示来构造对应的 DRS。这里我们通过实例的分析构造来说明该构造过程。

对于句群"张三爱上一位尊敬他的女孩。她也爱他。"，其 DRS 构造步骤如图 5-9 所示。

第一步，将第一个语句放入一个框架中，可得到图 5-9a 所示的初始框架。

第二步，引入指称标记 x 来指称张三，导出图 5-9b 所示的框架。

第三步，进一步引入指称标记 y 来指称一位女孩并引入谓词 girl(y) 表示 y 是女孩，从而导出图 5-9c 所示的新框架。

第四步，将上述框架进一步用指称标记 x 替代实际指代词"他"，得到图 5-9d 所示的框架。

第五步，将后续语句引入框架中，形成图 5-9e 所示新的框架结构。

这就是对于所给句群对应的非形式化 DRS。在这个 DRS 中，上面部分为指称标记，下面部分是其须满足的条件式。

当然，我们可以从线性顺序、集合论角度来给出上述 DRS 的形式语法和语义定义。为此，首先给出 DRS 语言的词汇，包括个体常量和指称标记（一起构成项类）、n 元谓词常量及等价、否定、析取和隐涵等逻辑联结词。一般 DRS 可以看作有序对 $<V, C>$，其中 V 为指称标记有限集（可以为空集 $\varnothing$），C 为条件式有限集（也可以为空集 $\varnothing$）。形式上有如下定义。

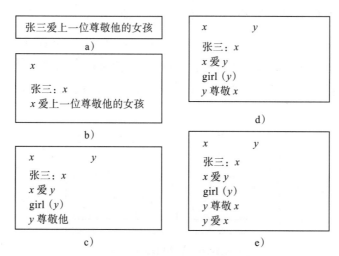

图 5-9 举例说明 DRS 的构造步骤

定义 5.3 DRS 及其条件式定义为仅由如下规则构造的结果：

1）如果 P 是一个 n 元谓词常量且 $t_1, \cdots, t_n$ 为项，那么，$P(t_1, \cdots, t_n)$ 为一个条件式；

2）如果 t 和 t' 是项，那么 $t=t'$ 为一个条件式；

3）如果 Φ 是一个 DRS，那么 $\neg \Phi$ 为一个条件式；

4）如果 Φ 和 Ψ 是 DRS，则 $(\Phi \to \Psi)$ 为一个条件式；

5）如果 Φ 和 Ψ 是 DRS，则 $(\Phi \lor \Psi)$ 为一个条件式；

6）如果 $x_1, \cdots, x_n$ 是指称标记 $(n \geq 0)$，且 $\psi_1, \cdots, \psi_m$ 为条件式 $(m \geq 0)$，则 $<\{x_1, \cdots, x_n\}, \{\psi_1, \cdots, \psi_m\}>$ 是一个 DRS。

定义 5.3 中条款 1 和 2 说明，在 DRS 中原子条件式的形成不同于谓词逻辑中原子公式；而条件 3 ~ 5 则形成了条件式的否定、隐涵和析取（其他合取、等价等逻辑运算可以通过它们来复合形成），且通过 DRS 的递归定义，可以形成更为复杂的条件式；最后，只有通过条款 6，才能形成 DRS 并且从集合论观点来表述，因此可以对其方便地施加复合运算。

在 DRS 中，指称标记起到量词机制的作用。在 DRS 的条件式中自由出现的指称标记由这些指称标记约束。很显然，指称标记的这种约束力远比谓词逻辑中量词的约束力强大。量词仅仅约束其管辖范围内的变量，而如果用 C 中条件式来标识 DRS$<V, C>$ 中的标记集 V 的管辖范围，那么集合 V 可以约束其范围之外的标记。比如，如果 $<V, C>$ 是条件式 $<V, C> \to <V', C'>$，那么前提项 $<V, C>$ 中就会出现这种情况。

例如，当一个标记 $x \in V$ 自由出现在结论项 $<V', C'>$ 中时，该标记的出现就由前提项中的 V 集所约束。实际上，这种更为全局性的变量约束概念，正是 DRT 的一个基本特点，也是处理跨因果指代语句时的关键所在。这里所谓跨因果指代是指在一个隐涵结构的前提项中一个不定项能够在指代关系上联系到其结论项范围之外的代词。出现跨因果指代的语句就是"驴句"（donkey sentence）。

作为对定义 5.3 的说明，我们给出两个 DRS 实例。一个实例就是上面提到的句群"张三爱上一位尊敬他的女孩。她也爱他。"，根据上面已经得到的语法结构描述的 DRS，运用定义 5.3 的形式规定，进一步引入二元谓词 loves(x, y) 表示"x 爱 y"和 admires(x, y) 表示"x 尊敬 y"，那么可以得到序列性形式定义的 DRS，即

$$<\{x, y\}, \{=x, loves(x, y), girl(y), admires(y, x), Loves(y, x)\}>$$

第二个例子是具有跨因果指代现象的"驴句"，这种语句的典型例子就是："每一个拥有驴子的农民都揍它。"（Every farmer who owns a donkey beats it）引入谓词 farmer(x) 和 donkey(y)，其 DRS 结构如图 5-10 所示。

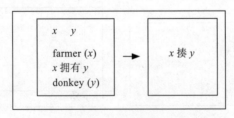

图 5-10　驴句 DRS 结构

图 5-10 中的主 DRS 中包括一个指称标记的空集和单条件式集（只有一个隐涵形式的复合条件式）。引入二元谓词 own(x, y) 表示"x 拥有 y"和 beat(x, y) 表示"x 揍 y"，那么，上述 DRS 中隐涵符的左边是前提项 DRS，其形式序列描述为：

$$<\{x, y\}, \{farmer(x), donkey(y), own(x, y)\}>$$

而隐涵符右边的结果项 DRS 为：

$$<\{\}, \{ \text{beat}(x, y)\}>$$

最终一起形成复合条件式为（记为 E）：

$$(<\{x, y\}, \{\text{farmer}(x), \text{donkey}(y), \text{own}(x, y)\}> \rightarrow < \varnothing, \{ \text{beat}(x, y)\}>)$$

因此整个语句对应的 DRS 为：

$$<\{\}, \{E\}>$$

为方便起见，常将 $<\{\}, \{\psi_1, \cdots, \psi_m\}>$ 记为 $<\psi_1, \cdots, \psi_m>$ 而将 $\{\psi\}$ 记为 ψ，并省略最外层的括号。这样上式又可写成：

$$<\{x, y\}, \{\text{farmer}(x), \text{donkey}(y), \text{own}(x, y)\}> \rightarrow \text{beat}(x, y)$$

这就是"驴句"最终得到的 DRS 形式描述。

当然，除了上面的两个实例外，给出的语义解释对其他否定句和析取也同样有效。比如对于否定词的句群：

不是一个人在公园里散步。他吹口哨。（It is not the case that a man walks in the park. He whistles.）

引入谓词 man(x) 表示" x 是一个人"，walk in the park(x) 表示" x 在公园里散步"，那么我们可以构造对应的 DRS，如图 5-11 所示。

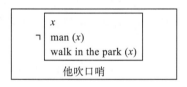

图 5-11 否定词的 DRS

进一步引入 whistle(x) 表示" x 吹口哨"，那么图 5-11 中的 DRS 写成规范序列形式为：

$$<\{\}, \{\neg <\{x\}, \{\text{man}(x), \text{walk in the park}(x)\}>, \text{whistle}(x)\}>$$

其中条件式 whistle(x) 中的标记 x 为一个自由变量，而主 DRS 的标记集为空集，因此不属于隐涵式的结论。

同理，该 DRS 的语义解释结果正如语句本身所描述的情形一样。对于析取的情况，如"要么这里没有浴室，要么是在一个有趣的地方。"（Either there is no bathroom here, or it is in a funny place.）我们也可以得出类似的结论。

总之，在所有句群语篇的例子中，可以看到语篇表述理论具有很强的指代处理能力，特别是跨句指代处理能力，这正是处理比语句更大的语言单位所需要的。当然，除了指代处理能力外，语篇表述理论还具有其他语篇处理能力，如语篇中的复数、时态和语体等方面的处理能力等。因此，语篇表述理论就为我们处理语篇语义描述提供了很好的工具和理论保证。

5.3.2 语篇指代消解

从语篇表述理论不难发现，指代在构建语篇结构的语义描述中起着关键作用。不过鉴于语篇衔接与连贯关系的复杂性，如何确定指代所指，即所谓的指代消解问题，是语篇分析中一个比较核心的问题。

一般来说，语篇由多个语句组成，但语篇不是多个语句的简单罗列。语篇在语形上具有衔接成分，而且这些语形衔接必须符合语义、语用和认知原则。在语篇中，句与句之间在语义上必须连贯，也即句与句的排列应符合逻辑连贯性。总而言之，语形上的衔接和语义上的连贯是语篇的根本特征。

衔接（cohesion）是语篇特征的重要内容，它体现在语篇的表层结构上。语法手段和词汇手段的使用都可以表现结构上的黏着性，即结构上的衔接。衔接是语篇的有形网络，语法手段包括时间关联、地点关联、指代、省略和排比结构等。词汇衔接指通过词的重复、同义、上下义、互补、整体与部分等关系，来使语篇结构上衔接。各种逻辑联系词的使用也可体现语篇的衔接性。连贯（coherend）指的是语篇中语义的关联。连贯在于语篇的深层语义之间通过逻辑推理来达到语义连接，构成语篇的无形意义网络。

作为语篇衔接与连贯的重要手段之一，指代（anaphora）是指在语篇中用一个指代词回指某个以前提到过的语言对象。使用指代词可以让语篇的表述不显累赘、简明清晰。同时，指代还能沟通语篇中各语句之间的语义联系，是语篇连贯性的重要体现。

一般来说，指代分为代词性指代、名词性指代和零指代三种。从意义层次上来分类，指代还可分为指代和元指代（指代语篇本身的指代，比如本文、本句、这个字等）。代词性指代是代词作为指代词的指代。代词是具有代替、指示作用的词。代词又分人称代词、疑问代词和指示代词。代替人或事物名称的叫人称代词；表示疑问的叫疑问代词；指称或区别人、物、情况的叫作指示代词。

为了对指代消解的计算原理有一个比较直观的认识，我们主要以人称代词为例，给出一种强调关注焦点的指代消解计算方法。希望读者可以举一反三，根据语篇分析中指代消解的实际需要去构建各种具体的指代消解算法。

在语篇中，无论是陈述和说明的对象，还是动作的施与和承受对象，往往都是名词、名词短语或其指代词。因此，名词和名词短语就应成为语篇说写者和听读者共同关注的重点。由于名词和名词短语在语句中的句法功能不同，当然其被"关注"的程度也不同。

尽管名词和名词短语在语句中均可充当主语、宾语和其他成分（辅助语），但充当不同成分的名词或名词短语被关注的程度不同。主语是说话人所陈述的对象或话题，语句的其他成分都围绕它展开，因此主语的被关注程度最高。宾语是动词支配、关涉和制约的对象，其被关注的程度次于主语。

因此，就被关注程度而言，充当主语的名词和名词短语较充当宾语的名词和名词短语的被关注程度要高。充当其他成分的名词和名词短语的被关注程度又次之。另外，无论出现在语篇中的名词和名词短语在句中充当何种成分，其被关注的程度会随着语篇语句流的推移而减小。例如构造语篇为：

（1）我打猎回来，沿着花园的林荫小路行走。（2）我的狗跑在我的前面。（3）忽然，它缩短步伐，开始潜行，似乎在寻觅猎物。

在该语篇中，第1句中"我"指代作者并充当主语，被关注程度最高；公园、林荫小路作辅助语，被关注程度低。到了第 2 句和第 3 句，主语是"我的狗"，它最受关注；而"我"（作者）的被关注程度明显在减小。

如果将关注程度用积分来定量描述并用数值 0 ～ 5 表示不同的关注程度，那么按照上述关注程度的变化规律，我们可以给语篇中出现的名词或名词短语均动态赋予一定的积分。一般来说，在语篇的任一语句上总有若干个积分大于 0 的名词或名词短语。将积分大于 0 的名词或名词短语称为语篇中该语句的关注焦点。把这若干个关注焦点按积分高低排序并组成一个有序集合，称为语篇在该语句的关注焦点集，记为 S_i（i 为当前处理到的语句序号）。

显然，代表关注程度的积分反映的不仅是语篇说写者，而且也是语篇听读者对名词和名词短语的关注程度。因此，只要不引起语义混乱并符合各种制约条件，积分高的名词和名词短语在其所在语句后面的语句中再出现的话就可以用代词替换。这样不仅符合阅读心理规律，而且不会导致语篇说写者和听读者之间产生交际障碍。因此，这一关注程度的计量方法为我们解决人称指代消解问题提供了依据。

假设一个语篇 $D(s_1 s_2 \cdots s_n)$ 由 n 条语句构成。根据分析结果，可以形成如下人称指代消解算法。

1）检查组成语篇的第一条语句（MMT 形式），计算 S_1。

2）$i=1$。

3）若 $i=n$，结束；否则检查第 $i+1$ 条语句。

3.1）若有人称代词，扫描 S_i。

①若人称代词为"我"，则：若它出现在直接引语外，将"作者"作为其指代对象；若它出现在直接引语内，将该句的深层主语作为其所指对象。

②若人称代词为"你"，则：若它出现在直接引语内，则将该句的深层直接宾语作为其所指对象。

③若人称代词为"我们"，则：若它出现在直接引语内，则将该句的深层主语和 S_i 中符合制约条件的若干个元素组成一个集合作为其指代对象。

④若人称代词为"你们"，则：若它出现在直接引语内，则将该句的深层直接宾语和 S_i 中符合制约条件的若干个元素组成一个集合作为其指代对象。

⑤确认未定人称代词的指代对象：若人称代词为单数形式，以符合制约条件并且积分最高的元素作为该人称代词的所指对象；若人称代词为复数形式，以符合制约条件并且积分最高的元素作为该人称代词的所指对象。若失败，将 S_i 中的若干个语义类别相同的元素临时组成一个集合，作为该人称代词的所指对象。

3.2）该句的指代确认以后，以指代对象代替人称代词。

3.3）计算 S_{i+1}（"作者"不能作为 S_{i+1} 中的元素，直接引语内"我""你"所指不计算积分，直接引语内出现的其他名词或名词词组均按辅助语计算积分）。

4）$i=i+1$。

5）转步骤 2。

通过执行上述算法，我们就可以在一定范围内给出人称指代的有效消解。下面举例说明。设语篇的语句序列为：

（1）下午放学，我默默地在路上走着。（2）一会儿，陈小波赶了上来。（3）我瞪了他一眼。（4）没有理他。

在该语篇中：第1句中的"我"在直接引语外，指代"作者"，S_1为空集。第2句引入了"陈小波"，其积分为5，$S_2 = \{$"陈小波"（5）$\}$。第3句中"我"仍指代"作者"，根据S_2，"他"指"陈小波"，此时"陈小波"的积分为3+2=5，$S_3 = \{$"陈小波"（5）$\}$。第4句"他"仍指"陈小波"，此时"陈小波"积分为1+1+2=4，$S_4 = \{$"陈小波"（4）$\}$。这样通过关注程度的计算，就可以解决这类指代的消解问题。

总之，从实践中我们认识到，指代消解作为自然语言处理中不可或缺的一环，在语篇理解中有着极为重要的作用。特别是对人称指代的分析和消解，不仅可以更深入地理解语篇的复杂结构，而且也可以加深对语言本身的理解，形成更加完整的认识。因此，作为比较完整的语篇理解系统的构建，必须考虑语篇中的指代消解问题。

5.3.3 语篇理解系统

目前汉语机器理解的研究主要集中在语句级的理解处理方面，对语篇层次的机器理解研究相当薄弱。自然语言理解的关键问题是歧义消解问题，而歧义消解又离不开语篇上下文理解的支持。因而完整的语言理解系统构想，必须要考虑从语词到语篇的不同层次语段歧义消解问题的解决。

应该看到，对于语言理解这一十分复杂的问题，如果不能从多层次关联角度给出意群相互作用的整体最优理解机制的实现，就难以真正解决目前汉语机器理解所面临的种种困难。从目前已有的研究可以看到，我们还缺乏有关动态地利用语篇整体关联性信息的研究，缺乏解决跨层次整体歧义消解的研究，缺乏分词、标注与句法分析相互协调联动机制的研究，以及缺乏大于句法关联信息的利用等方面的研究。

为了解决汉语机器理解存在的这些问题，建议从意群动力学思想出发，针对汉语理解中意群相互作用与相互关联的特点，给出汉语机器理解的一种意群动力学模型。然后通过研究在语境作用下汉语语句意义的突显算法，给出汉语歧义消解的新方法。最后，在已有汉语理解研究成果的基础上，最终构建一种能够获得整体最优理解结果的汉语机器理解新方法。

从意群动力学角度看，所谓歧义指的是某尺度语言单位有多种理解图式的可能。因此，理解系统首先要通过自组织方式给出各种可能理解图式的意群组合，结果产生所有可能理解图式的叠加。然后，当理解系统在给定语境（包括上下文、文化背景、语言情景及主观状态等因素）作用下，最适切语境的那个理解图式得以涌现。最后，系统通过解构（塌缩）涌现的那个理解图式，得到最终的理解结果。

为了实现这种意群动力学过程，必须考虑解决两个方面的问题。第一个问题是构建多尺度描述的意群动力学方程，使得在给定初始状态（赋予各构成语元初始意义值，相当于标注）后，该方程在一定演化算子的作用下递进，最终稳定在各种可能理解图式的叠加状态（整体多态同步振荡）之上。第二个问题是构建语境描述及其作用机制。通过某种自然机制来给出适切关联，使得一定的语境描述必定促使系统解构到一定的理解图式，从而完成意义的获得。将这两个问题的解决过程加以分解，那么面向汉语语篇的理解过程机器实现包括如下四个方面的具体研究内容。

1）意群分割算法：针对汉语本身的特点，利用在汉语词切分、标注方面的已有积累，针对意群动力学模型的要求给出汉语语句具体的全部可能的意群分割算法，结果作为意群动力学模型的启动数据。

2）汉语意群关联词库：构造用于汉语意群相互作用依据的汉语意群关联词库，要求收入词条及其各种语法和语义关联以满汉语理解的需要。

3）意群逻辑表示：从切分、标注和范畴确认等多层次关联出发，通过蒙塔鸠语法理论来获得意群逻辑表达式集。

4）意义突显算法：在给定语句的意群逻辑表达式集结果的基础上，给出一种在给定语境条件下意义图式最优匹配原则和量化计算方法，从而最终给出不同意义图式的歧义消解算法，完成汉语的意义理解。

只有这样，才能动态地同时确定不同的意义理解图式，而不同的图式即对应语句不同理解的可能性。于是歧义消解就成为如何构造某种意义突显算法，利用语境信息来最终确定适切给定语境的那个图式，从而更充分地实现在给定语境下的汉语理解的相互作用机制。

当然，除了上面的思路，要解决语言理解问题，还应处理语言的隐喻、象征、预设等各种修辞疑难问题。不过统筹来看，不管是隐喻、象征也好，还是预设也罢，或者其他语言现象，关键是语言理解中意义如何涌现的问题。一旦解决了意义涌现机制实现这一关键问题，就可以按照图 5-12 给出的框架来构造汉语语篇的机器理解系统。

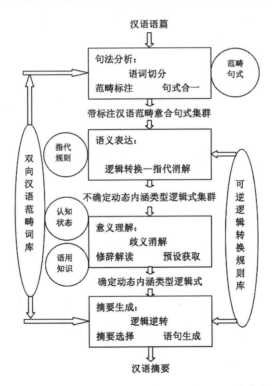

图 5-12　一种汉语语篇机器理解及其摘要生成方案

在图 5-12 中，主要是基于前面介绍的蒙塔鸠语法理论，通过构建各种必需的知识和规则库，综合语词切分、句法分析和指代消解等具体环节而成。系统中的摘要生成部分是为了评估理解效果而设立的，不是理解系统的必要组成。

当然，根据这样的设想，首先必须研究建立一种汉语意合范畴语法。然后针对这种意合范畴语法的特点，将动态谓词逻辑与内涵类型理论结合起来，提出一种动态内涵类型理论，作为汉语语篇语义描述的逻辑工具。最后还要引入有关的认知（状态）缺省谓词逻辑，并给出其表达式与动态内涵类型理论表达式之间的相互转换算法，以便用于意义获取的推导。所有这些都是需要进行深入研究解决的问题。我们希望，这里提出的设想能够对汉语机器理解的深入研究起到参考作用。

本章小结与习题

本章主要介绍了自然语言理解的主要内容。有关语句理解介绍了意群语词分割、句法依存分析以及语境意义获取。有关语义理论，介绍了范畴分析语法、内涵类型逻辑语义表示、语义映射规则等方法。有关语篇分析，介绍了语篇表述理论、指代消解算法、语篇理解系统的构建方法。希望读者自己也能够思考这样的问题：如何让机器更好地拥有人类的语言理解能力？

习题 5.1   对自己的日常用语进行分析，看看都有哪些以前并未留意到的特点与现象？这些现象哪些是机器能够处理的，哪些是机器无法处理的？

习题 5.2   给定语句"每一位新同学都要用好电脑。"，请对其进行词语切分与依存句法分析，并给出正确的切分结果和范畴句法树。

习题 5.3   歧义是自然语言中普遍存在的现象，你认为消解歧义可利用的独立因素有哪些？并给出选择这些因素的理由。

习题 5.4   请用拆字解义的方法给出从"语"到"悟"的禅悟解释，以及"矮"与"射"颠倒解释的说明。

习题 5.5   请给出一个语句的依存关系集到范畴句法树的转换算法，并使用你熟悉的编程语言进行具体的编程实现。

习题 5.6   唐代诗人杜甫有《绝句》曰："两个黄鹂鸣翠柳，一行白鹭上青天。窗含西岭千秋雪，门泊东吴万里船。"请给出上述诗句的语篇表述结构以及逻辑表达式。

第 6 章

意 识 整 合

意识活动指的是与感知、认知和记忆等有意识心理活动相伴随的一种脑活动。心智活动的其他能力，包括感知、理解、推断、学习、预想、创造、情感、行为等都伴随着意识活动。通过意识活动，我们不仅能够自觉到统一心理活动的具体表现过程，而且能够具有创建世界模型并用以模拟未来的能力。在本章中，我们将首先介绍意识的科学理论，然后再分别介绍机器意识的主要研究方法、内容和系统。

6.1 意识科学

一直以来，作为精神现象的最高形式，意识问题一直困扰着无数哲学和宗教界的学者们。因此，在先哲们的早期著述中就有大量有关意识的论述。今天，随着当代脑科学研究的迅速发展，意识开始成为科学研究的对象。经过30多年的研究，目前已经形成了一些初步的意识科学理论，代表着意识研究的新趋势。这些初步的意识探索研究，自然也为机器意识研究的开展提供了最基本的背景知识。因此，适当介绍有关意识研究的历史、现状和趋势，介绍现有的意识科学理论，对于我们正确看待机器意识这一新事物，很有必要。

6.1.1 科学研究线索

20世纪初，由于心理学开始从传统的哲学研究中分离出来，意识问题也成为心理学的重要研究对象。特别是美国心理学之父詹姆斯、德国实验心理学创始人冯特和奥地利精神分析学派创始人弗洛伊德，都开始把意识作为自然科学的问题进行探讨。他们使用科学内省的方法研究意识问题，很快成为心理学研究意识问题的主流。与此同时，一些心理学家和精神分析学家们通过心理实验和精神病例观察得到一些初步的资料。遗憾的是，随着后来以美国心理学家华生为代表的行为主义心理学派的崛起，由于对意识本身无法进行行为定量研究，因而意识问题也一度遭到冷遇。

到了20世纪60年代，认知科学得到蓬勃发展。由于认识到在外在刺激和行为反应之间，意识状态作为中介存在的重要性，意识问题开始受到认知心理学的关注。但因为技术和方法上的局限，意识问题的研究依然没有从根本上得到应有的重视。

时间转眼来到了20世纪90年代，意识问题终于开始被科学界作为自然科学多学科研究的重要领域之一，并日益受到自然科学家的重视。1994年4月，关于意识问题的第一次科学会议在美国图森召开，与会的300多名代表来自神经生物学、认知心理学、计算机科学、人工智能及机器人等领域。意识的科学研究序幕由此拉开。

迄今为止，意识研究已成为学术界的热点科学问题。诺贝尔奖获得者、英国科学家克里克最先强调，现在是使用自然科学的方法进行意识研究的时候了。克里克从理论上提出了一些设想和假设，并提出如何通过设计一些实验，特别是视觉实验来探索意识问题。经过不断努力，科学家们通过视觉觉知方面的一些实验找到了研究意识问题的突破口。另外，无损伤脑功能成像实验技术的发展也为研究意识问题提供了很好的实验手段。在这些实验结果的基础上，意识科学理论研究也有所发展，真正成为一个明确的科学研究问题。

目前，意识还是一个含糊不清的概念，不同的领域往往喻指不同的内涵。在"意识（consciousness）""觉知（awareness）""注意（attention）""意图（intention）"之间往往存在交叉使用的情况。美国科学家法贝和丘奇认为意识包括：①有意识觉知，如感觉觉知、概括性觉知、元认知觉知和有意识回忆；②较高级功能，如注意、推理和自我认知；③意识状态，区分意识和无意识。

通常，意识是指人类所特有的一种心理现象，是借助于语言对客观现实世界的反映，是心理活动的最高级形式。从现有的科学研究成果来看，对意识的科学认识主要有认知心理学、医学和脑科学三个角度的描述。

在认知心理学中，意识强调知觉和自觉。关于知觉，主要涉及感觉、记忆、注意、表象和表征的研究，并均有成果。关于自觉问题，即感觉到自己的存在以及对自己表征的观察，常让人陷入哲学上的"小人谬误"悖论中。也即如果要回避意识的自指性逻辑困境，就必须假设有一个内部观察者（即笛卡儿的小妖）存在，但这显然是荒谬的。为了解决这个难题，就必须假定脑的活动可以直接产生自觉意识。

医学对意识的限定比较狭窄，主要是指觉知水平。意识的觉知水平包括对自身状态的理解水平和对周围环境的理解水平。对周围环境的认识与理解是对周围环境的意识，对自身状况的认识与理解称为自我意识。自我意识包括存在性意识、能动性意识、同一性意识、统一性意识和界限性意识五个方面。一般可以从意识的清晰度、范围和内容三个方面判断个体意识障碍及其程度。个体出现周围意识障碍往往表现出幻觉、妄想、兴奋、冲动、嗜睡、谵妄、漫游等神经症状。如果是自我意识障碍，则伴随有人格解体、交替人格、双重人格和人格转换等症状。

当代脑科学研究则表明，并非心智的全部活动都与意识有关。实际上，在大脑神经活动中存在着大量意识不到的"心理"活动。这种意识不到的"心理"活动与有意识的心理活动不同。通常在此状态中，人们不仅不能感知到所处的环境，而且对刺激也不敏感，甚至身体（神经系统）的某些部分有反应而主体却没有任何感觉。

现已查明，具有无意识的"心理"活动包括阈下加工（启动效应）、掩蔽效应、长时记忆、自动过程、遗忘过程、自发注意、习惯适应、程序记忆（技能获得）、语义记忆、内隐学习、记忆中的想象、习惯推理、熟睡状态和熟悉感等。不仅如此，即使是有意识的活动，也存在一个意识程度的刻画问题。

不过实际情况要更复杂，因为目前尚不能确定意识活动本身的归属和性质。因此，如何运用非线性复杂理论来探索意识的自涌现以及意识的度量也是目前意识科学研究的重要方面。由于意识是自然界中最复杂的现象之一，因此适当用复杂性度量来刻画意识有助于揭示意识现象和规律，关键是对所刻画意识的界定。遗憾的是，目前尚无统一的、为科学界一致认可的意识定义。

美国科学家林德斯雷曾讨论了一些意识相关概念，如激活（activation）、唤醒（arousal）、警觉（alertness）和注意（attention）之间的关系。林德斯雷给出如下不同程度意识状态的描述：死亡—昏厥—睡眠—松弛的假寐状态—非训练朝向反射—训练朝向反射—非定位普通觉醒—定位特定觉醒—分散性普通注意—集中性选择注意—简单认知功能—复杂认知功能。虽然我们都清楚以上所罗列出的概念代表什么，但却无法确切给出哪怕十分粗浅的定量描述。

看来，意识问题远比我们一开始想象的要复杂得多，意识科学研究才刚刚开始。从科学的角度，要想彻底揭示意识的本质也一定是一个漫长的逼近过程。我们期盼，随着科学技术的不断进步，最终能够得到意识问题的明确答案。

6.1.2　神经生物基础

从自然科学的角度研究意识问题，第一个重要问题是有关意识活动的神经基础问题，或者说有没有产生意识的有关神经中枢？如果有，这些神经基础又在哪里？或是如何分布的？目前对意识活动的脑定位、脑机理以及如何在心智活动中起作用的等问题还有很多空白值得探索和研究。

通过观察脑部手术后病人的行为，或者外伤病人的功能异常，发现脑中的某些部位与意识活动有一定的关系。特别是脑中网状结构在神经系统的功能发挥上起着至关重要的作用。因为所有的感觉都有分支通向网状结构，它具有"唤醒"大脑皮层的重要功能。因此，有人认为网状结构对意识活动肯定起了重要作用。另外，已有的科学研究证据也普遍证实意识活动还与内部语言、注意机制和短时记忆等有着明确的联系。

首先，我们已知意识的清醒状态是心智活动得以进行的重要条件。意识的清晰程度明显与脑干网状结构、丘脑网状结构等边缘系统的极其复杂的神经回旋网络有关。这一方面是因为脑干网状结构的兴奋状态是维持意识活动和醒觉的重要条件，另一方面是因为除了嗅觉外，所有痛觉、温度觉、触觉、深感觉、视觉、听觉等特异性感觉，均经丘脑的特异性皮层将冲动传导给大脑各特异感觉中枢。

因此，脑干网状结构不仅与调节神经系统的整体活动、控制睡眠和醒觉有关，而且其兴奋性也与注意强度有关。在神经信息处理过程中，大量无关或次要的感觉信息在经过脑干网状结构时就被选择性地清除了，只有引起注意的信息才会到达丘脑网状结构。从这个意义上讲，意识活动确实主要体现在以网状结构为神经基础的注意机制之上。

所谓注意机制，其主要功能是选择一个被注意的事物，然后把所有神经元同步结合起来，完成对该事物的认知活动等。当然，注意可以随需要而不断变化，从当前注意的一个事物转移到下一个注意的事物。不过，对于注意而言，当转移注意时，只有在解除了先前注意后才能实施新的注意。实际上这也是意识的一个重要性质。

我们都有这样的体验，只有注意到的刺激才能引起我们的意识。很多来自非注意的刺激没能达到意识水平就不会被意识到。反之也一样，意识到的刺激总是会伴随着注意。这进一步说明意识与注意确实有着不可分割的联系。

现代认知神经科学的研究还表明，由于注意机制也控制着记忆（特别是短时记忆）的存取，记忆的内容同样会引导注意，因此记忆也与意识有着重要联系。特别是被称为"图标记忆"的极短时记忆，一旦丧失就很可能会失去意识和注意能力。这种极短暂的记忆可能与大脑中存在的回响回路有关，因此有科学家推测意识可能正是这种回响回路产生的一种心理效应。

英国科学家克里克根据有关病人的行为心理表现以及脑生理和解剖结构，认为意识活动主要与大脑前扣带回有关。因为这一区域不但接收许多来自高级感觉区的输入，而且靠近运动系统的高级皮层。实际上，从大脑解剖可以知道扣带回与额叶较近，而额叶在计划、目标和决策方面起主要作用，据此可以将意识活动的神经基础定位与扣带回关联起来。但必须强调，意识活动是一个十分复杂的现象，不可能只定位在一个部位，也不应该只被看作简单的神经物质单一决定的问题。

现有的神经生理学研究认为，在大脑皮层存在一个意识活性三角区。如图 6-1 所示，这个三角区包括感觉皮层（包括枕叶、顶叶和颞叶）、额叶的前运动区和丘脑层间核（包括前扣带回）。在这其中，所谓意识流就是相关神经集群激活模式序列的轮流选择，其激活频率则与 γ 频带（30 ～ 70Hz）有关。这样不仅把意识与神经基础相联系了，而且与意识产生的方式也联系了。

图 6-1　边缘系统中与意识有关的脑结构

美国神经科学家埃德尔曼也认为，并非整个大脑的所有区都参与了意识活动，对意识活动起主要作用的系统是丘脑—皮层系统。依据神经生理学，丘脑的上行纤维对大脑的活动起唤醒作用。这里的丘脑特指丘脑层间核、网状核和前脑的底部，统称为"网状激活系统"。该系统的神经元弥散性地投射到丘脑和大脑皮层，它的功能是激发丘脑—皮层系统，使整个皮层处于兴奋状态。

在意识神经基础问题的研究中，有关"意识的神经相关物"（Neural Correlate of Consciousness，NCC）的讨论引起了广泛关注。对 NCC 的关注，不仅是为了研究意识的物质基础，更是为了了解意识产生的方式和过程。注意，所谓意识的神经相关物，就是指一个直接相关于意识状态的神经系统。或者更详细地讲，NCC 是一个最小的神经系统，这个系统中的状态可映射到意识的状态。在一定条件下，这个最小的神经系统的状态足以反映意识的状态。作为意识科学研究的最新研究方向，对 NCC 的探索在理论和电生理实验上均有所突破。这些突破也为从注意系统打开意识科学研究的突破口开辟了道路。

目前，有关 NCC 的研究主要围绕着意识内部表象、特征捆绑问题、注意问题以及神经时空编码问题等意识的部位和性质展开。20 世纪 90 年代，德国的两个电生理研究小组先后在猫的视觉系统中发现 40Hz 的同步振荡。自那之后，许多科学家在不同情况下也都观察到此类现象。他们认为，在事物的感觉活动中对不同特征敏感的神经元可能正是通过对 40Hz 的同步振荡进行整合，形成一个完整的物体概念。甚至克里克和柯茨从理论上推测 40Hz 的同步振荡可能与意识和注意的神经基础有关。不过，寻找 NCC 的任务必然十分艰巨。因为神经活动并非都与意识相关，甚至大部分的神经活动都是无意识的，如无梦睡眠状态也有着丰富的神经活动。

在意识神经科学研究中，最为关键的是要解决意识的统一性问题。对于如何解释意识统一性现象，学术界存在众多观点和遗留问题。比如：人脑是如何通过神经活动产生统一性意识的（例如绑定问题）？意识统一性是如何关涉到其他形式的心理统一性的？从普遍的失常心理统一性与特殊的意识统一性中能学到什么？在纯现象水平上应该如何来理解意识统一性？以现象统一性为基础的意识特征与结构是什么？另外也涉及一些开放性的论题，如连续主观性论题、协同示例性论题、高阶思维统一性论题、高阶感觉统一性论题、空间统一性论题、协同意识论题、归属统一性论题等。

迄今为止，有关意识科学的神经基础研究工作尽管依然无法解释人类意识活动过程的核心机制。但我们期待，随着各种新理论、新仪器、新实验的不断涌现，科学家们最终能够为我们提供包括从神经机制到意识哲学的全景解释。尽管在此探索过程中会遇到种种意想不到的困难，我们依然对未来意识科学研究充满无限想往。

6.1.3 科学解释理论

目前研究意识问题的科学家们所提出的理论和观点多种多样。如果从最终能否科学地认识意识这一终极问题来分，那么已有的理论大致可以分为神秘主义和简化主义两大派别。神秘主义认为，我们永远无法理解意识，特别是强调意识现象不可能靠还原论方法来分析理解。简化主义与神秘主义正好相反，认为对于意识问题完全可以通过还原论的方法来把握理解。

除了纯粹哲学思辨的谈论外，在意识现象的解释理论方面，科学家也开展了一些探索性的研究工作，从认知层面、神经层面甚至物理层面等提出了诸多意识解释的科学理论或模型。比较典型的有全局空间理论、人工智能理论、高阶监督理论、中间层理论、信息整合理论、意识"微管"理论、神经达尔文理论、注意图式理论以及自身表征理论等。下面我们分别做简要介绍。

作为一种认知科学层面的意识理论，美国神经学家巴尔斯提出的全局空间理论认为，意识认知活动涉及众多脑区网络来协调完成任务的解决，其中对意识现象的解释则通过"剧院隐喻"假设来说明。"剧院隐喻"假设是关于意识与选择性注意的一种科学假设，认为大脑就像同时有许多角色在演出的舞台。在这个舞台上，只有少数角色得到"探照灯"

的照射，照射到的角色便是意识活动反映的对象。这样一来，意识就成为大脑"剧院"中的亮点。

在有关意识理论中，以美国人工智能先驱明斯基为代表的人工智能观点可能是最极端的还原论。这种观点认为，意识仅仅是一种短时记忆，从根本上讲机器完全能够实现这一点，即认为实现机器意识是可能的。不过，这种观点遇到了非线性整体论的反对。非线性科学强调，意识完全是大脑神经动力学系统自涌现的结果，具有"混沌"（chaos）和"涌现"（emergence）特性，而这些整体特性不可能用还原论来解释。

高阶监督理论则认为，仅当主体以某种方式觉知到某一心理状态时，该心理状态才成为有意识的。高阶监督理论把意识看作某种监督装置的操作，其监督并扫描内部状态与事件，然后对其中的一些状态与事件产生更高阶的表征。当一个心理状态（M）被表示为这样一种更高阶的表征（M^*）时，那么就是有意识的。提出这种理论的一个典型代表人物是美国心智哲学家罗森塔尔（D. Rosenthal）。另外，作为高阶表征理论的一种发展，自身表征理论的观点认为，心理状态是有意识的当且仅当它们（以某种正确的方式）表征了它们自身的呈现。也就是说，除了表征意识内容，还表征了表征意识内容这一表征特性本身，而后者代表的是意识经验。

由美国神经科学家杰肯多夫提出的意识中间层理论，强调在神经系统的多层次信息加工过程中，在底层神经活动与高层符号表征之间的中间层表征是意识的发源地。这种意识理论主要是从感知计算角度出发而提出的，因此也属于认知科学层面的意识理论。意识中间层理论如果与中间神经元（interneuron）的抑制性功能相结合，或许能够更好地解释纯意识现象。因为神经信息处理是先后通过不同种类的神经元相继完成的，包括感觉传入神经元、运动传出神经元，以及介乎两者之间的中间神经元。在神经系统中，正是这些约占神经元总数的99%的中间神经元构成了中枢神经系统内的复杂网络。因此，如果神经系统产生意识活动的话，那肯定离不开这些不直接处理输入/输出的中间神经元。中间神经元所表征的内容正是处于中间层的地位，与中间层理论吻合。

信息整合理论是由美国精神病学家托诺尼提出的一种意识解释理论。该理论认为物理系统具有主观体验在某种程度上是由于它的信息整合能力。大脑的信息整合源于大规模神经集群的相互作用，而神经集群的相互作用又通过大量的神经联结结构实现。托诺尼认为，正是神经联结的复杂性决定了神经信息整合的能力水平，只有具有足够高信息整合水平的物理系统才能够产生意识现象。

意识的"微管"理论提出者是英国数理科学家彭罗斯。他与其他几位科学家一起，在第一次国际意识问题会议上提出了意识的"微管（Microtubule）假说"。他认为：意识起源于神经元中特殊的蛋白质结构（微管）的量子物理过程。具体来说就是，神经元的细胞组织中的细胞骨架在传递信息方面起着重要作用。细胞骨架由"微管"构成，而这些微管的空间尺度很小，必须用量子力学来考虑其作用机制。彭罗斯因此引出了"意识活动体现在微管中可能传播的电磁波上"的结论。类似的理论还有用量子联合场论来解释意识问题等。

意识的神经达尔文理论由美国洛克菲勒大学的埃德尔曼教授提出，其主要思想借鉴了达尔文的自然选择学说。埃德曼认为，由神经元紧密互联组成的神经元群是脑内神经联结的结构和功能模式的选择性活动主体。我们的意识活动和心智活动是动态的达尔文过程，所有的行为现象都由神经细胞活动的时空模式决定。这些时空模式相互竞争过程中每一时刻的赢家就将成为显现的心智活动，特别是意识活动。更加直截了当地说，意识活动无非就是大量神经活动中模式选择"胜者为王"的结果，这种将意识活动归结为一大群神经元相互作用的集体行为观点也为克里克所强调。

最后，由于意识与注意（以及相关的工作记忆）密切关联，美国普林斯顿大学的格拉齐亚诺于 2013 年提出了一种意识的注意图式理论。注意图式理论认为意识类似于身体图式，是身体的一种模型，注意图式是当前注意状态的一种内部模型，决定了如何注意和注意什么。人们通过注意图式修改自我内部关于世界的模型。

纵观以上理论，大多数科学家研究意识现象的共同信念是，人类所有的精神现象都无一例外地源自于神经系统，自然意识活动也是神经系统的产物。至于神经系统如何产生意识，则存在多种可能，或许可以用某种原理加以说明，或许需要众多原理共同说明。但意识与神经系统一定不是两个对立的部分，而是一个完整的整体。也就是说，大多数科学家们不再相信笛卡儿二元论，而是相信包括意识在内的"心灵是从脑的性质中涌现出来"的某种东西。

6.2 机器意识

几乎在当代意识科学研究的同时，人们也开始使用计算方法试图让机器装置拥有意识能力。这类研究逐渐被称为"机器意识"（Machine Consciousness）研究，有时也常用"人工意识"（Artificial Consciousness）或偶然地使用"数字觉知"（Digital Awareness）来表达这一领域。

6.2.1 机器意识研究概况

考虑到意识是伴随性的、具有自明性（自指性）的超逻辑性质，因而在机器实现方面有着根本性的困难。目前，在机器意识研究方面，主要是从某个侧面对意识的某个方面进行建模来加深对意识现象的认识。

从研究策略来看，机器意识的研究主要分为算法构造策略（A）与仿脑构造策略（B）两种途径。所谓算法构造策略，就是不考虑人类脑机制的借鉴，纯粹采用机器算法策略来进行机器意识的研究。所谓仿脑构造策略，就是充分借鉴人脑意识的发生机制（Brain-Inspiration），并利用一切可利用的生物物理机制来进行机器意识的研究。在具体的实现方法上，两种构造策略又可以分为如下三种具体方法。

1）规则计算方法（R）：规则计算方法与人工智能的逻辑符号主义范式相对应。符号系统范式探究智能或意识是怎样经由理性符号表征的操作而成为可能，并认为这就是心智运作的本质。因此规则计算方法的实质性观点简单说就是：心智内部具有对世界的"表征"，并可以根据"规则"来操作或操纵这些表征。

2）神经计算方法（N）：神经计算主要是运用人工神经网络或者类脑神经集群网络来

构建意识模型的计算方法。神经网络是由具有各种相互联系的神经单元组成的集合，每个单元具有极为简化的人脑神经元的特性。神经计算方法不仅与人工智能的神经联结主义范式相对应，还与类脑集群计算范式相对应。这两种范式的核心概念是"并行分布处理"和"群体自组织机制"，即意识或智能可以从大量单一处理单元的相互作用中涌现产生。

3）量子计算方法（Q）：机器意识实现的另一种途径是采用量子物理学方法来进行意识的建模研究。这种方法主要通过量子塌缩与意识涌现之间的类比关系来考虑机器意识的实现途径。因此，只要量子计算装置成为现实，那么就完全可以通过量子塌缩这一种客观的动态过程，来描述意识的产生过程。

如果从研究内容和实现目标来看，目前的机器意识研究又可以划分为六个不同的具体类属。

1）机器机制意识（MC-A）：使机器拥有声称与人类意识相关联的体系结构（Architecture），实现产生意识活动的根本机制。基于 NCC 的计算模型就属于此类研究。

2）机器感知意识（MC-P）：使机器具有意识伴随的感知（Perception）能力，觉知并能够监控正在进行的感知活动，如构建视觉觉知计算模型或构建感知注意计算模型方面的研究工作。

3）机器认知意识（MC-C）：使机器拥有具有意识特性（Characteristic）的某种认知能力（语言、情感、想象等），并通过机器与人类交互表现出来。各种认知机器人的开发属于此类研究。

4）机器行为意识（MC-B）：使机器拥有具有意识性质的外部行为（Behavior）表现。有关机器行为意识的一个研究领域是关于再现人类有意识行为的系统。开发具有觉知反应的舞蹈表演机器人属于此类研究。

5）机器自我意识（MC-S）：使机器拥有自我（Self）意识能力，模拟机器本身在世界模型中的显现。开发具有自我感知的机器人或者研究可以通过镜像认知实验的机器意识实验系统属于此类研究。

6）机器体验意识（MC-Q）：使机器拥有奇妙意识状态的体验能力（Qualia），实现机器的主观感受性。构建具有感受能力的认知机器人系统属于此类研究。这方面的研究涉及意识本质问题，因此争议比较多。

当然，不管采用什么实现策略、使用什么计算方法以及面向什么内容方面，机器意识的研究目的都要围绕着让机器拥有某种程度的意识能力展开。从目前机器意识已经开展的研究工作的实现目标来看，机器意识的研究主要围绕着功能意识、自我意识和现象意识三个方面展开。不过由于涉及主观体验的不可还原性，真正具有实际意义的主要还是在功能意识的机器建模方面。

我们知道，意识往往伴随各种心理功能的实现。比如意识可以帮助人们处置一些单靠自动反应无法应对的新境遇，可以唤醒对危险环境的觉知，可以模拟把握环境出现的机遇，可以完成需要利用各种知识觉知能力的任务，如此等等。从这个角度看待意识，就是所谓的功能意识，指的是伴随各种功能实现的意识。

对于机器系统而言，凡是开展意识功能方面的体系或机制的研究工作，我们都称之为机器功能意识研究。具体而言，机器功能意识研究着重于感知、认知、情感与行为等方面的意识功能实现。从目前机器意识研究现状来看，基于某种神经网络计算方法来体现某种功能意识实现的研究工作是开展最为广泛的机器意识研究。

机器意识模型的计算实现可以在某种程度上解决机器的意识整合能力问题，这对于提高机器的智能化程度极为重要。特别是，有效的心智活动都离不开意识的信息整合能力，因此具有一定意识整合能力的机器系统定会有更大的作为。

6.2.2　全局工作空间理论

在机器意识研究中，最具有代表性也最具有影响力的研究工作就是以意识的全局工作空间理论为指导所开展的一系列研究工作。

全局工作空间理论（Global Workspace Theory）是由美国加利福尼亚大学圣地亚哥分校神经科学研究所研究员巴尔斯在 1988 提出的有影响力的意识解释理论。在该理论的指导下，由巴尔斯等人组成的研究团队开展了长达 20 多年的机器意识研究工作，最终开发完成了 LIDA 认知系统。

LIDA（Learning Intelligent Distribution Agent）是在该研究团队早期开发的 IDA（Intelligent Distribution Agent）基础上开发的一个学习智能分布式系统。该系统主要依据巴尔斯全局工作空间理论，采用神经网络与符号规则混合计算方法来实现。开发者通过为每个软件主体建立内部认知模型来实现多方面的意识认知能力，如注意、情感与想象等。该系统可以区分有无意识状态、有效运用有意识状态，以及具备一定的内省反思能力等，并得到一些应用和扩展。

不过，从机器意识的终极目标看，该系统缺乏现象意识的特征，比如意识主观性、感受性和统一性等均不具备。所以我们将其作为机器功能意识实现的典范来介绍，从中不难了解功能意识机器实现的一般原理。

首先，巴尔斯提出的全局工作空间理论架构由三个部分构成，即背景（context）、全局工作空间（global workspace）和专门处理器（specialized processor），如图 6-2 所示。其中全局工作空间是核心，作为中枢信息交换的中心，也是每时每刻产生意识内容的处所。众多无意识的专门处理器在各自专长领域进行信息处理，都与全局工作空间建立联系。它们通过相互之间的协作与竞争来占据全局工作空间，从而可以在某一时刻成为意识的内容。

在全局工作空间理论模型中，所谓背景主要模仿的是人类无意识心理活动，可以看作一种可以引起意识体验的无意识心像网络。比如视觉表象背景、思维概念背景、内在动机背景，甚至文化观念背景等，都是不同的局域背景。所有这些背景都可以潜在地相互影响、相互作用和相互转化。我们可以将背景看作神经系统已经建立好联系的一张无意识的网络，随时都可以潜在指导、注意控制激发或抑制有意识的心理活动。

专门处理器是指各种专门的信息加工过程，包括三个方面信息处理器。第一个方面包括视觉、听觉、嗅觉、味觉、触觉、平衡觉等各种感官获取外部环境信息的外部感知处理器。第二个方面包括视觉想象、内部语言、想象感受和梦幻等各种内部感觉信息处理的内部感知处理器。第三个方面包括思想抽象、心像内容、想象思维、语言思维、直觉思维等思维内容的信息处理器。

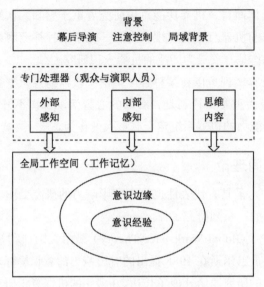

图 6-2　全局工作空间理论架构

　　如果说专门处理器是意识加工信息的来源，背景是提供了意识信息加工的温床，那么全局工作空间就是意识内容产生的处所。因此，全局工作空间就是一个意识加工形成的中心舞台。在全局工作空间这个舞台中，不仅可以协调集成来自不同专门处理器的信息输入，而且可以潜在地受到无意识背景的信息激发或牵制。如此，全局工作空间就能够形成每时每刻的意识内容，并掌控着整体信息加工的过程。

　　为了更好地解释全局工作空间理论对意识活动过程的刻画，巴尔斯又提出了意识剧院类比模型。通过剧院类比，巴尔斯进一步阐述意识、无意识、注意和工作记忆等的相互联系和区分。在剧院模型中，巴尔斯把工作记忆类比到剧院的舞台，把注意作用类比为一只聚光灯，而把聚光灯照亮的舞台部分类比为意识呈现的内容，如此等等。

　　比如想象自己在戏剧表演开始前进入一个剧院，首先注意到的是装饰有布景的舞台、看戏的观众和一些通向后台的侧门等。当剧院里的灯光开始变暗，观众便安静下来，此刻黑暗中一只聚光灯照射在舞台上，形成一个耀眼的光亮区域。

　　此时，包括演员、导演、舞台管理人员、聚光灯操作员等所有演职人员各司其职，进一步可以类比到无意识的专门处理器。在剧本的引导下，正是这些无意识的演职人员的协调配合，才得以呈现舞台上一系列有意识的剧情事件。

　　除了舞台上的演员外，那些幕后演职人员可以类比到背景系统，在暗黑无意识的情况下塑造了舞台上有意识的表演。他们对形成意识内容产生了深刻影响，其中起着主导作用的是导演。

　　当然，对于观众而言，最主要的还是舞台上的表演。作为工作记忆类比，根据聚光灯照射情况，舞台分为三种不同区域。黑暗不可见部分可以类比到无意识部分，聚光灯照亮之处类比为意识呈现的内容，而介乎两者之间，也就是光亮周边半阴影地带，则对应类比到意识边缘部分。

　　工作记忆主要是内部言语和视觉想象，其呈现方式是序列性的。一个时刻只能呈现一个记忆事件，就像聚光灯照射舞台一样，一次只能照射一个区域的演员。当然，比起舞台之外的演职人员，舞台之内的表演更容易被聚光灯照射到。同样，由于注意作用的关系，在工作记忆中的内容也要比工作记忆之外的内容更容易进入意识状态，即使意识内容的容量非常小。当然，只有注意到的内容才能够成为意识内容，因此注意机制在意识呈现中起着至关重要的作用。

显而易见，通过转动聚光灯的角度，就可以照射到舞台上不同的表演场景。因为聚光灯代表注意作用；因此同理，通过转移注意控制，也可以使得工作记忆中的不同内容成为呈现的意识内容。这样，在剧院中，当灯光熄灭之后，只有那些聚光灯照射之处的表演才能够被观众所观看到，成为意识的内容。这就是剧院类比模型大致的内容。

从上述剧院类比模型中可知，某一时刻的意识内容是不同专门处理器在幕后背景作用下相互竞争与协调的结果。就这一点而言，巴尔斯的剧院模型不仅澄清了意识研究中的一些关键概念，而且也为机器意识系统的构建提供了重要的原型模型。

总之，由于具体结构可操作性强的优点，运用全局工作空间理论来开展有关机器意识的研究工作已经成为一个重要的发展方向。我们期待能够部分解决意识的计算建模问题，特别是功能意识的机器实现，并将其具体应用到各类智能系统之中。

6.2.3 机器意识困难所在

由于涉及一些心灵的本质问题，机器意识研究一开始就引起了学术界的广泛争论。有专门讨论机器意识研究哲学基础的，也有讨论机器意识所会面临困难的。比如有关心灵（mind）、感受性（qualia）和自我觉知（self-awareness）这些回避不了的、显而易见的困难问题的讨论，以及一些与意识相关的认知加工，如感知、想象、动机和内部言语等的技术挑战。

在脑科学研究中，一般主要将考察人如何进行信息辨识与整合、报告心智状态、集中注意等功能意识称为易问题，而将考察现象意识体验称为难问题。尽管解决"易"问题并不容易，但我们至少有如何进行研究的思路，并且前五个类属的机器意识研究都围绕着这个主旨开展。尽管有众多关于意识难问题的理论讨论，却并没有任何真正知道如何解决这一问题的思路。显然，如果没明白人类意识是如何产生的，那么企图要制造具有意识体验状态的机器几乎没有任何意义。

当然，从理论上讲，意识的难问题确实并不能完全摧毁 MC-Q 工作的可能性。因为即使意识如其所说是一个难问题，还是有许多理由可以说明 MC-Q 研究具有科学研究意义。在这其中，起码包括如下三条开展 MC-Q 研究的理由。

第一，探询机器体验意识的可能性并建立各类机器模型，起码能够增进我们对人类意识的理解。比如真正了解难问题之"困难"所在，找到机器难以实现这一难问题的边界，从而使我们无限接近难问题的解决。

第二，到目前为止，机器是否具有意识仍然是一个不确定性的问题。即使我们不能确切地说出这是否就是对意识难问题的解决，起码也可以迫使我们承认机器拥有意识体验的可能性不能被完全排除。

第三，即使在没有理解体验意识成因的情况下，在一个系统中也不排除可能允许创建涌现体验意识的条件。甚至即使我们放弃在机器中所开展的类似研究，或许将来采用芯片来替换人类个体部分脑组织的研究也会迫使我们处理人类中的 MC-Q 问题。

当然，面对哲学界的这些批评意见，机器意识的研究可以把体验意识从心智概念中分离出来，将机器看作没有 MC-Q 意义上意识的心智。这样就完全可能建立一个没有 MC-Q 意义上意识的心智机器，从而回避哲学界的批评。

为了更好地认清机器意识的可能性，首先从意向性角度对感知、感受、思维、行为和返观等各种心理能力做一个系统分析。

第一，对于感知能力，它主要是一种具有伴随性意识活动的心理能力。一般而言，感知对应的心理活动都有意向对象，因此属于意向性心理活动。

第二，对于感受能力，它主要对应身体与情感状态的感受性。注意这里要区分身体状态的感受与身体感知，它们是完全不同的心理能力。身体感知是触觉，是一种感知能力；而身体状态的感受不是感知能力，而是感受身体疼痛、冷暖等的体验能力。虽然感受的心理活动具有意识，但不具有意向对象，因此不属于意向性心理活动。

第三，对于思维能力，它主要是指思考、记忆、想象等心理能力，是属于认知的高级阶段，显然是属于意向性心理活动。

第四，对于行为能力，它主要是指意图（动机、欲望、意愿）、行为、言语等心理能力，都强调有意作为的方面，因此也属于意向性心理活动。

第五，对于心理返观能力，主要包括自我意识及其超越的解悟能力。自我意识属于一种返观性功能意识，属于意向性心理能力。但超越自我中心的解悟能力，则属于一种去意向对象的心理能力，不属于意向性心理能力。

对于目前的机器意识研究而言，作为比较。MC-Q 涉及感受性意识，MC-C 涉及认知性意识能力，MC-P 涉及感知伴随性意识能力、MC-B 涉及行为性意识能力、MC-S 涉及自我意识能力，MC-A 涉及意识活动本身的机制问题。

显然，对于机器而言，真正困难的意识实现问题则是感受性意识（体验性意识）与解悟性返观意识这两个方面。感受性意识涉及无意向心理活动的表征问题，返观意识涉及去意向性心理活动的表征问题，都是目前计算理论与方法无法解决的问题。反过来讲，机器最有可能实现的意识能力部分应当是那些具有意向性的意识能力（感知、思维与行为）。

实际上，由于意向性正是构建非体验性智能的前提条件，并可以通过一种意图（指向目标的）动力学模型来实现，因此，机器意识的研究应该朝向意向性心智能力实现的目标开展研究。因为，非常明显的是，意向性意识活动一定伴随有意向对象，于是就可以对此进行计算表证，并完成其相关的计算任务。

通过上述对意识能力进行分解分析发现，当我们把目前有关机器意识的研究分为面向机制意识实现的（MC-A）、面向感知意识实现的（MC-P）、面向认知意识实现的（MC-C）、面向行为意识实现的（MC-B）、面向自我意识实现的（MC-S），以及面向体验意识实现的（MC-Q）等六个类别时，就可以更加清楚地认识其中的本质问题所在。

最后的结论是，对于机器意识研究与开发，应该搁置有争论的主观体验方面（身心感受）的实现研究。机器意识研究的正确方向应该是，围绕意向性意识能力（环境感知、语言交流、认知推理、想象思维、情感发生、行为控制），采用类脑构造、脑机融合、生物合成等自然机制与算法相结合的计算思想策略，来开发具有一定意向能力的机器意识系统。

6.3　信息整合

　　作为对机器意识有效实现途径的一种探索，对机器意识研究产生重要影响的还有意识的信息整合理论。正如该理论提出者托诺尼所指出的那样：在基本层面，意识就是整合后的信息，其本性由足够复杂要素所产生的信息关系决定。由于直接强调信息相互作用的神经整合机制普遍受到神经联结主义学派的欢迎，因此，以信息整合意识理论为指导，采用神经网络计算方法开展机器意识研究，就成为机器意识研究领域影响日俱的重要途径。

6.3.1　信息整合理论

　　意识的信息整合理论（Information Integration Theory，IIT）是美国威斯康星 – 麦迪逊大学精神病学的托诺尼教授于 1998 年提出的一种意识解释理论。信息整合理论认为，大规模神经集群相互作用产生了信息整合能力，而正是这种高水平的信息整合能力涌现了意识现象。这一理论解释了为什么小脑不会像大脑那样能够产生意识，就是因为小脑的信息整合能力不够高。

　　经过长期的神经科学与脑科学的研究发现，人们在脑功能定位方面的研究已经获得了大量的研究成果。比如我们已经知道前额叶负责思考与计划，颞叶负责听觉与记忆，枕叶负责视觉与自省等。但遗憾的是，至今都没有发现哪个脑区与意识相关。托诺尼通过长期的观察研究总结出了与意识觉知相关的因素，提出了他的信息整合理论。

　　信息整合理论认为，意识是某种具有特殊结构的特殊网络的固有性质。这个性质的关键要素就是分化与整合。分化特性认为任何一个有意识的系统拥有大量高度分化的信息状态。整合特性认为，要使这个系统变得有意识，需要将这些高度分化的信息状态整合为一个单一的、整体性的、不可还原的信息状态。

　　在托诺尼看来，所有意识状态都是高度整合的：我们所意识到的信息总是整体地呈现，无法被分割为独立的组成部分。例如，当我们依次轮流闭上一只眼，不难发现双眼所获得的画面信息有一些差别。不过我们的大脑最终却自动将二者整合为一幅完整的意识画面，这便是大脑信息整合的功能。

　　意识就是整个高度分化神经系统呈现的高度整合状态。当大脑被麻醉的时候，各个脑区都很活跃，但是它们互相之间信息整合的程度很低，因而也就没有意识状态。人在无梦睡眠状态下，各个脑区的活跃程度高度一致，整合程度很高，但是分化程度很低，因而也没有意识状态发生。只有人在清醒状态下，不仅各个脑区有着大量分化信息，还存在着高度的整合状态，前额叶皮层与各个脑区之间都直接存在着远距离的连接，因此我们就处于意识状态。

　　整体来说，信息整合理论的主旨思想在于考察比对某系统的过去以及未来的潜在状态的两个概率分布。这些概率分布同时又受到现在状态的影响，这种机制被称为因果相互作用（cause-effect repertoire）。根据因果相互作用，现在状态要比过去的潜在状态以及未来的潜在状态具有更少的不确定性。当我们将系统划分为独立的部分时，就会造成因果相互作用上的损失，同时造成系统的过去以及未来的潜在状态在确定性上的损失。确定性损失的最小值就是 Φ，其含义是系统整体因其自身的内部因果相互作用导致自身状态的确定性超出其组成部分集合体的确定性之最小量值。

在托诺尼看来，意识体验是不可还原的整体属性，只有在系统整体所产生的因果相互作用的不确定性比由其所分割而成的组成部分累加的因果相互作用的不确定性小，才有可能产生意识体验。在所有可能范围内产生的这个整合信息 Φ 的最大因果相互作用，被称作最大不可还原的因果相互作用。由一个与局部最大化的整合概念信息 Φ^{Max} 相对应状态的复杂性所产生的概念结构，就是最大不可还原的概念结构（Maximally Irreducible Conceptual Structure，MICS）。这个 MICS 就对应于感受性，因而意识体验就可以通过对比系统的整合因果性信息和系统各组成部分的因果性信息的组合来测量。托诺尼用大写的 Φ 表达系统层面的信息整合程度（integration at the system level），而用小写的 φ 表达机制层面的信息整合程度（integration at the mechanism level）。

按照信息整合理论，对于一个意识系统来说，系统整合程度 Φ 的值要大于系统各独立部分产生的信息总和。Φ 值低下就说明系统中各组成部分之间相对独立而整合程度低下，这种情况无法产生意识。这也就解释了为什么对各自模块相对独立的小脑来说，其神经元数量庞大却对意识的贡献不大。

托诺尼的信息整合理论在量化测量意识方面提出了一种受到神经科学专家认可的方案。西雅图艾伦脑科学研究所的首席科学家兼所长克里斯托弗·科赫（Christof Koch）是信息整合理论的拥护者。他宣称信息整合理论是"朝正确方向迈进的一步。如果最终它被证明是错的，其错误也将以有趣的方式阐明意识这个问题"。

实际上，信息整合理论也为"僵尸难题"提出了新的解决思路。"僵尸难题"认为，"僵尸"在言语行为方面都与正常人类完全一致，不可能通过言语行为方面来区分"僵尸"与人类。由于觉知的私密性，也无法通过探知"僵尸"所觉知到的意识内容来进行区分。如果有人造出了这样的"僵尸"机器人，并宣称其具有意识，我们该如何检测出它是否具有意识呢？

根据信息整合理论，意识与信息分化与整合的量相关。越是清晰强烈的意识，它所包含的信息分化与整合的量也就越多；而信息分化与整合的程度越低，则意识水平也越低。动物的神经系统分化状态比人类要少，因而其意识水平也低于人类。同样，尽管"僵尸"的信息分化程度相当高，但它并没有如同人一样的意识觉知体验产生，也就是说其整合信息程度非常低。因此通过测量 Φ 值，就可以对"僵尸"与正常人类进行区分，从而解决这一难题。

另外，信息整合理论还尝试着对现象意识的感受性进行理论刻画。概括地说，感受性可以对应于某个系统的感受性空间（qualia space）中的某个几何体。如果两个几何体相似，那么它们所对应的两个意识体验就相似。托诺尼表示："在原则上，现象体验之间的相似或不同都可以量化为其对应的形状之间的相似或不同。……蝙蝠的意识体验仅仅是一个感受性空间中的几何体，至少在原则上，其形状是可以客观比较的。"须知这个几何体的形状由信息之间的关系决定，相同的感受性就意味着具有相同的整合信息。因此，根据信息整合理论，如果通过机器构造出的感受性空间与蝙蝠的感受性空间相同，而且机器与蝙蝠的感受性空间内各自的几何体相似或相同，就可以认为机器实现了蝙蝠通过回声感知环境的这种"感受性"。

在信息整合理论的最终版本中，托诺尼给出了刻画意识体验（感受性）的如下五条现象学公理。

1）内在存在（intrinsic existence）公理：所谓内在存在是指意识作为内在体验，是私密的，具有一种内在的主观性。

2）构成（composition）公理：所谓构成是指人类具有数量庞大的意识状态，这些意识状态构成了人类的意识体验。

3）信息（information）公理：所谓信息是指每个意识体验都包含一定的信息量，这些信息整合的程度就是 Φ 值，信息量不同，所整合出来的意识体验程度也就不同。

4）整合（integration）公理：所谓整合是指意识是高度统一的整体，不可以还原为独立的组成部分。例如，我们不可能将看到的一件事物的形状与颜色的体验进行分离。

5）排他（exclusion）公理。所谓排他是指意识只能体验到众多可能的意识状态的极少数，一旦意识呈现了某个意识内容，就会同时排除其他意识内容。比如在双眼竞争实验中，左右眼呈现不同的图像，则左右眼的图像是交替呈现在意识中的；当意识到左侧图像时，就无法同时意识到右侧图像，反之亦然。

综上所述，信息整合理论在脱离神经机制说明的基础上，提出了与意识机制所关联的一种可被检验的方法。因此我们就可以通过检测 Φ 值来检验机器所构建的意识机制是否成立。但是，信息整合理论依然无法说明意识的现象体验那种质的特性到底是怎么回事。究其原因，信息整合理论也是从信息加工角度来解释意识现象。因此，信息整合理论并不是一种解释意识结构的理论，而是检验意识是否产生的理论。

6.3.2 意识认知体系

美国伊利诺伊大学哲学系海柯宁教授的研究团队主要基于意识的信息整合理论，采用联想神经网络来进行机器意识系统的构建工作，自 1999 年以来开展了富有成效的研究工作，海柯宁教授构建的意识认知体系比较全面地体现了信息整合理论原则。海柯宁认为，人类意识可以由关联到感受性（qualia）的主观内在体验来刻画。据此可以建议，真正的意识机器也应该具有某种内在体验的感受性，但可以与人类意识感受性的表现方式不同。为此，海柯宁提出了一种类模态感受性的概念，并采用联想神经元集群来构建一种意识的认知体系结构。在海柯宁给出的这个认知体系结构中，特别强调亚符号计算与符号计算固有无缝结合的联想神经处理。

我们知道，现有的智能科学技术可以相当成功地构建模仿人类认知能力的机器。但问题是，这样的机器能够拥有意识吗？这样的机器能够真实地感知和体验它们自身的存在，就像人类意识体验那样吗？

为了要让机器拥有人类的意识，首先要考虑的是意识到底是什么、到底是什么构成了现象意识体验，从而给出意识人造物的一些基本需求。为此，海柯宁对意识的主要表现方面做了如下比较全面的论述。

1）人们并不感知神经活动本身，也并不清楚其中的神经激活图式之类的事件。人们感知到的只是各种意识心理活动及其所关涉的外部世界。尽管神经科学的研究可以告诉我们，那些心理活动不过是神经活动的结果；但人们感知的却是外部世界在内心世界中的映像，而不是脑内神经活动及其激活模式。

2）首先重要的是主观体验（subjective experience），也常常称为感受性。任何对感知对象的感知活动或对内心活动的体察，总是伴随着感受性，不存在没有感受的知觉对象。但是，感受性具有直接性特点，这就排除了对感受性进行符号表征的可能性。

3）其次是内省反思（introspection），一种对心理内容的反省能力，也是意识活动的重要机制。

4）再有是可报告性（reportability），一种话语或非话语的内部状态报告现象。可报告性涉及语言指称能力、内部心理内容的表征、交叉耦合（cross-coupling）机制或者信息整合机制，甚至联想记忆机制。

5）最后是自我概念（concept of self），涉及那种关于自我的觉知能力。自我概念与本体感知、镜像认知能力均有关系。

总之，意识就是一种基于感受性的神经活动内在显露出来的主观现象。我们无法直接测量主观性。因此，在现象意识到符号思维之间，存在着一条从亚符号感受性到符号性认知的鸿沟。如何通过机器来跨越这条鸿沟？海柯宁认为这需要解决如下这些基本问题。

1）亚符号感受性（sub-symbolic qualia）的机制实现问题，即关于感受（feeling）、体验（sentience）、主观体验等的计算模型的构造。

2）意向对象的内部表征问题，即对感知对象、外部世界、内心活动等的表征及其信息整合机制的实现。

3）心理内容的内省反思机制，即关于注意机制、元感知运动机制、元认知机制等的计算建模及其机器实现。

4）可报告性机制的实现，即关于响应与报告，包括自言自语在内的机制实现。通常可以在心理内容内部表征的基础上，开展有关可报告性机制的机器实现研究。

5）自我觉知能力的实现问题。在本体感知系统的基础上，建立自我概念并构建相应的自我觉知系统，这能够通过镜像认知实验实现。

6）模仿学习能力的实现。通过区分自我与所处世界，就可以通过模仿他人的行为来学习。通过动机控制、情感学习等方面的建模，可实现一种元学习能力的计算模型。

7）神经符号整合计算方法。从亚符号感受性跨越到符号性认知，就必须实现从神经网络的活动计算模式到符号逻辑计算模式的转换。

从外部表现来看，意识的一个特征是可报告性。因此从信息整合理论的角度上看，对于实现可报告性大脑不同部位间必须有交互连接。交互连接和信息集成与意识紧密相关，因为它们促成了报告、记忆、情境觉知和许多认知功能的形成。如果大脑不同部位间没有交互连接，就不可能产生报告，也不可能记忆任何事件。如果大脑不同部位间没有交互连接，我们甚至不能抓到任何东西。

于是从内部机制来看，构造意识机器系统的先决条件是必须要解决亚符号信息处理与符号信息处理相互结合的问题。采用作为亚符号信号处理方法引入的联想神经网络和分布式信号表征可以实现联想信息处理，而联想信息处理本身又必然促进从亚符号到符号处理的转换。于是，意识机器认知功能的实现就要运用信息整合和感觉运动整合机制。

总之，在海柯宁看来，意识是基于感受性的内部表现，是环境感知、自身感知以及精神内容的外化。可报告的认知构成了意识的内容，没有认知也就没有意识。有意识的思维应该具有具体感觉和想象能力。除此之外还可能需要一种有意义的认知符号流，类似于自然语言的内部语言。有意识的个体应该能够自我报告自身的意识内容，并且把这些内容以各种形式外化，例如使用自然语言。意识是信息的一种内部表现，并非存在某种"自我"的智能体或内部小妖。

基于上述这样的认识，海柯宁提出了一种意识的认知体系模型 HCA（Haikonen Cognitive Architecture），其目的是产生具有意识性的仿人认知能力。因此，在该体系中详细设计了整体架构、信息处理方法和基本构件。该体系模型虽受人脑和人类认知的启发，不过并不试图精确地对人脑建模，只是尝试解决意识的感受性问题。设计 HCA 是为了实现一般感觉和运动感觉的整合，实现感官感知和想象感知，实现情感效应和某种自然语言运用。HCA 是一个并行、分布式架构，并没有全局工作空间，其执行功能和关注功能均分散实现。

图 6-3 给出了 HCA 中信息流动的一般原理，其运行基于感知过程，也允许通过联想反馈对作为心理过程结果之视觉对象进行内省。如图 6-3 所示，在 HCA 中存在如下基本信息流程。

1）反射反应：刺激—响应（1–2–3）。

2）潜意识活动：刺激—知觉—行为（1–2–6–3）。

3）思考：刺激—认知评估—联想—内省评估—行为（1–2–4/7/8–5–6–3）。

4）想象：内省认知评估—联想—内省认知评估—联想—…（4/7/8–5–4/7/8–5–…）。

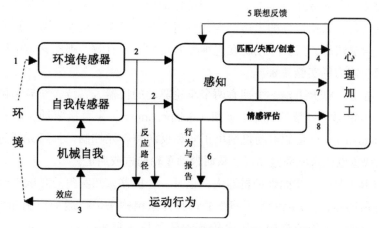

图 6-3　HCA 中信息流动的一般原理

感应信息经过预处理形成特征信号，每个信号都拥有独立的感知/响应反馈回路。因此，在 HCA 中，每个模块都由大量并行的信号反馈回路构成，每一次感觉都包含一组特征信号。组成 HCA 的主要感知模块有：模块 0，内部需求检测；模块 1，疼痛和愉悦感应（情绪）；模块 2，触觉感应；模块 3，视觉感应；模块 4，听觉感应；模块 5，检测机器在环境中的状态；模块 6，检测机器自身的状态。从亚符号到符号的转化使得各模块之间可以实现类似自然语言的通信，或者称为各种意义上的关联。

HCA 是一个在内部和外部因素综合作用下自主行动的系统，关于控制、动机和驱动也有特有的实现功能。内部动机包括对能量的需求和对环境安全的需求。此外，基于疼痛愉悦这样的动机，则采用赏罚方式来训练机器形成行为和执行任务。外部环境也可以为系统提供动机。外部因素作为触发动机可以用来引导系统认知的发展。

HCA 由一系列感知/响应的反馈环模块组成，各模块彼此之间进行广播。因此 HCA 是一个并发分布式体系，其大量的交叉连接可以应对各种情况下所需要的联合。HCA 也是一个动态感知系统，是一个存在内部思想流和内部语言表达的系统，有可能产生有意识的类人认知。还有，HCA 利用分布式信号表示的联想信息处理，以情绪评价和匹不匹配、异常检测作为关注和关联指导因素。

总之，海柯宁认为，意识性认知需要各种感觉信息的整合。作为具有意识特点的可报告性功能实现便是基于信息整合机制。因此，通过亚符号到符号转换的联想神经网络信息处理，HCA 不仅满足了身体感觉和运动感觉无缝整合的需求，还可实现模块的局部联合和并发工作。利用 HCA 可以人工实现一些认知功能，如感知、学习、记忆、内省、语言和内部言语、想象、情绪等。

6.3.3　意识实验系统

在前面介绍的认知体系模型基础上，海柯宁又进一步实现了一个实验型认知机器人 XCR-1 系统。XCR-1 是一个小型轮式机器人，配备抓手、多种传感形式，并拥有自我交谈能力。为了体现意识体验有关感受性，XCR-1 利用直接处理方式，即采用专用硬件和无符号预先编程算法（without symbolic pre-programmed algorithm）来实现感知功能。

另外，XCR-1 并不采用任何微处理器或程序的指令形式，而是直接将自然语言作为符号处理的表达语言。采用这样的表达语言，海柯宁开展了简单交谈与基本词语意义指称方面的实验。海柯宁认为，只要专用的联想神经元集群芯片有效，那么必定能够大大地增强 XCR-1 实现意识能力的实验效果。

如图 6-4 所示，XCR-1 是一个拥有两个车轮驱动的机器人系统，车轮由圆轴和橡胶外圈构成。每个车轮都由自带的直流电动机（gripper motor）来直接驱动橡胶轮的转动机构（gripper mechanism）。车轮的电动机则由正向和反向神经元控制。神经元通过功率运算放大器的正电压或负电压来驱动电动机，从而带动车轮前进或后退。

当然，XCR-1 是一个实验性的机器人，也是一个机器认知实验的测试平台。XCR-1 集成了各种知觉运动器，采用 HCA 压缩版的认知体系结构来进行运动控制和生成。XCR-1 拥有 2 个移动车轮、2 条带有触式压力传感器的抓取手臂（touch sensor）、2 个视觉传感器（eye）、1 个用以听觉感知的麦克风、1 个用以检测身体振动情况的振动传感器（shock sensor）以及 1 个抚摸传感器（capacitive "petting" sensor）。另外，XCR-1 还装备了 3 个小型音质的光电二极管放大器（photodiode amplifier）。

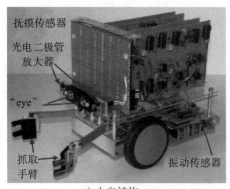

a）上向结构   b）下向结构

图 6-4　实验型认知机器人 XCR-1 系统

　　XCR-1 具有如下基本功能：目标搜索与检测、言语识别、接近并抓取物体、具有疼痛和高兴的功能性感受、对物体的情感值关联以及由情感值引起的激励、简单使用自然语言（英语）对内部状态做口头报告、有限的语音识别以及言语学习，以及可以识别出一些口语词汇并用有限词汇进行自我交谈。

　　基于上述基本功能，XCR-1 可以具备一些独特的意识表现能力。XCR-1 拥有的意识能力主要包括拥有伤痛与高兴情感，拥有自我概念（self-concept），以及可以通过自我交谈机制实现一种简单的内部状态报告。

　　首先，XCR-1 的情感系统主要建立在"痛苦"（pain）和"愉悦"（pleasure）基本概念之上。比如对机器人进行"抚摸"（petting）和"振动"（shock），对应的传感器就将其信号传递给"愉悦"和"痛苦"神经元。这些神经元再将正面的情感值（愉悦）、负面的情感值（痛苦）与视觉感知相关联。

　　"愉悦"表示对系统有利，XCR-1 会尝试继续和维持该状态。在 XCR-1 的头部安置有一个抚摸传感器，对碰触十分敏感。一旦 XCR-1 头部受到"抚摸"，它就会处在高兴状态，并努力维持这种"抚摸"状态。

　　"痛苦"则表示系统受到伤害，XCR-1 会尝试中断和避免该伤害。一般 XCR-1 外体受到冲击，会引起振动，振动传感器就会检测到振动。由于振动传感器对于日常外部声音或由自身动作所引起的声音并不敏感，因此痛苦信号只有在 XCR-1 发生碰撞或发生巨响的情况下才会被激活。只有振动传感器被激活，XCR-1 才会处于痛苦状态。此时痛苦的电路反应会放开抓取的物体，然后 XCR-1 后退或反向改变动作。

　　除了痛苦和愉悦，情感模块还有一个无所事事检测器（non-event detector），用来感知长时间内无活动的状态。这一功能实现对应为类似"厌倦"（boredom）的感觉。一旦机器人检测到"无所事事"状态，整个搜索模式都会重新初始化。比如，假设机器人在抓取某个物体时进入厌倦状态，那么抓手将会松开，XCR-1 将会返回之前初始化时的搜索模式。

通过情感反应系统,只要发生抚摸和碰撞(振动)就会即时改变 XCR-1 的行为。假如实际发生抚摸和碰撞时产生的奖励和惩罚能被记住,并关联到对应的行为,那么 XCR-1 就可以做出更好的整体行为规划。于是 XCR-1 就能够学会哪种行为令人满意和值得从事,哪种行为应该避免。据此,XCR-1 就可以累积跟踪正面和负面的情感含义。

XCR-1 基于高兴和伤害神经元来构建情感含义的功能。这些神经元通过产生高兴和悲伤事件来应对高兴和悲伤的物体。使用这种方式,任何物体都会伴随着情感值。于是在遇到某一物体时,XCR-1 会根据其对应的情感值,调用对应的系统反应来改变自己的行为。事实上,情感值也可以在遇到物体前作为一种激励因子,促使 XCR-1 搜索正面情感值的物体同时避免负面情感值的物体。

自我概念是自我意识的一个必要要求。XCR-1 的第二个意识表现能力就是能够拥有自我概念。XCR-1 的传感器感知对象包括:①物体、物体间的关系、外界的行为;②感知主体本身、感知主体的身体、行为、感受和想法。在这其中,关于认知主体自身的感知会呈现"自我概念"。

在 XCR-1 中,用行动(motion)、触觉(touch)和痛觉(pain)的感知来构建自我概念。XCR-1 的行动是 XCR-1 自己在执行行动,XCR-1 的触觉是 XCR-1 自己在感受碰触,XCR-1 的痛觉是 XCR-1 自己在感到疼痛。XCR-1 以调用"信号"方式来形成自我概念。在信号言语上允许使用指代自我的符号,如单词"me"。一般在如下情景中 XCR-1 会调用自我概念:①可能会在碰撞时发出"me hurt";②在搜索物体时发出"me search";③在触摸传感器感受到接触压力时会发出"me touch"。不过,目前 XCR-1 还不能实现"me see (something)"或"me hear (something)"的报告内容。

基于自我概念,加上具备自我交谈能力,XCR-1 就可以即时报告当前内部系统的状态。因此,自我交谈功能也提供了一个了解 XCR-1 认知系统内部工作情况的途径。任何时候,只要 XCR-1 感知到某物就开启自我交谈功能。比如在 XCR-1 开始向被检测目标运动时,对"green"或"blue"测试目标物体的感知就会生成"me search green"或"me search blue"的单词序列。在 XCR-1 发生碰撞时,则会发出"me hurt"的感慨。当情感值和目标物体关联时,XCR-1 则会给出"green bad"或者"green good"的报告等。

XCR-1 的自我交谈仅仅是一种简单的报告机制,主要使用听觉模块的象征符号方式报告了自身所有模块的活动情况。在这种情况下,XCR-1 的自我报告实际上是对单词意思具有基本认识后的一种实践。人类的自然语言当然完全不同于这种形式,但作为一个刚起步的尝试,XCR-1 的这种自我交谈式报告机制,还是具有建设性意义的。

为了从整体上对 XCR-1 机器人系统的意识表现能力有一个直观了解,下面通过一个简单的实验来加以展现:用单词"green"唤起对应绿色物体的"inner image",同时在机器人身体上施加惩罚,形成 <bad> 情感值,并与绿色物体的"inner image"相关联。

在实验中发生的部分交互事件包括:①对某个物体名称的听觉感知:"green";②通过被感知到的名字唤起对物体"想象的"视觉感知:<imagined green>;③同时感知到身体上的惩罚:<punishing shock>;④对应的情感值被唤起:<bad>;⑤将情感值和物体"想象的"视觉感知关联:"me hurt";⑥通过自我报告来引发短暂的内部印象。

非常有趣，实验结果发现这种交互教学方式将改变 XCR-1 的行为模式。在经过一段时间的教学后，正常情况下 XCR-1 将不再接近绿色的物体，实际中它还会避免碰到绿色物体。最后 XCR-1 响应过程事件包括：①对某个物体的视觉感知：<visual green>；②唤起所感知内容的对应情感值：<bad>；③同时更改电动机的反应：<back off>；④做出一个言语自我报告："green bad"；⑤通过自我报告来诱发短暂的内部印象。结果就是，由感知 / 响应反馈回路的原理决定了：<bad> 情感值和内部被调用的绿色的 "inner image" 相关，同时也和在视觉上感知到绿色相关。

是的，人类意识由关联到感受性的主观内在体验来刻画，因此真正的意识机器也应该具有某种内在体验。但是感受性是直觉体验，不可能在符号系统中人为地实现。于是，海柯宁另辟蹊径，利用直接感知处理来构建 XCR-1 机器人。具体就是，海柯宁采用专用硬件和无符号预先编程算法来模拟实现内在体验活动。应该说，这为推动有关感受性的机器实现研究，做出了十分有意义的先驱性贡献。

本章小结与习题

在机器意识研究方面，任何实质性的突破都会对整个信息科学技术的进程带来革命性的改变，但所面临的困难也前所未有。本章主要讨论了意识科学研究的一些线索，以及开展有关机器意识研究的一些主要思想、方法、模型和实验系统，并指出了机器意识研究的发展方向。从中不难看出，由于当下自明性特点，意识是一个难以用语言描述的复杂现象，有如苏东坡在庐山西林壁的题诗中所言："横看成岭侧成峰，远近高低各不同。不识庐山真面目，只缘身在此山中。"所以，对于意识，还有许多难题等待我们去探索。

习题 6.1　请对自我做一个分析，询问这样一个问题：自己是谁？

习题 6.2　禅宗中对于本心（意识体验）的认识有句名言，说是："犹如饮水，冷暖自知。"这反映了意识的什么性质？

习题 6.3　有意识的心理活动可以归类为功能意识、自我意识和现象意识，请通过查阅相关文献，分析在这三种类别中，其中哪些类别可以由机器实现？

习题 6.4　请用日常生活的场景，对全局工作空间理论中的剧院模型进行解释，给出其中意识作用机制的说明。

习题 6.5　请通过量子理论有关量子纠缠性的论述，分析意识纠缠性现象，并进而论述意识量子理论的基本原理。

习题 6.6　XCR-1 机器人系统在意识功能实现方面主要的不足是什么？请针对其中某一个方面的不足，提出你的改进措施。

第 **7** 章

艺 术 创 造

艺术创作被人们认为是只有最有灵性的天才才能够胜任的工作，很难想象一台没有情感的机器也能创作艺术。但事实上，机器不但在人类理性模拟方面取得了巨大成就，就是在人类诗性艺术创作方面也同样有着不同寻常的表现。当然机器的艺术表现还有一种随机性的成分，离真正的艺术还有很大的距离。但是作为一种尝试性研究，它在人类艺术创造性能力的模仿研究中，还是有着重要意义。

7.1　情感驱动

不可否认，只要有人类艺术活动的地方就存在着审美性情感。正是这种审美情感本身的丰富、变化及和谐，才使得人类的艺术显得无比神奇、美妙和伟大，使得艺术充满着生机和活力。因此审美性情感对于艺术创造至关重要。大多数学者都会赞同这样的观点：艺术是情感的表达，或者说艺术表达受到情感的驱动。因而艺术是一种充满情感活力的想象活动。按照这样的观点，不同的艺术形式，不过就是情感在不同载体上的特殊表现罢了。因此，要想展开艺术创造规律研究，首先就要探讨其中情感驱动作用。

7.1.1　情感神经系统

目前有关情感是什么的问题，学术界还没有达成一致。据不完全统计，关于情感定义有 100 种之多。在现代心理学的历史上，美国心理学之父詹姆斯是情感理论的主要创始人，詹姆斯认为情感生理的变化就像心跳加速或手掌出汗一样。实际上情绪的变化确实伴随有明显的生理变化。比如，情绪变化会伴随自主神经系统活动的改变，表现为血压、心跳、汗液分泌、肠胃蠕动的增减等。

随着脑科学研究的不断进步，我们今天知道人脑和身体在情感及其经验产生中普遍存在着相互作用。不仅有意识控制情感的情况，而且不通过意识，情感也能发生作用，比如身体中的生化反应就会导致情感的变化。

目前已经探明，人脑中的边缘系统是情感神经中枢的所在。尽管还没有确定边缘系统各个结构分别承担的功能，但一般认为下丘脑、杏仁体和扣带回等区域都与情绪和本能行为有关。当然，情感性行为表现还受躯体运动系统、自主神经系统和下丘脑调控的内分泌系统所控制。

至于情感表达则是指个体将其情感经验经由行为活动表露于外，从而显现其心理感受，并借以达到与外在沟通的目的。情绪表达有很多不同方式，如语言文字、图画符号、身体活动等，凡是能用来传情达意的均可用来表现情绪。由于涉及高级认知活动，这样的情感表达活动跟边缘系统与前额叶相互协同作用密切相关。

这样一来，边缘系统对人类行为的灵活性和创造性都有不可估量的贡献。这一古老的神经组织与新近的大脑皮层有着天然的广泛联系，使得大脑的情感功能趋于丰富完整。图 7-1 给出的就是整个神经系统中情绪神经回路的一般模式。

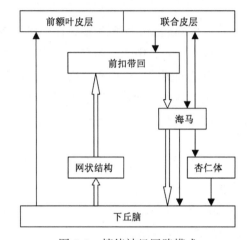

图 7-1　情绪神经回路模式

需要强调的是，除了边缘系统（包括下丘脑、杏仁体、海马等）的中枢作用外，大脑半球皮层也对情感表达和理解起着重要作用。比如右半球的若干脑区对语言的情绪色彩的表达和理解就特别重要。右侧后额叶和前顶叶的损伤，会影响用语调（抑扬顿挫）来表达情绪的能力。

大致而言，下丘脑、杏仁体、扣带回以及前额叶确实在人类的情感中起着重要的作用。其他区域，如丘脑前核、腹侧黑质、海马、脑岛、触觉感受皮层、脑干等和情感处理也有一定的关系。现有情感神经科学研究表明，与情感最相关的大脑部位有下丘脑、网状结构、杏仁体、前扣带回、前额叶等。

首先是下丘脑。许多研究已经确证了下丘脑在情绪形成中的作用。下丘脑的一些核团已被认为在许多不同种类的情绪性和动机性行为中起主要作用。背侧下丘脑是产生忿怒整合模式的关键部位。如果这个部位被损坏，就会影响忿怒表达。

然后是网状结构。网状结构在情绪的构成中起着激活的作用，所产生的唤醒功能是活跃情绪的必要条件。网状结构可以降低或提高脑的积极性，加强或抑制对刺激的回答响应。人的情绪色彩和情绪反应在很大程度上依赖网状结构的状态。

再有就是杏仁体。研究表明，杏仁体是情感最重要的脑区，在处理社会情感（尤其是恐惧）、调节情绪和情绪记忆中起到关键性作用。杏仁体的损伤会导致无法处理面部表情、声音表情以及其他社会信号，尤其是恐惧情感。另外，杏仁体的激活可以受到注意的调节，即杏仁体中的情绪处理容易受到皮层自顶向下的控制。

接着是前扣带回（ACC）。目前情感神经科学认为前扣带回是整合内脏、注意和情感信息，调节情感以及自顶向下控制的关键。前扣带回一般分为背侧的认知部分和腹侧的情感部分，是认知与情感相互关联所在。前扣带回也被认为是产生灵感顿悟的所在。

最后是前额叶（PFC）。前额叶的眶额叶区域与情感学习和动机价值有关。前额叶和杏仁体的共同作用导致了学习和表达次要刺激和首要刺激（如食物、水和性等）之间的关系。前额叶的神经元可以检测刺激奖赏价值的变化，同时改变对其相应的反应。前额叶区和前扣带回可以向大脑的其他部位发送"调整信号"，使得立即情感行为的取舍能朝着最适应当前目标的方向前进。

总结起来，下丘脑是生理情感唤起的一个触发器，而网状结构则起到保持情感活跃的作用。杏仁体包括中心核团、外侧核团、中间核团和基底核团四大部分，起到情感信息汇聚中心的作用。杏仁体专门应对负面情绪，而中隔核则负责正面情感并成为奖励系统的关键结构。杏仁体可以响应情感触发并将情感响应转送到下丘脑和其他脑区。前扣带回则是沟通情感与认知相互作用，而前额叶区对情感起着重要的整合控制作用。

7.1.2　情感作用机制

对于人类而言，自发产生情感是情感行为作用的内在动力，并通过外在的情感行为来表现这种内在情感动力。这种内在的情感动力通常可以有生理本能和认知推理两个来源，它们往往可以先于情感行为反应而发生作用。

事实上，人类能够在刺激信号到达大脑皮层并意识到所发生了什么之前，就感到震惊、愤怒或害怕，并产生相应的感情行为反应，比如逃离危险的道路。当然，这种快速情感反应在本能性求生活动时常常会出错，比如有时也会逃离一条实际上并没有危险的道路。

除了这种粗略认知、快速本能的情感反应系统外，还有另一个比较慢速却准确可靠的认知情感反应系统。与本能的情感源于内在的原因相反，认知的情感主要强调的是发生在外在的原因。两个系统共同工作，一起完成观察诸如危险的重要事件、触发主观的感情、调整感觉、调整关系到生存的控制行为等。如果抛开具体的神经活动细节，从认知心理学的角度看人类情感作用机制，那么人类情感具有如下一些主要的性质。

首先是情感响应的衰减性，除非再次激活，否则一次情感响应持续很短的时间便衰减到感知水平之下。自然一种情绪的快速重复会加强感知的强度。当然并非所有的输入都能激活情感，只有足够强烈的刺激才能引发情感的产生。特别是刺激的强烈程度并不是一个固定的值，而是依赖于许多因素，包括情绪、气质以及意向等。

其次是非线性，即人类的情感系统具有非线性特点。但是在情感输入和输出的某个范围内，它具有一定的准线性。比如，无论一种感情被激活的频率有多高，从某种意义上说系统都将达到饱和状态，情感反应的强度将不再会增强。类似地，这种反应强度也不会低至全无的程度。当然非线性的情感激发和响应也与个人的性情和个性有关。

还有时间上的恒定性，指的是人类情感系统可以在某个持续的时间内完全独立地接受测试。此时，习惯将会影响恒定性的持续时间。但在长时间内，情感恒定性会受一些生理上的日常规律和荷尔蒙周期等因素影响。

最后，情感本身会引起认知和生理上的反馈。系统内在的认知过程或生理反应能引发对系统的外界输入。比如，某种情感的生理表达能引发另一个输入的反馈作用，从而产生另一种情感反应。推而广之，无论是否低于情感激活水平，所有的输入都源于背景心情。最近的输入对当前心情有最大的影响。

总之，人类情感系统是典型的由众多因素决定的非线性动力学反应系统。通常影响情感的各种因素可以大致分为线性和非线性两种。当影响的因素是线性和时间不变性时，通过线性拟合，特殊的输入能够通过缩放比例构建出其他全部的可能输入。此时一旦知道了系统对于这个输入的反应，就能知道系统对其他可能输入的反应。

如果情绪总是线性且时间恒定，那么通过描述情绪对于一些特殊输入的反应，就能预示对于任何输入的情感反应。然而事实上，正如上面分析指出的那样，人类的情感行为具有非线性特点。比如一个愤怒的情感要比悲伤的反应速度快得多，特别是对于一个易怒的人，气质、心情和忍耐力能够影响对其情绪的刺激。例如，大多数人在生气之前都能忍受一定程度的刺激；然而如果他们心情不好，忍耐力会下降。相反，当人在快乐时，就会有较好的内在忍耐力。

那么怎样才能把所有影响因素在一个信号反应中描述出来呢？由于大多数因素之间包含着非常复杂的潜在相互作用，具有非线性关联的混沌现象，这就使得对其描述变得十分棘手。尤其特别的是，情感系统的反应是复杂心理活动和外界刺激的共同结果。因此从根本上讲，不可能存在有效的描述方法。

不过，尽管如此，我们还是可以在一定程度上在情绪系统输入中给出这些影响因素简单的非线性函数关系。我们可以形成具有不同刺激度和饱和度水平的影响因素划分的一个折中情感行为范式，即准线性的“S 形非线性”函数。用公式表示为：

$$y = \frac{g}{1 + e^{-(x-x_0)/s}} + y_0$$

其中，x 是输入，表示众多可能发生在身体内外的刺激；y 是输出，表示情感强度；x_0 和 y_0 表示初始情感状态（心情）；g 表示个人性情基数；s 表示个性忍耐参数。注意，在以上公式中，当输入一个接近曲线中心的值时，情感反应的表现接近线性。

在上述公式中，参数 s 控制曲线坡度的陡峭，表示输出 y 随输入 x 的变化率。s 值越小，S 形曲线就越陡，反应也越灵敏。陡峭程度与个性有关。一个能很快从好脾气变到发怒的人的情感行为可以用陡峭的 S 形曲线来模拟。相反，那些能够在发怒前忍受更强刺激的人的情感行为可以用平缓的 S 形曲线来模拟。参数 x_0 表示情感曲线能够随着一个人的心情左右移动，好的心情能够使微小的输入产生更正效的情感。通过左移 S 形曲线，某些具有高度自觉能力的人能够经历更高饱和度的情绪。最后参数 y_0 改变整个曲线的上下位置。有忍耐力的人能够预期并控制这一参数。总之，S 形情感曲线中的参数提供了一系列的调控，这就使得人们在刺激情绪之前能够调节好输入。

S 形非线性关系也能够表达在情绪化反应中的突变现象。在上述方程中，当参数 s 接近 0 时，突变曲线变垂直。此时表明在一定范围内的输入值的微小改变能够导致输出值的显著变化。我们也许会说一个人突然发怒，我们预期这个转变对于负面的情绪比正面的情绪更适用。因为人们经常抑制负面情绪，经历一次致命的放松时，以突然哭泣或突然发怒的方式来发泄。相反，正面的情绪能够相对平稳地转变。

在情感这个非线性动力学系统中，与感情相比，内在心情所发生影响的程度更深，时间也更长久。心情被看作长久存在的背景，而情感趋向于变化性。我们通常把心情分为好、坏和一般。坏心情更能刺激情绪。一般由生气引起的怀心情有较高程度的激发性，而由过度悲伤导致的怀心情则有较低的激发性。平和的好心情相对于爱情带来的好心情，激发性要低得多，如此等等。考虑心情所施加的重要影响，通过调整 S 形非线性方程，就能描述由心情所影响而产生的各种情绪，这样可以使 S 形非线性理论获得更好的情绪描述效果。

确实，情感是随时间变化的多维现象，并不能线性化描述。从某种意义上说，具有混沌性质的非线性方程确实更能表现人类情感的变化。混沌系统是确定性和不确定性的统一，是发生在确定性系统中的貌似随机的不规则运动。一个确定性理论描述的系统，其行为却表现为不确定性、不可重复、不可预测。混沌系统与非混沌系统相比较，前者对外部事件能轻而易举地快速做出反应。这一点非常类似人类情感的变化，即人类情绪也可以随着周围环境的不断变化产生短暂的随机变化。经过分析后，人类情感又可以从中理出某种规则，渐渐维持在一个相对稳定的状态。

人类的情感系统是一个十分复杂的认知神经系统，无论是在神经机制还是在认知行为方面，目前都还有许多空白有待于探索研究。这里的描述仅仅是一种十分粗浅的介绍，还不足以刻画人类情感活动的根本机制。我们希望将来能够对人类的情感有更多的了解，为情感驱动艺术创造研究提供可靠的依据。

7.1.3　情思审美表达

科学家发现，情感在理性判断、感知、学习和其他许多认知功能中扮演了一个必不可少的角色。现有的科学证据还表明，在情感方面的适度平衡对于智力是必不可少的，可使人类在解决问题方面更有创造性和灵活性。如果我们想要机器具有真正的艺术创造能力，能创作出与人类艺术媲美的艺术作品，那么它们不仅需要有表达情感的能力，还需要有审美性情思表达能力。

我们都知道情感泛滥会给艺术审美活动造成巨大的灾难，但现有的证据同样表明，情感贫乏也会影响艺术审美活动的有效发挥。对于机器艺术创作活动也是一样，机器要有效地进行艺术创作，就必须拥有与审美认知系统相一致的情感或类似的情感机制。反之也一样，要想了解人类的审美认知活动规律，就必须对情感进行深入研究。应该说，从根本上讲，一切审美都是情感化的，因此一切艺术创作计算也必定要向着情感审美化方向发展。此时就必须研究情感审美的认知机制。

显而易见，不是所有的情感都可以激发艺术创作。只有那些具有审美意义的情感，才是艺术创作的真正源泉。因此，必须将机器自发生成的情感用艺术审美的方式表现出来，这便是艺术情感的审美表达机制问题。

当然，谁都不会反对这样一个事实，那就是艺术具有唤起强烈情感的力量。我们甚至可以说，艺术创作的主要目的就是为了唤起不同的情感体验。其实，在大多数情况下，艺术的产生本身就是情感表现的结果。

另一方面，情感又是主观评价的主要部分，而评价肯定是审美意义产生的基础，即康德所谓的判断力。因此情感不仅是艺术审美活动的基础，同样也是艺术审美意义发生的基础。从认知神经角度讲，由于与神经活动的宏观模式有关的并不是刺激本身，而是刺激对机体的意义。因此，即使从神经机制上来看，神经活动的本质是意义而不是信息，而决定外部信息是否有意义的是价值评判。

这就意味着，情感除了决定着艺术的表现，同样也是审美意义产生的基础。因此，情感就是意义价值的反映，决定着我们审美价值的判断。应该说，审美能力是人类智慧中的一种天性。美国著名美学家桑塔耶纳指出："我们的天性中必定有一种审美和爱美的最根本最普遍的倾向。任何心理原理的阐述，如果忽略如此显著的一种能力，都是极不恰当的。"因而爱美或审美，就无法回避情感问题。所以，对于机器艺术而言，无论是创造还是欣赏，都离不开审美认知机制。从这个意义上讲，只有揭示情感发生的审美认知机制，才能够更明确地开展有关机器艺术创作的研究工作。

事实上，作为艺术，唤起情感体验的神经机制与那些其他非审美情绪感受（如恐惧、愤怒、负疚等）的神经机制不同。由此可见，审美性情感体验可以说是艺术活动的主要目的。在大多数情况下，这种内在情感体验与审美不可言传，因此如何将艺术创作活动与情感审美认知联系起来就成为认知神经科学研究的一个难题。

我们通过已有认知神经科学研究的部分成果，勾勒出有关艺术创造性思维活动主要涉及的脑区及其相互作用关系，如图 7-2 所示。如此就能够对艺术审美创作过程有一个大致的了解，为机器艺术研究提供有用的参考。

在图 7-2 中，艺术审美活动过程主要分为三个相互作用的功能部分。第一部分主要在双线箭头构成环路的边缘系统中进行，是艺术审美活动中的原创性情感驱动部分。第一部分产生的情感冲动中的一路经脑岛形成情感模式通向颞叶皮层，另一路作为唤起信号通向前额叶皮层。第二部分则在单实线箭头构成的环路的更广泛脑区中进行，是艺术审美活动中的认知加工表征部分，产生具有内在象征意义的审美意象表现。第三部分则将认知加工范围进一步扩展到单虚线箭头构成环路的脑区，进行审美意象的艺术审美评判选择，最终完成艺术作品的创作活动。

值得注意的是，艺术审美活动过程中的情感驱动、认知加工表征和审美评判选择三部分并非截然分离，而是存在着广泛的相互作用。比如负责审美评判选择的前额叶皮层与（接收外界刺激的）联合皮层一起产生联想冲动，通过海马直接参与了情感驱动与认知加工的脑活动，如此等等，在图 7-2 中均有回路反应。

根据当代认知神经科学研究成果已有的结论与艺术创造中情感的作用，我们可以总结出：情感驱动是创造性艺术表现的源动力，审美评判选择是创造性艺术表现的约束力，认知加工表征则是创造性艺术表现的形成力，这三个部分分别涉及下丘脑至杏仁体、前扣带回至前额叶，以及颞叶至联合皮层。因此，说到底艺术创造性能力的核心是情感驱动，再通过前额叶的有序化审美选择，然后以认知和运动相关的加工活动加以表征。其中，前额叶的抑制和控制能力是美成为有效表达的关键。

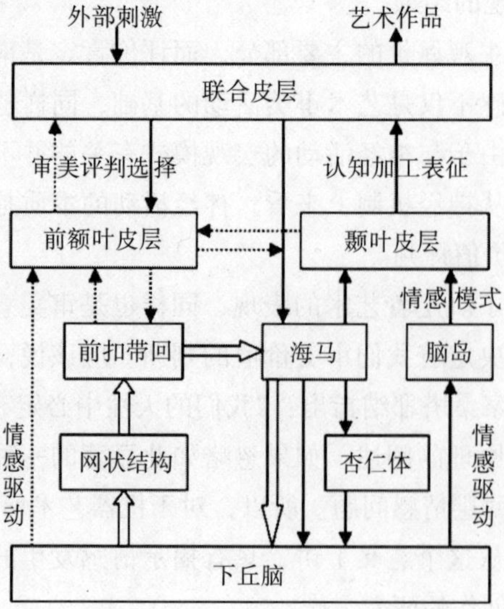

图 7-2   情感审美涉及的脑区及其相互作用关系图

　　总之，从情感发生，经灵感创意的意象涌现，到情思表现，是情感艺术审美活动的本质过程，这其中情思（情感性思想）是情感艺术作品的核心内容。只有情感艺术作品能够将各种意象进行交融作用，才能唤起内心深处的非具象情感体验。进一步，唤起的非具象情感体验只有化为一定艺术表现的具象形式，这样的艺术创造活动最终才算成功。须知，非具象形式体验涉及意识较深的心理层次，甚至潜意识层次。因此，只有依靠这种意识深层次创造性的直觉涌现，才能形成具象的情思表现。

7.2   创意模型

　　具有意识能力，使得人们可以想象不在眼前的事物，甚至不存在的事物。意识的这种能力集中体现在艺术表现之中。艺术表现最主要的特点就是创造性，不但要拒绝非审美性的庸俗情感，而且要拒绝雷同性的艺术形态。因此，创造性思维能力就是成为艺术创造的第二个方面的关键能力。通过艺术家的创造性思维能力，将具有审美意义的情感转化为新奇性的情思、意象和观念等，才能为艺术创造提供真正的一砖一瓦。

7.2.1   情智纠缠机制

　　几乎对于所有的艺术作品，特别是情感艺术作品，无不以表现矛盾冲突并努力超越矛盾冲突而展现开来，而美便在其中。最能体现艺术作品这种现象规律的，是展现多主题的复调艺术。所谓复调艺术，是指在艺术作品中，有众多相互独立而不相融合的主题或观念呈现，形成了多声部相互交叠竞争的场景。由于这种多声部复调艺术所描述的是时隐时现、此起彼伏以及模式与元模式相互转绎的多重主题之间的相互消长、竞争和融合超越，体现的正是情感本身的纠缠和矛盾冲突，所以往往寓意深刻、震撼人心，更具审美效果。

从深层次脑机制的表现方式上看，情感本身的这种纠缠和矛盾冲突恰恰反映的是人类认知能力和情感能力之间的纠缠和冲突。一方面我们的意义产生依赖于我们情感的规定，另一方面对事物的正确认识又离不开我们的认知能力。应该说，正是情感和认知的相互纠缠和协调，才造就了我们无与伦比的心智创造能力。我们上述所提及的复调艺术的表现方式，正是这种机制的外在性表现结果。

因此，我们必须从情感与认知相互纠缠和冲突的运作机制上来探讨创造性模型的构建问题。此时，我们就会发现，创造力过程可以看作一种在意识性的认知与无意识性的情感之间边缘活动的动力学过程。在这一创造性的动力学过程中，具体包括准备期、酝酿期、灵感期和完善期四个阶段。从"准备期"到"酝酿期"即从意识性认知活动转向无意识性情感活动，而从"灵感期"到"完善期"即从无意识性情感活动转回意识性认知活动。

从情感角度来看，任何创造力表现又都离不开情感作用。但情感具有一个最大的特点，那就是不确定性。因此对创造性思维建模，必须同样采用不确定性的计算方法来进行。出于这些考虑，具有自我完善能力的创造性思维模型可以采用一种情感与认知互补耦合的创造性模型构想来建立，具体描述如下。

整个艺术创造性思维模型由认知合法子系统和情感影子子系统耦合构成。认知合法子系统提供稳定信息源，对创造过程起到协调和抑制作用，以显性模式对创新张力的规避进行调节，保证创新过程的有序性。情感影子子系统则提供不稳定信息源，对系统中的细微变化起到竞争、放大、自激、弥漫等作用，以隐性模式带来创新张力。

由于系统中有来自认知和情感两个既对立又统一的信息源，这样系统中的创造性状态就具有量子纠缠态的特点。创造性思维正是系统处于稳定与不稳定之间的边缘，艺术灵感就源于这样一种系统边缘的相变阶段（或称突变涌现）。结果创造性意象必定以几率形式分布在系统自行涌现现象中：或导致新内容的出现，或回归旧模式，当然也可能导致系统崩溃，进入无序状态。

从高度抽象的层次上看，人类的神经系统主要是由情感脑（以杏仁体为代表）和理智脑（以前额叶为代表）两个相互依存部分有机组合的一个复杂系统。人类的创造性思维能力正是建立在这样一个复杂系统之上。机器构造类似这样的创造性系统必须要由大量相互作用的行为主体网络构成（就人类而言，就是我们的神经集群网络系统，或更大尺度上脑区集群网络系统），来体现认知和情感两个方面的对立统一性（或称互补性）。

系统互补性主要表现在以下方面：① 系统中的信息在相互作用中，既自由流动又停滞不前；② 可能涌现的模式既表现多样性又表现出统一性；③ 行为主体之间既相互密切联系又相对独立；④ 系统行为既具有可预测性又具有不可预测性；⑤ 行为当然具有一定的形式，但这种形式又常常是不规则的；⑥ 创造性过程是自由的，但又有一定的范围限制和总体上的原型约束；⑦ 创造原型是稳定的，但原型的具体实现形式是不稳定的；⑧ 有效的操作模式掩盖了不适应的评价模式，这对完成当前的基本任务十分有效，但也使系统易受其他系统相互作用变化的冲击，因此效率与效果之间存在矛盾；⑨ 打破对称性的正反馈与突现创新的自组织之间的对立统一；⑩ 显性模式维持当前运转的有序性，而隐性模式却试图打破常规，这样就形成了一种紧张对立的局势；⑪ 系统中既存在竞争又存在合作，既有序又无序；⑫ 波动性促使系统远离平衡态，定性化又促使系统回到平衡态；⑬ 系统与环境的相互作用体现了与环境的对立统一；⑭ 自适应要求不断完善系统，固定的运行模式却阻碍系统的革新；⑮ 系统的发展处于平稳与突变之间。

于是，自我完善的创造性思维模型便可采用一种群体量子场论的构想来建立，并必须考虑如下策略。

首先，系统由大规模的行为主体构成，并通过相互作用来执行任务。每个主体的影响力时空分布由某种波函数刻画，主体间的相互作用构成一种作用场并由波函数的迭加原理刻画。然后，系统与提供刺激信息的环境相互作用，并因此获得共同演化。因为演化的非线性，系统演化自然还包括演化过程本身的自我完善性演化，以非线性方式相互作用。

于是对系统而言，创意涌现就成为通过反馈获取有关系统的信息（意识作用），包括运行环境方面的信息、与其他系统相互作用表现出来的行为结果方面的信息（依据波函数的概率分布参数计算来实现）。创意选择则成为通过自愿在反馈取得的信息中区分和选择规律并把规律提炼为模式或者模型，最后选择解释"规律"，并在处理问题时产生有效行为的若干有效模型。

接着，系统按照与环境系统有关的模式规则行动，观察其行为带来的各种反应以及这些反应造成的结果。根据这些信息调整自己的行为以适应环境，或者进行简单学习（调整波函数参数），或者进行复杂学习，调整行为模式（改变波函数本身）。其中，行为个体可以拥有独特的个体模式（不同的波函数），但也可以受到共享模式的制约（某一类波函数）。这里，系统的行为模式可以包括简单的反应规则、制定预期目标和预先采取行动的较复杂规则、行为评价规则和模式规则的自身评价规则。

当然，要区分反映情感和认知影响的波函数构成因素，使两者成为一对真正的互补性创造性心理状态的表征变量。波函数控制参数的临界点对系统的不确定性行为起到关键作用，因素包括能量流（影响力）、信息源（外部和内部）、主体之间的联系强度以及艺术形象模式的差异程度等。

最终，创造性系统的创造性状态就是处在系统混沌边界上的稳定和不稳定之间的一个相变阶段，其结果具有上述所提到的不确定性。这种不确定性正是由认知与情感影响的有机耦合的结果，创造力表现便在其中。

总之，创造性艺术作品的产生是大脑情感、认知两大功能系统相互作用的结果。因此在艺术创造性思维过程的每一个阶段，都必须整体考虑这两大功能的相互耦合机制。在这耦合机制的实现之中，必须依据创造性思维认知过程研究的结果：①去习惯化（打破常规）；②关联性（构成部分之间）；③非线性思维（跳跃思维）。只有如此，才能更好地针对艺术创造性思维特点，构建出比较理想的艺术创意的计算模型。

7.2.2 类量子性过程

我们知道，一个系统要具备创新能力就要具有精确的复杂系统结构，包括自组织和自涌现能力、高度与环境直接相互作用的能力、把握控制系统结构相位变换参数关键值的高度复杂性、可区分性以及具有层间强耦合与层内匀称结构的大规模多层组织、具有可构造的同构状态和高级吸引子完形，即自涌性结构的特定响应环境刺激的形式。

因此，艺术创意涌现于集成神经动力学系统，并由环境激发。所以创新性意象不能被还原到单个类量子神经媒介的对应状态，尽管它们与其密切相关。创新性状态总是非局域或并行分布的。它们不能被测量，或许仅能被间接测量——在它们对应的类量子神经集群的状态上。

研究发现，艺术灵感创意的大脑中存在类量子计算过程。情感驱动主要由生理过程引发，而灵感创意的产生则主要与神经元中的类量子计算有关。灵感创意与量子机制的关联性依据主要体现在如下三个方面。

1）量子叠加：情感脑与理智脑之间的神经元分别处于类量子叠加态。这种类量子叠加态与灵感创意的关联不仅体现在多种情感体验混合的叠加状态上，也体现在多种审美认知混合的叠加状态上，结果导致我们对灵感创意描述的模糊性。

2）量子纠缠：对于产生情感体验的情感脑和产生审美认知的理智脑，两者的神经元整体处于类量子纠缠态。这种类量子纠缠态与灵感创意的关联体现于情感体验和审美认知相互纠缠，结果导致情感体验和审美认知之间的伴随性。

3）量子塌缩：理智脑神经元塌缩，情感脑神经元也同时随之塌缩。这种类量子塌缩现象与灵感创意的关联体现于前扣带回交融作用的涌现性呈现，结果导致灵感创意涌现的不确定性、非线性特征。

在大脑中，理智脑和情感脑广泛分布着形成类量子纠缠的神经元，分别是人的审美认知过程与情感体验过程的神经基础。二者在同步振荡时，情感脑中的神经元集群随着理智脑中的神经元集群发生的类量子塌缩而塌缩，从而产生了情感体验；与此同时，理智脑中的神经元集群也随着情感脑中的神经元集群发生的类量子塌缩而塌缩，从而产生了审美认知。这也意味着审美认知过程总是伴随有情感体验过程，二者不是谁决定谁的关系，而是耦合在一起，同时呈现。至于这种类量子纠缠发生的具体部位，仍有待神经生物学的进一步研究。从现有的脑科学获得的线索，可能就位于前扣带回。

在情感体验类量子塌缩前，情感脑中的神经元集群处于类量子叠加态，表现为一种多种情感体验混合的模糊状态。这一点很符合我们的经验，因为我们通常很难清晰描述自己到底处于一种怎样的情绪状态。这种情感的混合主要有两种方式：一是矛盾的情感可以同时存在，如爱恨交加、喜忧参半、悲喜交集等；二是多种情感一般性的并存，如惊喜（惊讶和高兴）、悲怨（悲伤和怨恨）等。情感感受的这种模糊性可以很好地用量子叠加来描述。

与此同时，在审美认知量子塌缩前，理智脑中的神经元集群处于类量子叠加态。这意味着我们的审美认知状态也是叠加的，即同时包含了对潜在创意刺激的多种可能的审美认知。当然这些审美认知所占的比重可能不同。当创意刺激真正到来时，则可能引起审美认知叠加态的塌缩，表现为对创意刺激产生了某种确定的审美认知。当然，创意刺激也有可能没有引起审美认知叠加态的塌缩，表现为没有受到创意刺激的影响。

由于情感体验和审美认知处于类量子纠缠态，因此审美认知叠加态塌缩时，情感体验叠加态也会立即同时塌缩，表现为一种确定灵感创意的呈现。如果审美认知叠加态没有塌缩，则情感体验叠加态也不会塌缩，表现为没有灵感创意发生。

由于情感体验伴随审美认知而产生，因此灵感创意产生过程没有推理与计算，满足艺术灵感产生的直接性。虽然不同个体的大脑结构相同，但其中的神经元连接不可能相同，因此形成的审美认知叠加态和情感体验叠加态也不可能相同。因此，这样的类量子过程也能说明艺术灵感产生的多样性和个性化等特点。

人类灵感发生的另一个特点是不确定性，这来源于情感的非线性特征，同时带来了灵感发生的不可预测性。灵感何时发生，什么样的创意刺激能使其发生，都是不可预测的，因此不可能有一个通用的数学公式来描述灵感发生的动态变化过程。由于量子塌缩具有真正的不确定性，而不是经典的伪随机性，因此灵感发生的这种不确定性可以很好地用量子塌缩来描述。

基于上述观点，灵感创意涌现系统可以看作一个类量子系统，如图7-3所示。类量子系统包含两个纠缠的子系统。每个子系统都是多种可能本征描述的叠加态，因而整个类量子系统处于类量子纠缠状态。当对认知子系统进行测量时，会导致其塌缩到一个认知本征态（审美评判）；同时，情感子系统也塌缩到一个情感本征态（情感体验）。

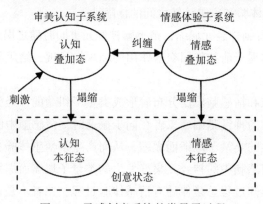

图7-3　灵感创意系统的类量子过程

这样一来，前面构建的灵感创意系统由审美认知子系统和情感体验子系统组成，分别位于大脑的理智脑和情感脑。在理智脑和情感脑之中的神经元集群分别处于认知叠加态和情感叠加态，二者之间相互纠缠，因此整个创意系统处于类量子纠缠态。当创意刺激作用于认知叠加态时，可能会使其塌缩到一个确定的认知本征态，表现为对于创意刺激产生了特定的审美评判。与此同时，情感叠加态也塌缩到一个确定的情感本征态，表现为一种特定情感体验的呈现。

如果创意刺激并没有使认知本征态塌缩，则系统仍然保持叠加态。此时系统表现为对创意刺激没有特定的审美评价，因此也没有特定审美状态的呈现。这里所说的创意刺激有两种来源：一是来自外部环境，如行为、感知等；二是直接来自大脑内部，如想象、回忆等。回忆是提取记忆中的内容，想象则是对记忆中的内容进行加工，都与负责记忆的海马有关。

基于以上讨论，可以进一步给出一个灵感创意的神经回路，如图7-4所示。脑科学研究表明，前额叶、杏仁体、前扣带回、下丘脑等部分相互之间都有一定的物理连接，而图7-4所示的是与灵感创意有关的连接。

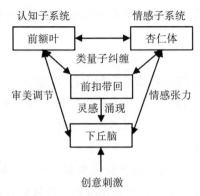

图 7-4 创意过程的神经回路

在图 7-4 中,创意刺激首先进入下丘脑,之后分高层通路(左边)和低层通路(右边)到达杏仁体。低层通路直接从下丘脑到达杏仁体,以便生命体做出快速的情感反应。这种情感反应在某种意义上相当于一种条件反射,其中并没有认知的参与。这条通路的作用表明被试对于创意刺激表现出的情感反应要比对刺激的认知早得多。高层通路经过下丘脑到达前额叶,再到达杏仁体。这样,通过前额叶和杏仁体中纠缠神经元的类量子塌缩可以同时产生审美认知和情感体验。前额叶和杏仁体可以调节下丘脑的反应,即审美认知和情感体验可以调节创意刺激引发的情感反应。前扣带回的作用主要是来自前额叶认知审美与来自杏仁体的情感体验的汇聚,调控前额叶与杏仁体之间的类量子纠缠关系。前扣带回同时也对下丘脑源生情感发生进行忽略或强化调节。

在上述的灵感创意模型中,受环境信息影响的心情可以看作一种背景情感,潜在地对灵感创意的产生起作用。面对同样的创意刺激,好心情更可能产生正向审美认知与情感体验,坏心情则更可能产生负向审美认知与情感体验。心情和海马有很大关系,因为海马主要负责对过去情感事件的记忆。这些潜在的记忆以某种方式,如互相竞争或协作、交替浮现出来,表现为我们的心情。通常海马对前额叶和杏仁体都有调节作用,因而情感记忆很可能影响了前额叶和杏仁体中神经元集群的活性及其叠加态的构成,因此影响灵感创意的产生。

根据图 7-4 给出的描述,以前额叶为代表的理智脑和以杏仁体为代表的情感脑之间的神经元存在类量子纠缠关系。如果前额叶或杏仁体损伤或部分切除,将会导致它们之间的纠缠关系消失或减弱(例如纠缠的神经元数量减少,规模变小)。因此,灵感创意状态无法伴随审美认知的产生而产生,或产生的灵感创意状态很短暂。

注意,量子理论描述灵感创意产生机制的有效性,并不是说物质的量子活动可以直接产生意识,而是强调意识产生机制与量子机制具有跨越尺度的自相似性。这种自相似性的一个表现方面就是意识活动中功能意识(审美认知)与现象意识(情感体验)之间的纠缠关联性。小到微观世界,大到宏观世界,都受到相同法则的支配。

总之,对于灵感创意的产生机制,我们可以运用量子理论的波函数及其塌缩来描述。在创意波函数塌缩情况下,因为经典宏观系统(环境刺激或人类感官)与类量子系统(灵感创意神经回路)的相互作用,创意波函数塌缩到一个特定的量子本征态(灵感创意图式)。

于是，灵感创意就可以作为与经典系统相互作用的相变结果出现。

7.2.3 创意量子模型

那么，如何实现这种创意波函数描述的相变过程呢？一种可行的方法是借助量子编码理论，给出上述创造性思维过程中系统状态相应的量子编码描述。从而进一步利用量子机制，以复杂性对付复杂性的方法，就可以通过量子计算理论和技术在一定范围和程度上实现这种灵感创意涌现过程的计算描述。

首先对于具体由 n 个神经元组成的神经元集群系统（比如某个足够复杂的神经回路）并给定了神经回路的连接矩阵，如果各神经元所处位置分别为 $r_i(i=1, 2, 3, \cdots, n)$，那么根据神经网络理论的神经状态函数模型，各神经元随时间变化的激活情况可以用

$$q_i(t) = q(r_i, t)$$

来描述。n 个神经元构成了有 n 个自由度的神经系统状态空间，因此系统随时间变化的激活状态（r 表象，代表认知子系统的表现）可用量子编码表示为：

$$|q(t) >=|q_1 > \odot|q_2 > \odot|q_3 > \odot\cdots\odot|q_n >$$

其中，$|X >$ 为狄拉克算符，表示量子态 X；$\odot$ 为希尔伯特空间积。

不失一般性，我们用 $|1>$（表示自旋向上）和 $|0>$（表示自旋向下）分别表示神经元激活情况中的激活和抑制，系统的状态就可以用二进制量子位来编码。于是利用给定的 J 矩阵，就可以给出计算全时程 $q(t)$ 叠加态的量子图灵机。

实际上，针对目前情况并将时间离散化，上式可改写为：

$$q_i(t+1) = \sum_{j=1\cdots n} J(r_i, t+1, r_j, t)q_j(t)$$

或写成：

$$q(t+1) = J \cdot q(t)$$

其中 $q=(q_1, q_2, q_3, \cdots, q_n)^{\mathrm{T}}$。此时根据量子图灵机理论，可以依据 J 来构造一个量子图灵机单步算子 H，即

$$H = \sum_{i=-\infty\cdots\infty} vP_{s,i}uP_i$$

其中，$P_{s,i}$ 为当前量子位状态投影算子；P_i 为当前量子位投影算子；v 为计算量子神经状态演化方程式的量子算子，有 $vP_{s,i}=P_{qi,i}v$；而 u 有 $uP_i=P_{i+1}u$，为移位算子。将 H 算子运用到量子神经状态上，我们有：

$$q(t) = H^t(q(0)) = H(H(\cdots H(q(0))\cdots))$$

其中，$q(0)$ 为系统初始态。事实上，这样的 H 正是实现了量子神经状态演化方程式计算的全部叠加。

同理，对于系统随时间变化的激活频谱（p 表象，代表情感子系统的表现）也可给出相应的量子编码描述，并通过傅里叶变换，相应地给出量子图灵机单步算子 G，使得有：

$$f(t) = G^t(f(0)) = G(G(\cdots G(f(0))\cdots))$$

其中，$f(t)$ 为系统 t 时刻的激活频谱；$f(0)$ 为初态。

在上述 H 和 G 算子的基础上，我们就可以给出一种创造性思维涌现意识过程的量子计算模型，如图 7-5 所示，图中虚线部分表示虚拟隐式机制。图 7-5 所示模型的各主要部分分别说明如下。

首先，H 和 G 即为上述两个量子计算的单步算子，具有互补性关联关系（互补性关联图中用双向箭头表示）。$|T>$ 为时间量子寄存器，可把 $t=0,1,2,\cdots,t_{Max}$ 的叠加态置于该量子寄存器中，这里 t_{Max} 表示特定神经活动的最大时程（单位取为微秒级）。$|Q>$ 为神经系统状态量子寄存器，存放经 H 算子对每个 t 作用结果态 $q(t)$ 的全部叠加。而 $|F>$ 则为神经系统频谱量子寄存器，存放经 G 算子对每个 t 作用结果态 $f(t)$ 的全部叠加。这三个量子寄存器同处一个量子系统中，因此相互之间具有量子纠缠性关联关系（纠缠性关联图中用无箭头连线表示）。

当创意刺激作用于系统时（情感认知活动，相当于在给定经典内外部环境中的测量），系统状态 $|Q>$ 塌缩为某个本征态 $|Q_{k0}>$，对应的激活图式代表着某种意义内容（即审美认知）。此时，由于纠缠性关联，$|T>$ 和 $|F>$ 也分别相应塌缩为对应的 $|T_{k0}>$ 和 $|F_{k0}>$，代表着意识活动的时间结构信息（情感体验）。

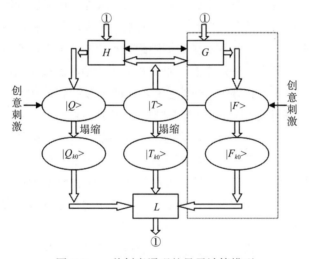

图 7-5   一种创意涌现的量子计算模型

在图 7-5 所示的模型中，L 代表系统的学习适应调节算子（泛函算子，或称元算子），结果则是对 H 算子和 G 算子进行修正。在一次塌缩后重新启动系统，开始新一轮的情感认知活动，由标记①所连接。

在这样的模型中，灵感创意发生的创造性意识过程主要体现在隐式的时间结构信息编码的获取上，系统则在意识状态下启动 L 算子的运行。模型的主要特点是利用了量子机制的叠加性和纠缠性，经典计算无法完成。由于量子系统的塌缩与神经网络系统的相变解构相对应，因此模型所描述的创造性意识相变活动也有理想的直观意义。

毫无疑问，我们上述给出的创造性意识过程模型建立在量子机制之上，因此其行为要受到量子物理规律的支配，其中最重要的就是 H 算子和 G 算子之间具有量子互补性关系。

由于 H 算子和 G 算子的作用对象分别是神经系统的 r 表象（审美认知）和 p 表象（情感体验），因此涉及创造性意识活动，其反映的便是意识过程中时间和空间信息编码和测量之间的互补性，即意识感受（情感体验）与意识对象（审美认知）之间的互补性。

根据量子理论，当两个物理量算子 S_1 和 S_2 相互不对易时，即有算子 K 使得

$$[S_1, S_2] \equiv S_1 S_2 - S_2 S_1 = iK \neq 0$$

成立，那么就有：

$$\langle (\Delta S_1)^2 \rangle \cdot \langle (\Delta S_2)^2 \rangle \geq \langle K \rangle^2 / 4$$

这就是海森堡测不准关系的一般表达式。在上述公式中，$<S>$ 表示算子 S 作用于量子态所得结果的平均值。很明显，由于 r 表象和 p 表象相互不对易，因此 H 算子和 G 算子之间也满足这里的海森堡测不准关系，具有量子互补性。

事实上，现有的神经科学研究早已揭示这种类量子互补性的神经活动现象。对应到我们创造性思维的量子计算模型中，体现 H 算子和 G 算子的互补性主要表现在其量子单步算子的清晰路径生成性之上。

必须注意，在构造 H 算子或 G 算子时，为了使量子计算成为可能，我们要求这些算子是清晰路径生成的。所谓清晰路径生成的算子，其要求算子所对应的连接矩阵满足充分连接条件，即矩阵中每行每列至多只能有一个零元素。现在由于互补性限制，两个算子不可能同时由清晰路径生成的。如果 H 算子为清晰路径生成的，那么就不可能同时也找到清晰路径生成的 G 量子计算算子；反之亦然，如果 G 算子为清晰路径生成的，那么就不可能找到清晰路径生成的 H 量子计算算子。当然也有可能两个都不是清晰路径生成的。

由于 H 算子和 G 算子分别对应于空间和时间结构信息编码的计算，因此它们之间的这种互补性实际上指出的是这两种信息计算的测不准关系，体现的正是认知与情感两个不同子系统的互补关系。也就是说，对于情感体验意识和意识审美认知，我们不可能同时精确地把握。这也是我们每个人都有的经验，人们越是过度地注意某种情感体验，对这种情感体验的感觉就越模糊。也正因为这样，整个神经活动才会有无意识和有意识之分，以及存在一个意识程度的刻画等问题。

与其他已有的创造性计算模型相比较，我们给出的模型的最大特点就是真正刻画了创造性意识活动的互补性时空信息编码。我们认为，在创造性思维活动中，意识活动是显式心智活动过程中的一种伴随性现象。一方面，对意识对象的感知或认知等是通过神经元集群激活图式的空间编码得到体现的；另一方面，对意识对象的情感体验意识本身，则通过与空间编码互补性的时间编码来体现。只有这样才能说明创造性思维活动中丰富的意识活动现象和规律，如无意识的心智活动、意识活动的时间性、同步振荡与意识的关系、注意的串行性以及对意识本身的不可意识性等。从这个意义上讲，这里所提出的创造性思维量子计算模型，较之其他创造性计算模型具有更强的解释能力。这也是我们提出这种基于量子计算之上的创造性意识模型的意义所在。

创造力并非是一个孤立的问题，而是包括多种思维过程的完整心智能力的一个方面，针对创造性思维进行计算机模拟也仅仅是心智计算研究的一个部分。因此，创造性思维计

算的进一步深入研究将有待于心智计算其他部分研究的整体发展，包括全新量子计算机制本身的提出和发展，以及艺术、科学等诸领域学者的介入。

当然，艺术创造性思维能力是人类智能的一个基本特征，但对于机器智能模拟实现而言，却是一项十分困难的任务。应该说，艺术创造性思维模型的研究必然是学科交叉性的，需要不同学科的学者共同参与。只有这样，才会开创出实际有效的创造性思维模型，并成为机器创造能力表现的有力工具。

7.3 机器艺术

机器艺术创造的最后一个环节，就是要将创造出来的新奇性观念、意向、情思等创意性艺术要素（灵感创意图式），通过一定的艺术表现形式组织起来，形成一件具有优美结构的艺术作品。当然，由于具体的艺术表现形式不同，将具有审美创意的要素组织展开为具体作品的计算方法也不尽相同。

对于机器艺术而言，所谓采用的计算方法，当然不是指利用多媒体技术，人类通过机器来进行各种艺术作品的制作；而是指通过给机器编制一定的智能程序，使机器具有自主创造艺术作品的能力。在目前的机器艺术的具体创作中，采用的人工智能方法主要是机器智能实现的各种常用策略。诸如符号逻辑的文法、神经联结的模型、遗传演化的算法等，都在不同的艺术创造中得到运用。

应该说，正是依靠这些比较成熟的人工智能方法，迄今为止，机器已经创作了数以万计的艺术作品。面对这样的机器艺术，人们一定会为之心动。现在就让我们先走进机器艺术的世界，看看各主要类别的机器艺术研究都有哪些成就吧。

7.3.1 机器音乐创作

首先在音乐创作方面，早在 200 年前，当英国剑桥大学的查尔斯·巴贝奇教授发明现代机器的前身——分析机的时候，他的助手、著名诗人拜伦的女儿艾达·古斯塔·莱温赖斯就曾经预言这台机器总有一天会演奏出音乐。艾达认为：如可表达并修改"和声"与音乐作曲学中所确定的各"音符"间的基本关系，则机器可创作出精美的、符合科学规律的、复杂程度不等的音乐片段。

随着现代计算机器的诞生，人们开始使用机器来进行音乐理论的分析研究。很快研究结果证明，机器在音乐风格分析、调性与和声结构等方面十分有效。这样就很快催生出机器音乐创作这一新的研究领域。

最早进行机器自动作曲的是美国人希勒（L. Hiller）和艾萨克森（L. Isaacson）。1956年他们通过机器程序（采用马尔可夫随机过程模型）成功创作出音乐弦乐四重奏作品《伊里亚克组曲》。实际上，机器能够作曲的很大一部分原因在于乐曲一般都有一定规律可循，并且这种规律又往往与自然的规律或数学的规律有某种共通之处。

当然，随着机器智能方法的不断成熟，迄今为止，出现了为数众多的、更加成熟的机器作曲或辅助作曲系统。归纳起来，目前主流的机器作曲方法大约有文法规则生成、神经网络计算和遗传演化算法三种类型。这里，我们简要地介绍这些方法及其在不同的音乐创作系统中的应用情况及相关的结果。

文法规则生成方法主要是采用各种层次的文法来生成不同的乐曲。在机器音乐创作中，对于基本和弦序列的产生，可以采用某种预先设定的曲式文法，来满足即兴演奏实时性的要求。当然在机器实现中，这样的文法必须使用最低程度短时记忆的处理方式。例如，对于旋律而言，即使每个音符都是相同的音阶，间隔的整体效果也必须满足旋律性要求。仅这一点，就要求机器算法达到实时性。因此，在曲式文法的规定中，后接的音符选择约束应该尽可能简单。文法规则生成方法是一种比较直观的机器作曲方法，有比较广泛的应用。

当然，为了能够生成更加动听的音乐，在构建音乐文法时，往往还利用大量音乐知识规则来完善这种文法规则生成的方法。这些知识规则可以从作曲过程的多个角度来描述音乐知识，以方便创作出更加符合和声效果的音乐。

不过，音乐文法是事先确定好的，所以类似于人类音乐家，所开发的作曲程序也有某种特定的音乐风格。另外，基于曲式文法的音乐创作系统也不具有改变规则的元规则能力。因此，与大多数其他"创造性"程序一样，所开发的程序也都使用随机选择风格来约束允许的各种可能性。通过这样的选择，可以产生预先设定风格的音乐，但产生不出超出预先设定风格的音乐。

与文法规则生成方法不同，神经网络计算方法主要通过输入音乐学习已有乐曲的表现特征，来产生其他相同类型的乐曲。神经网络计算方法可以依靠人类教师指导来进行"强化"，形成特定风格的作曲系统。比如，在神经网络计算方法的具体运用中，可以使用递归神经网络来构造机器作曲算法，并用反向传播学习算法进行训练。递归神经网络能成功地获取一个旋律经过乐句组织的表层结构，并以这样获取的知识为基础，创作出新的旋律。当然，神经网络计算方法生成的旋律缺乏音乐的全局连贯性，即这种方法无法获取较高级的音乐特征。

一般，这类系统都是从起先的一无所知，通过某种风格乐曲的训练学习，发展为可以进行特定风格音乐的创作。神经网络计算方法的联结主义模型没有定义深层音乐文法的知识结构，而是通过学习识别表面特征来产生同种类型的乐曲。这些模型甚至能够学习连编程人员也不懂的其他民族的音乐，编程人员也无须具备音乐文法知识。

神经网络为算法作曲在方法上提供了一种选择。神经网络计算方法虽然能够松散地模拟人脑中的活动，但结果往往似乎并非特别有效。因为在一个人工神经网络能创作旋律之前，需要先收集大量的作品来进行训练。不过由于缺少好的音乐空间映像，因此其作曲能力受到限制。为此，可以将神经网络这种表层文法与符号逻辑更深层的文法相结合，以使创作出的乐曲更加丰富。

不管是文法规则，还是神经网络，都存在一个比较共性的不足，就是难以评判所生成乐曲的优劣程度。因此，上述两种方法创作的音乐质量往往参差不齐，要靠运气偶尔"创作"出优美的乐曲。为了克服这种不足，目前都采用遗传演化算法来进行机器音乐创作研究。

遗传算法（Genetic Algorithm）使用适应函数（Fitness Function）来演化出全局最优候选者（染色体）的乐曲。使用遗传算法进行音乐创作的工作，主要是解决如何构造适应函数来评估及选择系统生成的旋律的问题。

采用遗传算法开发机器作曲系统的一个优势是，音乐初学者可以通过人机交互的方式创作自己喜爱的音乐。如此，只要能够寻找到理想的适应度评估函数，就能够允许没有任何作曲技能的人通过音乐作曲系统进行音乐创作。

有了上述介绍的各种机器音乐创作的智能计算方法，我们就可以通过举例来完整说明如何从生成音乐动机开始来进行机器音乐的创作。下面我们以二声部创意曲的机器创作为例，结合上述三种主要方法的运用，给出具体机器作曲实例。

二声部创意曲的作曲过程主要分为四个步骤：①动机生成（Motive）；②模仿再现（Imitation）；③对位展开（Counterpoint）；④添加插句（Episodes）。根据作曲理论，二声部创意曲的作曲模式可以归纳为如下两个声部的行进文法模式：

❑ Motive → Counterpoint → Imitation → Episodes → Motive → Counterpoint → Ending
❑ Rest → Imitation → Counterpoint → Episodes → Counterpoint → Motive → Ending

这样，再引入遗传算法和神经网络相结合的方法，我们就可以按照如下步骤开展二声部创意曲的机器作曲。

第一步，进行动机产生。采用遗传算法进行动机的产生，关键是产生动机优劣的适应度函数选择，要充分考虑和声效果和音程关系。

第二步，完成对位展开。采用三层 BP 神经网络来进行对位展开。通过一定样本数据的训练，最终能够对给定动机进行适当的对位展开。比如图 7-6a 所示是选择的动机，图 7-6b 所示则是对位展开的结果。

a）所选动机   b）对位结果

图 7-6   二声部创意曲对位展开

第三步，生成二声部创意曲。按照二声部创意曲行进文法模式，加上简单的模仿与插句，最后形成二声部创意曲的作曲结果，如图 7-7 所示。

图 7-7   形成二声部创意曲的作曲结果

从上述二声部创意曲成功创作的实例中可知，理想的机器作曲方法应该是综合多种智能方法来进行，如此方能取得良好的效果。

因此，机器作曲的进一步发展必将出现更加符合人脑创作音乐的机制。一方面要充分考虑仿脑策略，基于某种脑功能模型，强调多脑区协作的集群图式竞争、考虑情感驱动因素，来开展音乐创作模型的构建。另一方面，需要解决音乐作品审美评判的机器自动实现问题，构建审美评判觉知模型并将其应用到机器琴曲评价之中。可以预想，将来随着智能科学技术的进一步发展，特别是有关情感计算、机器意识、创造模型等理论与方法的不断成熟，机器创作音乐系统也将更加趋于完善。

7.3.2　机器书画创作

与音乐创作一样，机器也闯进了视觉艺术的天地，成为特殊身份的"书画家""美术家"和"建筑师"。当然，机器的画布主要是荧光屏，但也有直接用画笔画在真实画布或画纸上的机器人，如图 7-8 所示。不过，不管是哪种情况，控制绘画过程和效果的均是某种快速运行的人工智能算法程序。这些程序中，有些是控制机器人的"手"和"眼"的协调；有些则是通过图形的连续变换来实现绘图操作。

　　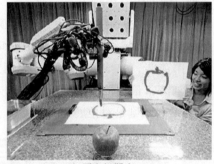

a）画像机器人　　　　　　　　　　　　b）写生机器人

图 7-8　绘画机器人

这里必须强调指出，尽管机器通过成熟的计算机图形图像处理方法和分形理论，可以生成成千上万甚至无法计数的规则图形，有的甚至还非常美丽，但这样构建的程序系统都还不是真正意义上的机器"画家"。我们所谓的机器画家，指的是那些"出人意料"地创作绘画艺术作品的"个性化"程序系统。

目前，机器"画家"的潜力正在不断被人工智能专家挖掘出来，除了用于科学工程制图外，还广泛涉及绘画领域的众多方面。例如，美国摄制的科幻片《电子管》的 320 幅背景中就有 286 幅由机器"画家"绘制。在 1984 年的一次机器绘图大会上，美国俄亥俄州立大学的学生斯詹·巴尔等人研制的电脑动画片创作程序，甚至还创作了描绘两只小鸟恋爱故事的动画片。

在机器绘画程序中，比较典型的是美国人工智能业余爱好者 Cohen 于 1991 年编制的 AARON 程序。AARON 程序主要是在预先设定的基元范围上，采用随机选择机制来完成各种线条幽默画，具有一定的不可预测性。

有一类机器绘画程序主要是通过"创造性"变换来进行绘画创作。例如图 7-9 给出的漫画，就是由美国科学家布伦南的变换程序所创作，"绘画程序"通过一种"面孔空间"变换方法来进行创作。

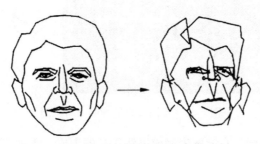

图 7-9　一幅计算机漫画

除了绘画，在书法方面，也有相应的机器创作研究的成就。书法是中国特有的一种艺术形式，因此有关书法方面的机器模拟和创作，除了日本之外，主要是我国一些学者在开展这方面的研究工作。

在中国传统艺术技巧表现方面，书画往往具有很大的相通性。因此为了介绍书画机器创作的一般原理，我们就以书法艺术为例，一探机器如何创作出具有艺术风格的书画作品的过程。

不同于人类学习书法的过程，机器书法需要借鉴中国传统书法理论，同时采用计算机图形图像处理、人机交互、模式识别和人工智能等技术，将传统书法的创作工具、视觉艺术效果、书法创作和书法审美评价等用机器的方式展示出来。一般而言，机器书法系统模仿人类各种风格的书法作品需要经过如下加工步骤。

首先要对人类书法家的字帖进行"数字化采集"和"临摹学习"，主要是对大量的书法精品进行机器分析处理。通过碑帖图像的去噪、字体笔画的轮廓提取、特征点检测和轮廓段的矢量曲线拟合，可以提取笔画和部首等构成书法视觉艺术效果的基本元素。在此基础上，结合书法理论知识，可以对字体形状进行分析，找出运笔规律和结体等的形态参数。字体笔画轮廓特征提取和矢量化分析参见图 7-10。

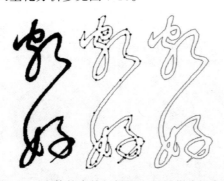

图 7-10　字体轮廓特征提取和矢量化分析实例

然后再通过对各种浓淡变化的纹理分析，来构建不同浓淡风格书写笔画的纹理模型。在此基础上，通过建立虚拟毛笔模型，用以指导类似书写风格笔画的绘制。图 7-11 给出了不同纹理笔画效果的书写示例。

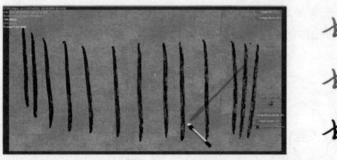

图 7-11　不同纹理笔画的书写示例

最后，根据字体笔画书写顺序来完成书法作品的生成。通过笔画轮廓提取、笔触的运动轨迹的控制、笔触时间序列的重建，生成书法汉字图像的书写动画，如图 7-12 所示。在图 7-12 中，从左到右分别是：a）原图，b）笔锋运动轨迹，c）笔触序列，d）生成动画结果截图。

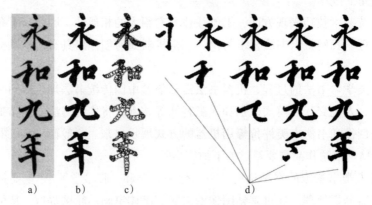

图 7-12　虚拟毛笔模仿书法过程

经过上述系统的学习，只要是机器分析过的书写风格，就可以运用机器字库中的字形特征和风格，进行书法临摹和创作表演了。图 7-13 给出的就是机器书法作品。

图 7-13　机器书法作品举例

总而言之，我们从书法字形的计算分析入手，通过书法碑帖图像去噪、曲线轮廓字形提取、书法纹理的建模与绘制、虚拟毛笔模型的建立、书写动画模拟等计算过程，就可以基本上实现机器书法创作。显然，同样的方法也可以运用到绘画作品的创作之中。不同的是，绘画作品的模仿创作，还需考虑更为复杂的墨色、构图布局和主旨立意等问题。

对于书画而言，机器擅长的是有规律可循的模仿，而勉为其难的便是立意布局。如果机器真想要达到中国古代画论所说的气韵生动境界，那么就必须解决情感意向的产生问题。所以，真正的机器书画一定是在审美情感发生、情思意象创造的基础上才能够得以开展。目前的机器书画，缺少的就是将情感发生和意象创造相结合的研究。

7.3.3 机器诗歌创作

机器艺术的另一个重要领域就是机器诗歌创作。早在 1962 年 5 月，美国艺术杂志《地平线》就发表了题为《一位美国新诗人登上诗坛：埃比的创作》的文章。埃比（Autobeatnik）是一位机器诗人，其创作的题为《姑娘》(The girls) 的诗如下：

All girls sob like slow snows,

Near a couch, that girl won't weep

Rains are silly lovers, but I am not shy.

Stumble, moan, go,

    this girl might sail on the desk.

No foppish, deaf, cool kisses are very humid.

This girl is dumb and soft.

其实，这里的"诗歌"纯粹是机器基于一定词汇随机组合搭配（Word Salad）的结果。从某种角度上讲，只要将伪随机数发生器与语言的文法规则相结合，并运用到相当规模的机器词典上，就能产生"美丽"的诗句。

在我国，电脑"诗人"也大有"人"在。1984 年，我国首届青少年计算机程序设计竞赛中，上海育才中学 14 岁的学生梁建章就成功编制了一个五言绝句诗词创作程序。该程序共收入 500 多个词汇，以山水云松为主题，平均不到 30 秒就能创作一首五言绝句诗，可谓高产"诗人"。下面题为《云松》的很有古诗韵味的诗作，就为该程序所"创作"：

銮仙玉骨寒，松虬雪友繁。

大千收眼底，斯调不同凡。

当然，这些有韵味的诗作，不过是一些基于设定模式来生成合乎文法和韵律要求的诗作。采用类似的方法，还有辽宁省建设银行工程师艾群所开发的机器诗歌创作系统。该系统"发表"的诗作中有一首叫《乡情》，尤为让人叫绝，全诗如下：

夜空　长长

日历交融了墙，

久远的威风上

人迷失在充满生机的故乡。

以看到的背影拒绝回声，

> 唇急给于心中，
>
> 自无来的情里
>
> 拂过无声的落叶。

还别说，真有那么一点思乡情浓的味儿。

很明显，上述的机器诗歌之所以有那么一点诗情画意，当然是源于人们的选择和解读，所谓"三分诗七分读"。其实，也不需什么高明的手段，只要基于规定好的模板，采用简单的填空法，机器照样可以偶尔创作出不错的诗歌。比如，一种被称为"朦胧诗速成妙法"就是这样，其只需做如下模板规定：

1）题目一律叫《无题》。

2）第一句：在思维的＿＿＿里（中），其中"＿＿＿"填场所的词。

3）第二句：我＿＿＿着＿＿＿……，其中第一个"＿＿＿"填感觉的动词，第二个"＿＿＿"填感觉的名词，并保证填写的两个词语属于两种不同的感觉。

4）第三句：一句大白话。

5）第四句：也许＿＿＿……，其中"＿＿＿"填写有所暗示将来的语句。

那么按照这样的模板要求，就可以创作一首"无题"诗：

> 在思维的停车场里，
>
> 在夜色的芬芳中我拥抱着你的声音……
>
> 晚上 7:30 我会坐 375 路离开，
>
> 也许明天会有个更好的约会……

如何，是否也还有一点诗趣？

因此，问题不在于机器能否写诗，能否偶然地写出好诗，而在于能否保证机器所写的每一首都是好诗！从这个意义上讲，机器创作诗歌，困难不在于组合搭配出好的诗句，而是如何在生成的诗句中进行评判，使得机器总能挑选出好的诗句，从而真正保证机器创作诗歌的质量。

为此，就目前机器智能已有的比较成熟的计算方法而言，也许只有遗传演化算法能够在保证机器诗歌质量方面有所作为。遗传演化算法是一种全局优化算法，可以通过选择、遗传、变异等作用机制，实现各个个体适应性的提高。其中，关键是要选择计算个体适应度量值的函数，这实际上就是对生成的个体质量进行评估。因此可以使用遗传算法来进行诗歌生成和评估。

机器诗歌优劣的评价是基于生成的大量诗歌的平均水平。从以上几首机器诗歌可以看出，最大的困难还是诗词的语义问题。此时建立语词之间的语义搭配一致性就显得十分重要，比如引入语义关联词库、诗词典故库以及诗词格律规则库等数据基。因此可以看出诗词句子的生成过程本质上是一个不断优化求解的过程。

于是，采用遗传算法和模因免疫优化算法，针对中国古典诗词的生成问题，就可以形成不同的中国古典诗词生成系统。比如，从笔者所著的《抒情艺术的机器创作》一书第三章不难找到，这样的系统对于给定主题和诗体词牌，在初始诗词语句群体上，经过一段时间的运行，就可以生成如下质量更优的诗词作品。

1）七绝·离别（遗传算法）：

清明传语愁送客，两岸千里欲渡河。

茫茫春光催碧草，晓露琼楼阑珊色。

2）五绝·无题（模因免疫优化算法）：

飞花还似酒，落叶又如棋。

世事三年别，人生百岁期。

3）清平乐·菊（遗传算法）：

相逢缥缈，窗外又拂晓。长忆清弦弄浅笑，只恨人间花少。/黄菊不待清尊，相思飘落无痕。风雨重阳又过，登高多少黄昏。

可以看出，这样的诗词，无论是在形式上，还是在内容上，甚至在词语意义的一贯性上，都达到了相当高的水平。不知读者是否能够认同这样的诗词作品。为了看看机器所创作的诗词到底能够乱真到什么程度，我们不妨来做一次图灵测试。下面的两首词，词牌一样、主题也一样，读者能辨别出哪首是机器写的、哪首是人写的吗？

点绛唇·念佳人

人静风清，兰心蕙性盼如许。夜寒疏雨，临水闻娇语。/佳人多情，千里独回首。别离后，泪痕衣袖，惜梦回依旧。

点绛唇·念佳人

娇颜似花，佳期如梦天一方。人海茫茫，何处诉衷肠。/一夜东风，红杏满庭芳！思欲狂？巾短情长，无语寄斜阳。

应该说相对于其他艺术形式，诗歌艺术的机器创作还是比较成功的。不过细心的读者也许已经发现，这里面还是存在一个情思意象的驱动问题。人类创作诗歌是出于内心情感和思想的驱动力，是有感而发。但是机器呢？机器的创作诗歌则是通过被动输入命令、主题以及格式要求来生成。

总之，通过对机器创作的诗歌进行分析就不难发现，同前面小节介绍音乐与书画创作一样，机器诗歌创作也同样没有解决情感驱动、意象创造等功能的有机结合问题。或许，这就是目前机器艺术研究共同的难题——机器如何在审美情感驱动下自发地创作艺术作品的问题。我们期待未来的智能机器能够解决这一难题。

本章小结与习题

对于机器而言，能够自动创作艺术是一项并不十分困难的任务。但如果要其生成具有一定新奇思想情感的艺术，就变得十分艰难。本章虽然给出了一些机器情感驱动、机器创造模型以及机器艺术创作的研究内容，但尚缺乏将这些内容贯通起来的研究工作。由于没有内在的情感驱动，不能将内在情感转变为新颖的创意思想，目前机器还不可能创造出与人类艺术媲美的艺术作品。

习题7.1　就你自己熟悉的任何一种艺术形式，编制一个简单算法，能够自动生成该种艺术形式的艺术作品，并分析成败得失。

习题 7.2   不管是音乐、书画还是诗歌，你认为创作出具有一定审美价值的艺术作品，主要依靠人类哪方面的心智能力？

习题 7.3   艺术评价的审美机制可以看作一种元模式转绎机制，那么怎样理解元模式转绎机制？请从生活中举例说明。

习题 7.4   如何看待目前已有的创造性思维模型，你认为要开展创造性思维的机器建模研究，应该考虑哪些因素？

习题 7.5   人类的情感在艺术创造中发挥着重要作用，但又不是所有的情感都有助于艺术创造活动。请加以分析区分，指出哪些情感有助于艺术创造，哪些不是，并给出自己划分的理由。

习题 7.6   情感表现具有明显的非线性特点，请观察自己一周的情感变化。然后采用某种非线性方程，来拟合你所记录的情感数据，并加以分析。最后总结出自己一周情感变化的一般规律和特点。

CHAPTER 8

第 **8** 章

行 为 表 现

获取环境信息的感知、对获取信息进行有意识的认知运作，以及随之而来对环境信息做出表现反应的行为，构成了人类心智能力的三个主要环节。但传统人工智能往往将智能看作感知和认知能力，普遍忽视有关智能行为表现方面的研究。不过，考虑到评判机器有无智能能力，因为"他心知"问题的困境，主要还是要通过行为表现来进行。因此，智能行为表现是机器智能不可或缺的一个重要环节。实际上，智能机器人的研究开发与一般智能系统的不同之处，主要也就在于其独特的智能行为表现上。因此，本章将主要介绍有关智能行为表现方面的研究内容。

8.1 人体运动

人类的行为表现主要通过人体运动及其组合来实现。可以这么说，有目的意图的运动就是行为，所以说运动是行为的基础。就人体而言，各种运动的控制实现主要通过中枢神经系统控制肌肉收缩来完成，一般将与运动控制关系最为密切的神经系统部分称为运动系统。当然，当涉及行为时，仍会与动机、学习、记忆等人脑的高级功能相关联。

8.1.1 人体运动控制

在日常生活中人们离不开各种运动。想象人们一天的生活其实就是各种运动控制的系列组合。早上起床，伸个懒腰、打个哈欠、洗漱穿戴，然后走出家门、吃个早餐、乘坐公交车去上学或上班，坐在电脑前学习工作、拿起手机浏览新闻、泡杯茶水想着心事，其他如阅读书报、跑操打球、与朋友聚会，都离不开人体的运动。

那么这些人们习以为常的人体运动是如何进行的呢？通常人体的运动可以分为三类，即反射运动、节律运动和随意运动。反射运动不受意念控制，只要有特异刺激出现，就会自发出现。这种反射运动一般在很短时间就可以完成，涉及的神经区域也较小，比如打喷嚏之类。节律运动是指有规律的自主运动，如呼吸、咀嚼、行走等，可以随意开始或终止。但是，节律运动一旦开始就会自动重复进行，不再需要意识参与了。

在人体的运动中，最复杂的是随意运动。这是一种具有行为目的、可以按照意愿随时改变、反映主观意愿的运动。这种随意运动是目前机器行为实现主要关心的人体运动。随意运动涉及的脑区比较广泛，需要的时间也较为长久。熟练的随意运动需要一段时间的学习训练。但人类个体一旦熟练掌握了某种技能运动，往往就形成固定的程式。随意运动一旦训练成为记忆"运动程序"，那么就可以随时调用。

所有的运动都靠严密组织的肌肉系统来实施。具体地说，就是肌肉的收缩或舒张产生了运动。肌肉的收缩或舒张则受神经信号控制，包括控制运动的位移、速度、加速度、力度等多种参数的信号。

通常我们将可以运动的身体部分称为效应器。头、眼睛、上下颌、舌、声道、颈、手、手臂、腰、腿、脚等，都是效应器。人体各种形式的运动最终都通过控制一个或一组效应器肌肉状态的变化来实现。

人体的肌肉由弹性纤维组成。这些弹性纤维组织可以改变肌肉的长度和张力。弹性纤维连接着骨骼关节处，并通过成对拮抗组织来控制关节活动，从而促使相应的效应器收缩或伸展。在此过程中，神经系统与肌肉之间的基本相互作用通过 α 运动神经元来进行。α 运动神经元起于脊髓，经过脊髓腹根到达肌肉纤维。α 运动神经元将神经信号转化为机械运动。当 α 运动神经元改变肌肉的长度或张力时，人体对应部位就产生了运动。

运动神经系统控制躯体运动具有对侧化特点。与感觉系统相同，每个大脑半球主要控制对侧身体的运动。左半球的运动神经系统控制右侧身体效应器的运动，而右半球的运动神经系统控制着左侧身体效应器的运动。在对侧化运动控制过程中，尤其对于远端效应器控制，躯体特定区的表征严格限制于身体一侧。正是通过这样的对侧化运动控制，人体才能完成各种复杂的运动功能。

在实际生活中，人们复杂的运动往往是一系列动作形成的动作序列。发网球的时候，人们要用一只手把球抛起来，另一只手挥动球拍使其在球刚从最高点下落的时候击中球。弹钢琴时的运动模式更加复杂，人们需要以一定的力量和节奏有顺序地敲击琴键。这些动作都由控制了整个序列的层级式表征结构所指导。

层级式表征结构将动作成分组织为整体的组块，而组块与动作表征有关。在钢琴演奏中，能明显看到这样的结构。乐谱定义了节拍和乐句；然后再将这些高层表征转换为动作控制指令；最后是将动作控制指令转化为具体的手指运动动作。

美国认知神经学家唐纳德·麦凯给出了一种层级式运动控制的模式，认为运动计划和学习可以发生在各个层级上。最底层是实现一个特定动作的具体指令，最高层是动作目的的抽象表征，而在最低与最高两层之间便是回应系统层级。通过运动学习，通常多个动作可以实现同样的目的。但如果最底层的运动指令已经很好地建立起来了，那么运动学习可能限制在加强更抽象的表征上而不涉及肌肉本身。

读者可以通过如下实验来说明运动学习是可以独立于肌肉活动的。拿出一张纸，对于右利手而言，用惯用的右手签上自己的名字。正常的签名完成后，读者还可以使用不习惯使用的左手重复这个动作。当然读者还可以用自己的牙齿咬着笔做一遍同样的动作，甚至还可以用脚拿笔来签名。结果读者会发现，尽管不习惯使用的其他方式写出的签名不如自己惯用右手签的那样标准，但是所有签名有很高的相似性。不同书写效应器书写结果具有相似性，这说明高级运动表征是相对独立于特定的肌肉群的。存在差异性则反映这样一个事实，一些肌肉群在将抽象表征转化为具体动作上比另一些更加熟练。

　　当从这样的角度看待运动表征时，人们看到运动学习可以发生在多个层级。当新的一组效应器产生一个熟练的运动时，学习主要在低层级发生。相反，如果人们学习一个新异的动作，学习的影响可能发生在运动层级中更抽象的水平上。这对于训练人们的运动技巧或者开发机器人运动功能非常具有启发意义。

　　当然，为了通过运动可以精确、持续地完成控制复杂行为，感觉信息的不断反馈也非常重要。影响复杂行为控制的感觉信息包括：①视觉、听觉、皮肤触觉的定位信息；②肌肉、关节和前庭器官本体的长度、张力、位置等感觉信息。因此，复杂的行为是运动与感知乃至高级认知相互协作的结果。

8.1.2　运动神经系统

　　在行为运动控制中，运动神经系统起着关键作用。人脑运动神经系统如图 8-1 所示，涉及的神经系统结构分别有运动脑区（motor area）、非运动脑区（non-motor area）、基底神经节（basal ganglia）、小脑（cerebellum）、脑干运动核（brainstem motor nucleus）以及脊髓等。

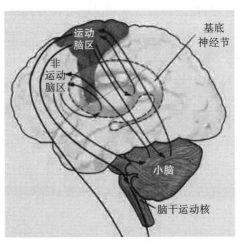

图 8-1　运动神经系统

　　根据我国神经科学家韩济生在《神经科学原理》一书中的总结，控制运动的主要神经系统中各结构之间的相互关系如图 8-2 所示。就人体而言，运动神经系统由三个水平的神经结构分级构成，由低到高分别是脊髓、脑干下行系统以及大脑皮层运动区。

　　脊髓是位于最低水平的运动控制结构。正如前文所述，其中的 α 运动神经元支配骨骼肌，控制肌肉收缩来实现反射运动或随意运动。

　　运动控制第二个水平的神经结构是脑干下行系统，包括内侧和外侧两个部分。脑干内侧下行系统主要支配躯干中线的肌肉和肢体近侧肌肉，对整体运动进行控制。比如保持机体平衡、维持直立姿势、整合躯体和肢体运动（如朝向运动）、控制单个肢体的协调运动等。脑干外侧下行系统则与肢体远端肌肉的控制有关，涉及诸如手及手指的精细运动的控制。通常，脑干下行系统接受感觉运动皮层的指令。因此在整个运动神经系统中，大脑皮层可以通过脑干下行系统来对脊髓进行间接控制。

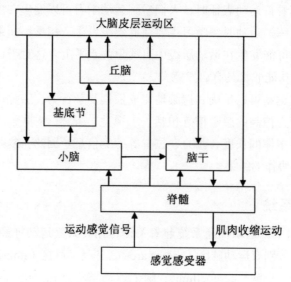

图 8-2　运动系统各结构间相互关系示意图

　　除了上述脑干系统外，与运动控制调节相关的其他神经结构还包括小脑和神经基底节。小脑是一个规模较大的组织结构，接收大量的感觉输入，包括躯体感觉、前庭觉、视觉和听觉各通道的信息。小脑还接收许多皮层联合区域的纤维传入。小脑主要提高运动精度。基底神经节包括尾状核、壳核、苍白球、丘脑底核和黑质这五个神经核团。作为一个整体，基底神经节的组织结构和小脑有一点相似之处。神经基底节主要建立运动皮层与其他脑区的联系，比如额叶皮层。

　　根据韩济生的总结，大脑运动皮层主要为运动制定正确策略。作为运动准备过程的重要步骤之一，就是通过各种感觉传入，获得关于外界物体（包括运动目标）在空间位置中相互关系的信息，而空间位置信息的加工则由大脑右侧后顶叶皮层完成。

　　大脑皮层运动区是运动控制的最高水平中枢，大致构成包括初级运动皮层、前运动皮层以及辅助运动区三个部分，如图 8-3 所示。在这三个部分中，后两个部分均由神经纤维投射到初级运动皮层，而三个部分则均直接投射至脊髓或经脑干下行系统影响脊髓。

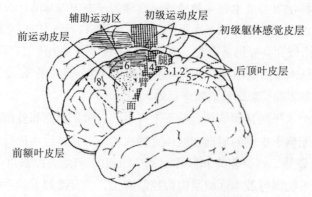

图 8-3　大脑皮层运动区功能分布图

大脑皮层中许多其他联合区域也与运动功能有关。Broca 区、脑岛（Broca 区深部），以及额下回都参与言语动作的产生。BA8 区包括了额叶眼区，控制着眼睛的运动。后顶叶区域参与动作的计划和控制。

大脑皮层除了通过皮层脊髓束直接与脊髓结构发生联系外，还可以通过如下四种途径来调节运动功能。第一，运动皮层和运动前区通过皮层—皮层束，接收来自皮层大部分区域的纤维传入。第二，一些运动皮层的神经元轴突终止于脑干，因而可以调节锥体外系的功能。第三，运动皮层与小脑、基底神经节之间有大量的纤维联系。第四，皮层延髓束包含终止于脑神经的皮层纤维。

根据认知神经科学的研究成果，运动神经通路的关键环节如图 8-4 所示。图 8-4 强调了解剖连接的模式，粗略地将运动功能分为运动计划、运动准备和运动执行。在图 8-4 中：通常推测联合皮层跟产生运动目标有关；基底神经节主要完成动作之间的转换功能；辅助运动区完成基于内部目标、定势、习得模式的运动选择；运动前区完成基于外部刺激信息的运动选择；外侧小脑则与运动模式的准备有关；运动皮层完成激活肌肉的功能；小脑中间地带与运动模式的执行与校正有关。

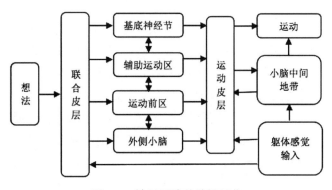

图 8-4　神经通路的关键环节

总之，人体运动靠着运动神经系统各个部分的相互协调控制来实现。我们外在的一切行为表现的背后，都受运动神经所支配。

8.1.3　躯体运动定位

在运动神经控制系统中，还有一个重要的机制就是躯体运动的定位问题。大脑通过皮层脊髓束和皮层延髓束控制躯体运动。皮层延髓束控制面部肌肉的活动，而皮层脊髓束主要控制肢体远端肌肉的活动。初级躯体感觉皮层与肌肉有直接关系，刺激阈值低。初级运动皮层区需要较强的刺激才引起运动，引起的多为较为复杂的运动。初级运动皮层区的相邻部位控制相邻身体部位的运动，这种安排称为躯体定位组织。

值得注意的是，运动皮层中神经组织对应所控制躯体部分具有拓扑相邻对应性。韩济生指出，躯体部分对应皮层划分情况如图 8-5 所示。比如控制手运动的大脑皮层初级运动区的手区，与辅助运动区的手区、脑干控制手运动部分相关联。

借助最新的脑功能成像研究发现，在面部、手、手臂和腿运动时，在初级运动皮层的激活区有高度的重叠。这表明身体运动在运动皮层的代表区在很大程度上互相重叠。分散在相当大的区域内的许多皮层神经元群的协同活动是运动得以产生的基础。

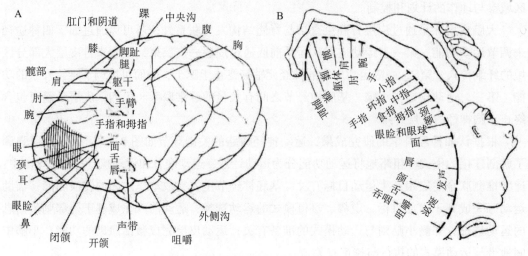

图 8-5   运动控制躯体对应皮层划分状况图

辅助运动区又可分为三个部分，即与高层次运动控制有关的前辅助运动区、与简单运动任务有关的新辅助运动区和辅助眼区。有关反映血流变化的实验表明，当被试者不做任何动作，只是默想手指运动的次序时，只有辅助运动区血流增加。可见，对于通过运动想象来控制脑机接口设备的研究，辅助运动区起着十分重要的作用。

比如训练大鼠通过运动想象来控制机械臂递送水给自己喝。首先训练大鼠通过操纵杆来控制机械臂给自己送水喝。此时，当大鼠按压操纵杆时记录其初级运动皮层的一些神经元活动，并与实际运动建立相关性。然后使操纵杆不能控制机械臂，而由大鼠脑细胞的脑电信号告诉机械臂往哪儿移动。不久，大鼠所需要做的就只是想象移动操纵杆，然后机械臂便会神奇般地把水送过来。

像大鼠这样通过运动想象来控制机械装置的训练步骤包括两个阶段。首先，动物被训练用手臂抓取不同位置的物体，然后对运动皮层的细胞进行记录，厘清每个神经元活动特点并会产生实际的运动效果。一旦建立了这些表征，就可以利用其间的关系来控制机械装置了。因此，就像学会了不按杠杆只需想象正确运动就能得到奖励的大鼠一样，猴子也可以被训练仅通过想象来控制屏幕上鼠标的移动或控制机械手臂的移动。

除了运动想象与真实运动具有对应相关性之外，观看运动与真实运动也具有这种对应的紧密相关性。具体地说，我们对他人动作的理解似乎依赖于在我们自己产生这个运动时也参与的神经结构活动。由于这一对应关系的存在，神经科学家用镜像神经系统来描述同时参与动作产生和动作理解的神经网络。研究表明，知觉系统并不与运动系统分离。大脑对于观看抓取、投掷或跳舞等动作，同时形成抽象的视觉模式表征。比如，我们对于抓握物体或舞蹈动作的理解需要参照我们自身抓握物体或跳舞的能力。自我参照的概念有时被称为涉身认知——我们在概念上的知识基于我们对身体的认知。

镜像神经元并不仅限于运动前区。顶叶和颞叶的神经元也在产生动作和理解动作时显示出类似的活动模式。这表明镜像系统由分布在许多脑区的镜像神经元构成，而并非是一个联系知觉和动作的专门区域。运动前区的激活模式表明，动作产生和动作观察有类似的躯体特定区域对应关系。有趣的是，激活范围和强度反映个体的运动能力。相对于观看不熟悉的舞蹈，有经验的舞者在观看熟悉舞蹈的录像时，其镜像神经网络的激活更强。因此运动的激活可能与抽象的动作计划有关，并不依赖于特定的效应器。

那么如何通过对人体运动机制的了解来开发智能机器人的运动系统呢？为此，李祖枢在《仿人智能控制》一书中给出了一种更加适合机器实现的人体运动过程模型，如图 8-6所示。李祖枢认为，人类运动程序产生的整个过程大致如此：①根据运动动机愿望、获得的感觉信息以及人体自身状况，大脑联络皮层产生运动动作的粗略规划；②大脑皮层对粗略规划进行分析、处理与解释，形成更为详细的运动系列；③对运动系列的时空图式进行内部模拟；④最后是驱动运动系列的实施。

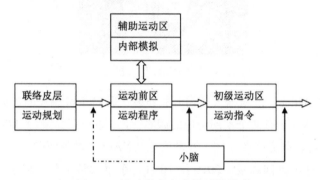

图 8-6　运动程序产生的过程模型

总之，了解了人类运动的程序控制过程和机制，必然有助于开展行为表现的智能机器实现。实际上，除了具体肢体活动控制方式不同外，目前机器行为控制的实现策略大体上都借用了人体运动过程中的一些方法和策略。

8.2　仿人行为

模仿人类外形与功能的机器人称为仿人机器人或类人机器人，能够进行仿人行为表现的智能机器人主要属于仿人机器人。比起普通机器人，仿人机器人更加适应人类活动的场所环境、行为方式，也符合人类的习惯并能够给人以亲近感。自 20 世纪 70 年代以来，不断有各种仿人机器人面世。

8.2.1　研制仿人机器人

最早开发仿人机器人的是日本早稻田大学加藤一郎研究室开发的 WABOT-1 型机器人（1973 年），后来该研究室又开发出了能够演奏钢琴的 WABOT-2 型仿人机器人（1984 年）。仿人机器人研究的新突破则是 1996 年由日本本田技研公司历经 10 年精心打造的 P2 仿人机器人（身高 180cm，体重 210kg）。这款机器人也是世界上首台能用双足稳步行进的仿人机器人。日本本田技研公司在 1997 年进一步研制了改进版 P3（身高 160cm，重 130kg）。

到了 2000 年，日本本田技研公司又开发了 ASIMO 仿人机器人（身高 120cm，重 43kg），可遥控、双足、能运动。图 8-7 所示就是 ASIMO 仿人机器人。由于仿人机器人的自由行走、跑步是一个难题，因此制造出在这方面有所突破的 ASIMO 仿人机器人有重要意义。

图 8-7　ASIMO 仿人机器人

2004 年，法国 Aldebaran 机器人公司开始研发一种自主可编程的仿人机器人 NAO（发音与"脑"相近）。NAO 具有两个不同定位的版本：学术版与家庭版。NAO 家庭版面世较早，主要面向个人、家庭、服务行业，用于互动娱乐。NAO 学术版面向大学和实验室，用于科学研究和教学，并逐步推向市场。2010 年 10 月，东京大学中村实验室购买了 30 台 NAO 机器人，希望将它们开发为实验室助理。从 2011 开始，NAO 已经在包括我国在内的全世界众多学术机构中广泛使用。

2010 年夏天，NAO 在上海世博会上以同步歌舞动作惊艳四座，成为全球瞩目的焦点。2010 年 12 月，NAO 进行了一次令人惊异的单口相声表演。自此之后，Aldebaran 机器人公司不断发布 NAO 新机型，具有更加精巧的手臂、改进的马达、更快的 CPU 和高清摄像头，以及更健全的软件，成为其突出特色。

NAO 是在世界范围内学术领域运用最广泛的仿人机器人，如图 8-8 所示。综合起来，NAO 仿人机器人主要有如下特点和突出的智能功能。

1）NAO 机器人拥有讨人喜欢的外形，并具备一定程度的人工智能和一定程度的情感智商，能够和人亲切地互动。该机器人还如同真正的人类一般拥有学习能力，可以开展各种仿人行为的研究工作。

2）NAO 机器人还可以通过学习身体语言和表情来推断人的情感变化。经过一定的时间累积，NAO 可以"认识"许多人，并能够分辨这些人不同的行为及面孔。

3）NAO 机器人能够表现出愤怒、恐惧、悲伤、幸福、兴奋和自豪的情感。当它们在面对一个很难应付的紧张状况时，如果没有人与其交流，NAO 机器人甚至还会为此生气。NAO 机器人的"大脑"可以让它记住以往好或坏的体验经验。

4）NAO 机器人动作灵活，它拥有一个惯性导航仪装置，以保持移动模式下的平稳状态。它还可以靠超声波传感器探测并绕过障碍物，这使 NAO 机器人的动作十分准确。

5）NAO 机器人的每只脚上配备有四个压力传感器，用来确定每只脚压力中心的位置。NAO 机器人可以通过适当的调整让自己更好地保持平衡。

6）NAO 机器人非常突出的一大特点是它的嵌入式软件。通过这些软件，NAO 可以进行声音合成、音响定位、探测视觉图像及有颜色的形状、（凭借双通道超声波系统）探测障碍物。NAO 机器人还能通过自身大量的发光二极管来产生视觉效果或进行互动。

图 8-8　NAO 机器人

除了日本和法国，在仿人机器人研制中影响较大的还有人形机器人 Cog（科戈）了。Cog 是美国麻省理工学院人工智能实验室布罗克斯开发的一个人形机器人，被用作一个探索人和人工智能等领域的平台。Cog 由头、躯干、胳膊及双手组成，没有腿和柔性的脊柱。一套传感系统用来模拟人的感官，包括视觉、听觉、触觉、本体感受和前庭系统。Cog 仿人机器人的外形如图 8-9 所示。

图 8-9　Cog 仿人机器人

Cog 没有单一集中的控制"大脑"，而是由不同处理器组成的异种机互联网络控制，个体关节分别由专用的微控制器控制。Cog 的视觉系统模拟装置是双眼结构，眼睛能绕着水平和竖直的轴转动。每只眼睛由两个摄像机组成，一个广角度摄像机负责外围视野，另一个具有窄角度的摄像机则负责景物的中心。听觉由一对类似助听器的麦克风实现。Cog 的听觉系统任务是提供真实的、具有鲁棒性的接近人的听觉系统。

Cog 头部前庭也模仿人，三个半圆形的沟槽被互相垂直安装有 3 个等级的陀螺仪。

Cog 还有两个直线加速计，这些都安装在眼睛的下方。Cog 还实现了一个未充分开发的触觉系统，由一个 6×4 传感器矩阵构成。该系统位于躯干的前部，能感知位置和接触力。在 Cog 的手上也安装了类似的系统。

在实用性机器人产品开发方面，美国波士顿动力公司可谓是后起之秀。波士顿动力公司致力于研究人工智能仿真并具有高机动性、灵活性和移动速度的先进机器人。从技术开发角度看，这些机器人的成功主要是基于传感器的控制和算法解决了复杂性的机械使用问题。该公司于 2018 年 5 月推出了 Atlas 仿人机器人，如图 8-10 所示。该款机器人不但能够在野外自由行走、完成一些体力工作、充满情感地跳舞，甚至还可以完成像后空翻这样的高难度体操动作。应该说波士顿动力公司开发的仿人机器人代表了迄今为止仿人机器人的最先进水平。

图 8-10　Atlas 仿人机器人

图 8-11 给出了其他一些仿人机器人的例子。上述开发的各种仿人机器人主要是为了使机器人能够适应人类生活与工作的环境、使用人类熟悉的工具、操控符合人类习惯的设备，并且外形外表均可以模仿人类形态、穿着、姿态、表情、语言等。但这样也会给研制如此复杂功能的仿人机器人带来许多技术挑战，最为基本的问题就是，如何控制这些仿人机器人完成各类仿人行为。

 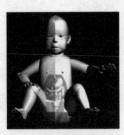 

a）模仿拾阶功能　　　　b）模仿肠胃功能　　　　c）模仿跑步功能

d）取面包机器人　　　e）煎鸡蛋机器人　　　f）机器人医生

图 8-11　仿人机器人举例

8.2.2　行为的强化学习

一般开发研制的仿人机器人都具备基本动作的功能实现。因此原则上，仿人机器人在基本动作的基础上，可以随机产生各种组合行为，然后通过外部指导给出的反馈来保留有效的组合行为。有效的复杂机器行为应该根据环境感知模仿人类的指导来不断强化实施，这种策略也称为机器人行为的强化学习策略。

采用强化学习策略，能够使一个具有感知环境能力的仿人机器人，通过不断与人类指导下环境相互试探的行为来学习选择能达到其目标的最优动作系列。具体的方法就是，为这样的仿人机器人定义一个回报函数作为其目标，仿人机器人在不同状态中选取不同的动作会有不同的回报值。正确的动作给予正值作为奖励，错误的动作则反馈负值作为惩罚。仿人机器人的目标就是不断在人类指导环境中开展行动尝试，使累积回报最大化。据此，仿人机器人可以成功地学习到各种复杂行为实施的控制策略。

这是一个在人类行为指导下，与变化环境不断博弈的过程。所以强化学习具有这样一些特点：①回报是延迟的，是对过去已经实施动作的反馈；②学习是一个不断探索环境的过程；③环境状态仅仅部分可观测，具有不确定性；④强化学习是一个终生学习问题，机器人只有在环境的探索中不断优化自身的应对行动。

为了实现强化学习任务，要将这样一种学习序列控制策略问题形式化，一般可以采用基于马尔可夫决策过程来描述。如果设某一时刻的环境状态为 s_t，仿人机器人采取的行动为 a_t，那么回报函数可以定义为：

$$r_t = \gamma(s_t, a_t)$$

并且实施行动 a_t 后环境状态变化到一个新的后继状态：

$$s_{t+1} = \delta(s_t, a_t)$$

其中 δ 和 γ 是环境的一部分，仿人机器人并不知道，一般 δ 和 γ 是为非确定性函数。于是，学习一个策略就可以定义为：

$$\pi: S \to A$$

仿人机器人基于当前观察到的状态 s_t 选择下一步动作 a_t，即 $\pi(s_t)=a_t$。现在定义累积回报值为：

$$V^\pi(s_t) = \sum\nolimits_{i=0\cdots\infty} \lambda^i r_{t+i}, 0 \leq \lambda < 1 ，为一常数$$

其中回报序列 r_{t+i} 由重复运用 π 和 γ、δ 函数得到，即由

$$r_{t+i} = \gamma(s_{t+i}, a_{t+i})$$
$$s_{t+i} = \delta(s_{t+i-1}, a_{t+i-1})$$
$$a_{t+i} = \pi(s_{t+i})$$

递推而来。

于是，仿人机器人获得应对环境条件的最优策略就可以描述为：使仿人机器人学习到一个策略 π，使得对于所有状态 s，$V^\pi(s)$ 为最大，即求

$$\pi^* = \mathrm{argmax}_{\pi,s} V^\pi(s)$$

因此，只要给定了 $\gamma(s,a)$、$V^\pi(s)$，以及 $\delta(s,a)$，就可以根据上述描述来求最佳 π^* 了。

这就是强化学习的基本原理。由于环境是不确定、不断变化、部分可观察的，因此直接学习 π^* 并不现实。在实际运用中，往往要对上述形式描述中的一些条件进行适当的简化。比如，假定 δ 和 γ 是确定性函数，将累积回报函数改为一个定义在状态和动作上的数值评估函数，然后以此评估函数来实现最优策略。此时如果采用 $\bigvee$ 函数作为评估函数，那么最优 π^* 应该取为：

$$\pi^*(s) = \text{argmax}_a[\gamma(s,a) + \lambda \bigvee^*(\delta(s,a))]$$

即在状态 s 下的最优动作是能使立即回报 $\gamma(s,a)$ 加上立即后继状态的 $\bigvee^*$ 值最大的动作 a。前提条件是已有立即回报函数 γ 和状态转换函数 δ，但实际问题中常常无法满足这样的前提条件。因此，可以采用评估函数 Q。评估函数 $Q(s,a)$ 定义为

$$Q(s,a) = \gamma(s,a) = \lambda \bigvee^*(\delta(s,a))$$

并且整体使用 $Q(s,a)$ 而不考虑其构成细节。也即，通过直接定义具体的 $Q(s,a)$ 来求最优 π^*：$\pi^*(s) = \text{argmax}_a Q(s,a)$。学习 Q 函数对应于学习最优策略。注意，由于

$$\bigvee^*(s) = \text{argmax}_{a'} Q(s,a')$$

因此我们有：

$$Q(s,a) = [\gamma(s,a) + \lambda \text{argmax}_{a'} Q(\delta(s,a),a')]$$

于是可以通过迭代逼近计算 Q，这样一个学习 Q 的算法如下（算法 8-1）：

1）对每个 s、a 初始化表项 $Q_g(s,a)=0$（Q_g 表示 Q 的估算值）；
2）观察当前状态 s；
3）一直重复如下步骤（终身学习）：
　①选择一个动作 a 并执行它；
　②接收到立即回报 r；
　③观察新状态 s'；
　④对 $Q_g(s,a)$ 进行更新：
　$Q_g(s,a) \leftarrow r + \lambda \max_{a'} Q_g(s',a')$
　⑤$s \leftarrow s'$ 转①。

在上述算法中，每次仿人机器人从一个旧状态前进到一个新状态，Q 学习会从新状态到旧状态向后传播其 Q_g 估计。同时，仿人机器人收到此转换的立即回报，被用于扩大这些传播的 Q_g 值。因此上述算法满足：

1）在训练中 Q_g 值不会下降（第 n 次循环均有）：

$$(\forall s,a,n) Q_g^{(n+1)}(s,a) \geq Q_g^{(n)}(s,a)$$

2）在整个训练过程中，$Q_g^{(n)}$ 满足：

$$(\forall s,a,n) 0 \leq Q_g^{(n)}(s,a) \leq Q(s,a)$$

也即 $Q_g^{(n)}(s,a)$ 是有上界 $Q(s,a)$ 的单调递增序列。

据此可以证明上述算法的收敛性，即我们有确定性马尔可夫决策过程中 Q 学习的如下收敛性结论。

考虑一个 Q 学习仿人机器人，在一个有有界回报 $(\forall s,a)|\gamma(s,a)| \leq c$ 的确定性 MDP（马尔可夫决策过程）中，算法 8-1 将 $Q_g(s,a)$ 初始化为任意有限值，并且使用 $0 \leq \lambda < 1$，令

$Q_g^{(n)}(s, a)$ 代表在第 n 次更新后的 $Q_g(s, a)$，那么如果每个状态 – 动作对都被无限频繁地访问，则对所有 s 和 a，当 $n \to \infty$ 时 $Q_g^{(n)}(s, a)$ 收敛到 $Q(s, a)$。

当然我们也可以在算法 8-1 中第 3 条第①步用如下概率策略来选择动作 a，即按较高 Q_g 值的动作被赋予较高的概率：

$$P(a_i \mid s) = K^{Q_g(s, a_i)} / \sum_j K^{Q_g(s, a_j)}$$

其中 $K > 0$ 为一常数，则可根据概率大小来选择动作。

如果进一步考虑非确定性回报和动作，即考虑 $\gamma(s, a)$ 和 $\delta(s, a)$ 可能有概率输出时的 Q 学习算法。那么我们需要用期望值来定义累积回报，即

$$\vee \pi(s_t) = E\left[\sum_{i=0 \cdots \infty} \lambda^i r_{t+i}\right]$$

其中 E 为期望函数。同样 $Q(s, a)$ 也用期望值来定义

$$
\begin{aligned}
Q(s, a) \quad &= E[\gamma(s, a) + \lambda \vee^*(\delta(s, a))] \\
&= E[\gamma(s, a)] + \lambda E[\vee^*(\delta(s, a))] \\
&= E[\gamma(s, a)] + \lambda \sum_{s'} P(s' \mid s, a) \vee^*(s')
\end{aligned}
$$

其中 $P(s'|s, a)$ 是在状态 s 采取动作 a 会产生下一个状态 s' 的概率。鉴于 Q 的迭代形式，可写为如下形式：

$$Q(s, a) = E[\gamma(s, a)] + \lambda \sum_{s'} P(s' \mid s, a) \max_{a'} Q(s', a')$$

其为确定性 $Q(s, a)$ 的一般形式。不过，为了确保迭代的收敛性，一般采用如下公式来代替上述公式：

$$Q_g^{(n)}(s, a) \leftarrow (1 - a_n) Q_g^{(n-1)}(s, a) + a_n[\gamma + \lambda \max_{a'} Q^{(n-1)}(s', a')]$$

其中 $\alpha_n = (1 + \text{visits}_n(s, a))^{-1}$，这里 $\text{visits}_n(s, a)$ 为此状态 – 动作对在这 n 次循环内被访问的总次数（相当于概率因素的考虑）。注意，当将 α_n 设为常数 1 时，上式退化为前面确定性算法的情况。

运用上述强化学习方法，就可以让仿人机器人学习更加复杂的社会行为。比如，要学会向一个陌生人讨球，然后把球交给指导老师。这个社会性组合行为的难点在于向他人讨球时不同的人可能有不同的反应。因此只有通过不同环境条件下的不断强化学习，才能够针对环境条件的变化，给出最优的行为组合，最终学会这一复杂的讨球行为。

8.2.3 机器人仿人行为

从技术实现上讲，机器人仿人行为首先涉及的是机器人的运动学。机器人运动学就是要给出机器人运动的系统描述理论与方法。这些理论与方法包括三维空间中物体转动的描述方法、角速度矢量、旋转矩阵的微分与角速度矢量之间的关系。除此之外，机器人运动学还要给出根据机器人关节角度来求出手足等连杆的位置与姿态的有关方法，以及反过来根据手足连杆位置与姿态求出机器人相应关节的角度，如此等等。

仿人机器人运动的一个最重要概念是 ZMP（zero-moment-point），就是力矩分量为零的位点，俗称重心点。这是一个判断机器人是否摔倒、其足底是否与地面接触的指标（重

心点是否超越支撑足面）。基于 ZMP 概念，才可以研究双足步行模式的生成和行走的控制方法。

稳定站立与步行运动是仿人机器人首要实现的基本功能。步行又包括在平整地面行走和上下楼梯行走等。除了基础性的机器人行走之外，更一般的仿人机器人运动控制包括更多的运动功能，比如依靠双足和双手自主地躺下、起立、抓握、踢腿、坐卧以及转向等。所有这些功能的实现必须遵循一个主要原则，就是要在了解仿人机器人运动规律的基础上，利用行为规划算法与行为执行程序，来实施具体的行为动作。

对于仿人机器人而言，在上述各种单项动作的基础上，还必须给出各种全身运动组合的控制实现方法。只有这样，才能够基本上使仿人机器人实现各种类人的行为。为了实现这样更加复杂的行为动作，可以通过前面介绍的环境强化学习策略来训练仿人机器人行为生成器功能，从而学会生成各种需要的复杂行为。

诸多证据表明，人类通过不断试探和推理模仿他人的行为。仿人机器人学习复杂社会行为也是如此。人类可以通过营造适当的环境条件来训练强化机器人的适当行为组合，从而实现仿人机器人对一些基本社会行为的掌握。此时，人类指导作为回报值的估计在机器强化学习中至关重要。实际上，利用人类评估的反馈作为回报函数，能够使仿人机器人行为强化学习的收敛过程更加高效。

当然，在目前的情况下，应该首先让仿人机器人学习一些基本社会行为。利用模仿指导与强化学习，通过组合基本的动作系列就可以让仿人机器人形成复杂的社会行为。此时，除了强化学习策略外，还需要建立相应的社会行为知识库供机器人系统利用。表 8-1 给出了机器人应该学会的一些最基本的社会行为。通过让仿人机器人学习这样的社会行为，就可以增加其社交能力。

表 8-1　机器人应初步学会的社会行为

行为	描述
身份转换	一个社交参与者为关注角色，试图接触另一社交参与者，被接触者随即转化为关注角色，而他自己变为非关注角色。机器人可以从中学会在关注角色与非关注角色之间的身份转换
向他人讨回物体	当 A 把物体扔给 B 时，机器人必定会走向 B 并将物体要回。关键问题在于，不同的人可能会有不同的反应方式
冻结身份	类似于"身份转换"，但是当有人身份被转换时，他们必须静止不动（"冻结"）直到参与者身份全部转换完成，才能启用新的身份进行行为活动
引导行为	社交中机器人引导他人进行某项活动
寻找可能被人占有的物体	这是"寻找物体"的一个变形，但是这里的物体可能被藏在某一个具体位置，或者被某一个人或几个人所占有。在这种情况下，机器人需要试着判断他们是否占有这个物体，或者尝试向他们索要

总之，不管是社会行为表现，还是其他复杂行为表现，都是仿人机器人系统开发的基本课题。如果按照人类行为的标准，目前的研究还相当初步。应该看到，仿人行为的关键是仿脑机制，只有根据人脑运动系统来控制行为的表现，才能说得上是本质意义上的仿人行为。好在目前国际上各种类脑构造工程陆续展开，为仿人行为的机器实现提供了新的希望，这是一项任重道远的研究工作。

不过，由于仿人机器人完全适应人类的生活与工作环境，因此仿人行为研究的应用领域十分广阔，几乎人类可以开展的服务工作，原则上仿人机器人都可以做到。目前仿人机器人已经在医疗、教育、服务和娱乐等方面得到广泛的应用，并取得了基本被认可的社会效果。

8.3　机器歌舞

由于仿人机器人在形态上与人的相似性，人们自然而然地希望仿人机器人能像人一样进行歌舞表演。因此，在仿人机器人的行为表现研究成果的基础上，人们开展了有关机器歌舞表演的研究工作。在本节中，我们将结合歌舞动漫设计和机器人歌舞控制方法，专门介绍机器歌舞方面的研究状况。

8.3.1　机器歌舞概述

制造能够载歌载舞的机器歌姬，是中国古代先民们早就有的梦想。在《列子·汤问》中就有这么一段记载：

周穆王西巡狩，越昆仑，不至弇山。反还，未及中国，道有献工人名偃师。穆王荐之，问曰："若有何能？"偃师曰："臣唯命所试。然臣已有所造，愿王先观之。"穆王曰："日以俱来，吾与若俱观之。"翌日，偃师谒见王。王荐之，曰："若与偕来者何人邪？"对曰："臣之所造能倡者。"穆王惊视之，趋步俯仰，信人也。巧夫！锁其颐，则歌合律；捧其手，则舞应节。千变万化，惟意所适。王以为实人也，与盛姬内御并观之。技将终，倡者瞬其目而招王之左右侍妾。王大怒，立欲诛偃师。偃师大慑，立剖散倡者以示王，皆傅会革、木、胶、漆、白、黑、丹、青之所为。王谛料之，内则肝、胆、心、肺、脾、肾、肠、胃，外则筋骨、支节、皮毛、齿发，皆假物也，而无不毕具者。合会复如初见。王试废其心，则口不能言；废其肝，则目不能视；废其肾，则足不能步。穆王始悦而叹曰："人之巧乃可与造化者同功乎？"诏贰车载之以归。

虽说这段记载是否是真实史实，难以稽考，但其中反映出古代先民的一种美好愿望，则确定无疑。

岁月蹉跎，现在好了，随着仿人机器人研究技术的不断成熟，机器人歌舞已经真正出现，媒体也不时有这样的报道。比如据日媒报道，日本东京歌舞伎町流行别具一格的"机器人餐厅"。这家餐厅里设有机器人歌舞者，如图 8-12 所示，专门为客人献上别开生面的舞台表演。

又据美国《大众科学》网站报道，在美国也上映过一台充满了新技术和新概念的歌舞剧，这台歌舞剧的表演者是机器人歌手。在第 13 届中国（上海）国际玩具展览会上，机器人阿尔法（Alpha）表演了精彩的歌舞。如此等等，不一而足。

其实，机器人歌舞并不是什么新鲜事物。最早的机器歌舞表演出现在 2003 年，日本索尼公司研制的 ORIO 就是第一台可以漫步、歌舞，甚至指挥乐队的仿人机器人。图 8-13 给出了一些机器人歌舞的实例。

图 8-12　日本餐厅的机器人歌舞者

机器女歌唱家　　　　机器男歌舞家　　　　人机交际舞

图 8-13　多种形式的机器人歌舞

　　如今，仿人机器人歌舞引起国际学术界的广泛关注，特别是日本在仿人机器人歌舞方面始终走在国际学术界的前列。日本东北大学生物工程与机器人系的研究小组开展与人共舞华尔兹舞的仿人机器人（图 8-13），可以踩着音乐节拍完成对应歌舞动作，并与人体接触方式来感知舞步的变化。日本东京大学的研究人员则采用机器观察学习方法，让仿人机器人再现人类歌舞。图 8-14a 所示就是日本的机器人歌舞手，图 8-14b 所示是日本机器人歌舞姬真人同台秀的视频截图。

a)　　　　　　　　　　　b)

图 8-14　日本开发的歌舞机器人及其表演

除了日本，其他一些国家也纷纷开展机器歌舞的研究工作。比如，印度果阿大学的研究人员利用仿真手段，开展有关印度婆罗多舞姿的建模并完成了舞姿创新编排，为人类舞姿设计提供帮助。再如，斯洛伐克科希策技术大学的研究人员运用遗传算法自动生成机器歌舞动作。还有英国拉夫堡大学的研究人员采用交互式强化学习方法来开发仿人机器人的歌舞能力。

2020 年，由美国波士顿动力公司研发的歌舞机器人系统应该是目前机器歌舞表演的高级形态。从该公司公开的一段名为"你爱我吗"（Do you love me）的机器人群舞视频来看，其所开发的机器人群舞抒情系统，通过音乐驱动的载歌载舞表演，抒发了对爱情渴求的内在激情，可以说达到了机器歌舞登峰造极的水平。

的确，仿人机器人可以借助其自身类人形态和功能上的优势，采用智能计算方法来完成机器编舞并控制其自身歌舞行为表演。借助于高度发达的智能技术，仿人机器人可以展现令人耳目一新的优美歌舞。我们相信，随着机器人技术的不断发展，特别是仿人机器人技术的跨越式发展，机器人歌舞不但会越来越普及，形式也会越来越多样。可以预言，机器人歌舞迟早会走进千家万户，丰富普通百姓的娱乐生活。

8.3.2 歌舞动漫仿真

从技术实现上看，机器歌舞主要基于情感模式分析，开展有关歌舞创作计算模型及其机器表演实现。机器歌舞研究的具体内容主要包括歌词歌曲自动朗诵、哼唱、歌唱等不同形式演唱的计算模型及其机器表演实现，以及歌舞综合机器表演系统方面。具体实施方案可以采用分阶段策略进行。

首先，主要研究以动漫人物的虚拟仿真歌舞动画来表现音乐形象，可以说是音乐的一种可视化的实现形式。然后，实现以音乐为驱动并结合音乐自身所包含的情感特性，通过动漫人物的面部表情、歌舞动作等表现形式，演绎音乐的内涵。在这一过程中，要求动漫人物不仅能配合音乐的节拍，也要能符合乐曲的情感，并能够以丰富多彩、连贯流畅的歌舞来展示音乐形象。最后，将虚拟仿真的动漫歌舞表现嵌入机器人系统中，与仿人智能控制技术相结合，完成真实的机器歌舞表演。

开展歌舞动漫研究的主要环节如图 8-15 所示。首先需要开展歌舞动漫虚拟仿真研究，包括需要完成音乐解析模块、音乐情感检测和标注模块、歌舞动作关联分析模块、音乐歌舞匹配模块、动漫人物展示模块以及歌舞动作控制模块。

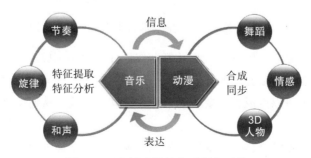

图 8-15　歌舞动漫的主要研究环节

具体地说，要开展机器歌舞动漫虚拟仿真系统的研究，必须完成如下核心模块的构建及其实现工作。

1）音乐解析模块主要负责对音乐中所包含的节奏、旋律等信息进行分析。

2）音乐情感检测和标注模块是在音乐特征分析的基础上，通过引入情感模型，并采用情感检测算法，实现对音乐情感的检测和情感的自动标注。这样就为音乐歌舞匹配模块提供了有用的信息资源。

3）歌舞动作关联分析模块则首先在拥有大量特征歌舞单元的原始动作库基础上，依据音乐的情感特征对各特征单元进行动作风格分类。再对属性和关联性做进一步研究，分析归纳若干歌舞动作关联约束。最后，在上述分析的基础上，将动作中所有动作单元组织在一张有向网中，为系统快速有效地进行歌舞编排做铺垫。

4）音乐歌舞匹配模块以音乐情感特征标注文件以及歌舞动作序列属性描述文件为输入，综合考虑音乐的情感特征和歌舞动作序列的情感属性，利用相应的歌舞动作选择编排最优算法，最终生成与音乐内涵最吻合的完整歌舞动作序列。

5）动漫人物展示模块主要负责对音乐的情感内涵、语音以及歌舞动作进行同步表达。主要以歌舞的形式展现，并伴有姿态语言和面部表情。

6）歌舞动作控制模块主要负责仿人机器人歌舞动作的仿真控制与协调，保证歌舞动作的连贯性、平衡性和观赏性。

从上述研究步骤中，可以归纳出两个关键问题。第一个关键问题是要通过对输入音乐的节奏、旋律与和声等因素的分析，实现音乐与三维动漫人物歌舞及情感表达的同步。图 8-16 给出了音乐与三维动漫人物歌舞及情感表达同步的示意图，图 8-17 给出的是三维动漫人物歌舞动作设计的效果图。

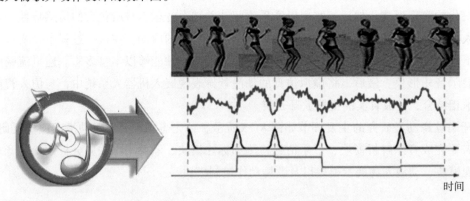

时间

图 8-16　音乐与三维动漫人物歌舞及情感表达的同步

另一个关键问题则是三维动漫人物歌舞动作设计与实时生成。这一工作既要考虑与音乐节奏的协调，又要考虑姿态与面部表情的一致性。通过三维动漫技术的运用，只要处理好上述两个任务，就可以生成符合要求的系列歌舞动作表演，从而实现机器歌舞动漫仿真任务。

有了上述歌舞动漫仿真各个功能实现模块，就可以结合仿人机器人行为控制，来具体实现真实机器人的歌舞表演。要点就是，结合音乐节奏和表情生成，将仿人机器人行为控制方法运用到机器人歌舞中，其中关键就是机器歌舞的控制策略。

图 8-17　三维动漫人物歌舞动作设计效果图

8.3.3　机器歌舞创作

如 8.3.1 节所介绍，机器人自主创作歌舞加以实时表演也已经成为仿人机器人行为表现研究的一个重要方面。机器人歌舞创作的主要问题并不在于能否产生规定的动作序列，而在于机器人创作的序列动作前后是否具有动作的连贯性、风格的一致性和表演的艺术性。

显而易见，某种歌舞均有其自身特征，若失去该特征，就变成了一组无序混乱的动作集合，也就失去了艺术审美效果。目前，仿人机器人歌舞存在的主要问题是：①没有考虑人类歌舞专业人员学习和创作歌舞的规律；②仅仅学习歌舞动作本身，而不是像人类歌舞专业人员一样通过想象来创新歌舞动作；③没有考虑歌舞创新和传承之间的平衡问题；④缺乏一种通用的仿人机器人歌舞智能学习与创作模型，以应用于任意仿人机器人硬件平台上完成优美歌舞的学习和创作。

在人类歌舞表演中，歌舞专业人员在学习某种歌舞时，首先会学习其肢体的基本歌舞元素，如手形、手位、脚位、腿形、步法、头眼组合、腰胯组合等。然后再学习基本的舞姿，这些基本舞姿是某一舞种中具有代表性的舞姿。肢体是指生理上连接在一起的若干关节所组成的一个逻辑整体，如左手五指加上左手腕组成了左手的肢体。人类在进行歌舞创作时，会根据音乐所产生的内心主观情感，通过想象创造性地将这些歌舞元素、舞姿进行变化，组合出反映某种情感的舞姿序列，即歌舞。

为解决上述问题，可以借鉴人类歌舞专业人员学习和创作歌舞的规律，提出如下一种仿人机器人通用的歌舞模型，如图 8-18 所示。

仿人机器人智能歌舞主体是一个介于外部环境和具体仿人机器人硬件平台之间的独立的智能主体。图 8-18 给出的模型首先建立了一个仿人机器人歌舞表征空间，包括关节、肢体、歌舞元素、歌舞特征约束、舞姿、歌舞的形式化表示方法。

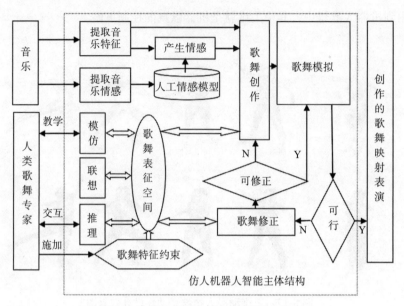

图 8-18　仿人机器人通用歌舞创作模型

　　然后，智能主体通过观察和模仿人类歌舞专业人员所演示的歌舞元素（不同的肢体有各自的类型）、舞姿及歌舞作品，构建仿人机器人自身各种肢体的基本歌舞元素库和基本舞姿库。

　　接着，再由人类歌舞专业人员指出仿人机器人的哪些肢体是需要保持歌舞特征的，即歌舞特征约束，这些肢体的歌舞元素不能进行动态扩展。在那些没有施加歌舞特征约束的肢体上，采用想象机制来产生新的歌舞元素，并加入肢体对应的扩展歌舞元素库中。

　　为了更加真实地模拟人类创编歌舞的过程，该模型通过采集到的音乐数据进行情感计算，并建立一个人工情感模型，完成仿人机器人内心主观情感产生。随后，再利用该情感结合音乐特征作为指导歌舞创编的方向和主题，从而使仿人机器人创编的歌舞能够反映仿人机器人自身的情感。

　　在歌舞创作过程中，以各肢体对应的基本歌舞元素库和扩展歌舞元素库为基础随机产生初始舞姿，再经过与人类歌舞专家的交互进化出美的舞姿集合。最后，通过将这些美的舞姿集合与基本舞姿库中的舞姿集合按某种比例混合，随机排列成舞姿序列，所得到的即是创作的歌舞。

　　在歌舞创作结束后，需要在仿人机器人上进行模拟，测试该舞姿序列是否合理，是否会引起仿人机器人表演时的不平衡等问题。若通过了测试，则可以直接映射至仿人机器人硬件平台，让其进行表演。若未通过测试，考虑是否可以通过替换异常舞姿来修正，若可行，则直接映射至仿人机器人硬件平台进行表演；若经过多次测试仍然不可行，则返回歌舞创作阶段重新进行创编。

　　在现实世界中，人类的歌舞表征空间包括人体的关节集合、某种歌舞的基本歌舞元素库，以及进行演示学习的舞姿、歌舞作品对应的基本舞姿库。在仿人机器人世界中，仿人机器人的歌舞表征空间包括仿人机器人的关节集合、仿人机器人的肢体组成描述、仿人机器人的歌舞元素库、仿人机器人所学习到的基本舞姿库。

在选定仿人机器人硬件平台后，根据需要学习的歌舞特征，仿人机器人的歌舞表征空间就可以确定。由于仿人机器人在形态及结构上与人类具有相似性，总是可以很好地进行两者之间的映射。利用演示学习的方法，通过人类歌舞导师的演示、动作捕捉、特征提取之后，可以建立这样的映射。

在仿人机器人已学习到各肢体的基本歌舞元素后，可以使用类似于人类想象的机制，来建立各肢体的扩展歌舞元素库，创新各肢体的歌舞元素。

歌舞就是一个舞姿的序列，而舞姿作为组成歌舞的最小逻辑单位，其舞美程度直接影响到歌舞是否令人满意。舞姿序列表示由仿人机器人的各肢体分别取各自对应肢体的歌舞元素所构成的一个歌舞造型整体，由舞美值描述其舞美程度。为了得到舞美程度高的舞姿，可以采用交互式遗传算法实现，使人类歌舞专家为所生成的舞姿进行舞美值的评价。

歌舞的创作是在继承的基础上进行的创新，若不对其歌舞特征进行继承，歌舞将失去其特性；若不对其歌舞进行创新，人们不久就会感觉厌烦。仿人机器人在进行歌舞创作时，不但需要直接从人类歌舞专家处观察学习而来的基本舞姿，而且需要通过交互式遗传算法生成创新舞姿。两者的有机结合必然能够为人们带来耳目一新、韵味十足的歌舞作品。从人类歌舞专家的经验来讲，30% 的基本舞姿与 70% 的创新舞姿的结合是较好的歌舞作品构成比例。将基本舞姿与创新舞姿以随机的方式排列构成的舞姿序列，就是仿人机器人歌舞创作的作品。

开发机器人歌舞表演，不仅可以更好地为人们的娱乐生活服务，满足人们日益增长的精神文化需求，而且作为一种全新的歌舞艺术传播平台，机器歌舞开发技术也可以为保护、拓展与传播人类歌舞文化，特别是那些因传承人缺失而濒临灭绝的民族歌舞文化做出特殊的贡献。除此之外，机器人歌舞也可以打破人类固有思维的局限，以机器的独特方式来进行歌舞创新，丰富人类歌舞艺术的表现形式。

可以说，机器歌舞是综合了智能科学技术诸多方面的成就，代表着智能机器人，特别是仿人机器人行为展现的较高技术水平。遗憾的是，目前我国在该领域还比较落后，希望有志于此项事业的同道或诸位读者，能够为此做出努力。

本章小结与习题

本章主要介绍了智能行为表现方面的研究内容与现状，包括人类运动神经机制、仿人机器人行为表现的实现。然后，在此基础上，给出了机器人歌舞方面的研究现状，指出了该领域研究的科学意义。希望我们的介绍，能有助于读者了解机器行为控制的一般原理，激发大家对开发仿人机器人系统的兴趣。

习题 8.1 人类随意运动能力是开展一切复杂行为的基础。请就人类随意运动的神经机理撰写一个简要论述。

习题 8.2 通过网络查询了解更多有关仿人机器人及其行为控制方面的知识，并加以归纳总结，提出自己对该领域未来发展的建议。

习题 8.3 针对一种自己选定的简单行为反应，运用强化学习算法来编制一个程序，使得该程序能够通过接收用户的示范，不断改进这一行为的表现（行为表现可以采用某种编码形式输出）。

习题 8.4 你认为机器歌舞的核心技术是什么？需要运用哪些方面的智能科学与技术，才能取得更好的效果？

习题 8.5 仿人机器人的主要特点是什么？请分析实现这种智能机器人的主要策略，归纳其主要的优缺点，并给出自己的评述。

习题 8.6 编制一个遥控机器人在封闭环境中自由行走的控制程序，然后通过实验的方式分析其主要存在的问题以及解决对策。

CHAPTER 9

第 9 章

人 机 交 互

智能科学技术包括智能增强领域的研究工作。所谓智能增强，就是要让机器适应人类，通过开发延展人类心智能力的智能技术，以便更好地为人类社会服务。智能增强的一个重要研究方向就是人机交互的智能化技术，这其实也是提高传统信息处理系统智能化程度的一条简捷途径。人机交互智能化的目的就是要使人机之间的互动交流更加自然、方便与友好，提高机器系统的灵活性。在本章中，我们围绕智能人机交互主题，专门介绍智能科学技术在人机交互方面的应用。我们将着重介绍既具有代表性，又具有前沿性的人机会话、情感交流以及脑机融合三个方面的内容。

9.1 人机会话

人机会话技术有着悠久的历史，是智能化人机交互最具代表性的智能化技术。人机会话的目标就是要通过语音识别与生成方法与技术，来实现人机之间直接采用自然语言进行会话的功能。人机会话技术可以广泛应用于智能机器人系统、各种聊天机以及各类智能信息系统的人机接口中。一个人机会话系统具体包含哪些功能模块也视不同的系统而异。一般来说，在人机之间要实现自然语言的直接会话，需要解决话语识别理解、话语语音生成以及人机会话管理三个环节的功能实现问题。

9.1.1 话语识别理解

对于人机会话而言，要实现人机会话系统中的话语理解模块，首先涉及的环节就是语音识别功能的实现。所谓语音识别就是要将人类语音信号转变为机器内部处理的文字符号，让机器能够"听懂"人类的话语。简单地讲，这一过程分为三个方面的内容，即特征提取、模式匹配以及模型训练，如图 9-1 所示。

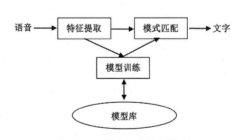

图 9-1　语音识别原理图

根据语音识别的目标不同，可以将语音识别任务大体可分为三类：孤立词识别（isolated word recognition）、关键词识别（keyword spotting），以及连续语音识别（speech recognition）。

根据针对发音对象的不同，还可以把语音识别分为特定人语音识别和非特定人语音识别。

针对特定人或小规模词汇量的语音识别技术已经基本成熟，但对于非特定人或者大规模词汇量的语音识别问题还是一个需要解决的科学难题。目前，针对非特定人的语音识别方法大致包括：①隐马尔可夫模型（HMM）方法，也是语音识别的主流方法；②基于知识（利用构词、句法、语义、会话背景等方面的知识）的语音识别方法，并与大规模语料统计模型相结合；③神经网络、遗传算法、免疫算法、蚁群算法等自然计算方法。

从一般原理上讲，不管是哪种具体的语音识别任务，语音识别主要需要解决以下具有普适性的困难问题。

1）话语要素的分割问题：将连续的话语分解为词、音素等基本单位。

2）确定语音模式区分标准：不同的说话人有不同的语音模式，即使同一个说话人，在不同的场合、不同的状态以及不同的时期，也会有不同的语音模式。这就为语音识别模式的分类带来了困难。

3）模糊性问题：说话的含混现象、语言中普遍存在的同音字现象等，使得语音识别成为一个依赖于上下文与会话背景的复杂研究课题。

4）词语发音的动态性：单个字母或词、字的语音特性会受到上下文影响而变化，包括读音、重音、音调、音量和发音速度等方面的改变。

5）环境噪声干扰：人类具有鸡尾酒效应，利用选择性注意机制可以在嘈杂环境下排除干扰听懂所关注的话语，但这一问题对于机器而言目前尚无解决方法。

自然，上述这些问题的有效解决都并非易事。比如同音字现象就是一个十分棘手的问题。我们知道，汉语起码有超过六万个汉字，却只用两千多个不同发音，同音字现象非常普遍，甚至会出现赵元任指出的《施氏食狮史》这种极端情况，而使语音的机器识别研究陷入困境。《施氏食狮史》全文如下：

石室诗士施氏，嗜狮，誓食十狮。适施氏时时适市视狮。十时，适十狮适市。是时，适施氏适市。氏视是十狮，恃矢势，使是十狮逝世。氏拾是十狮尸，适石室。石室湿，氏使侍拭石室。石室拭，氏始试食是十狮尸。食时，始识是十狮尸，实十石狮尸。试释是事。

其实像《施氏食狮史》这样的例子在汉语中并非个例，类似的例子还可以有很多。比如下面这些例子都属于此类"同音文"。

1）西溪犀，喜嬉戏。席熙夕夕携犀徙，席熙细细习洗犀。犀吸溪，戏袭熙。席熙嘻嘻希息戏。惜犀嘶嘶喜袭熙。（赵元任的《熙戏犀》）

2）于瑜欲渔，遇余于寓。语余："余欲渔于渝淤，与余渔渝欤？"余语于瑜："余欲鬻玉，俞禹欲玉，余欲遇俞于俞寓。"余与于瑜遇俞禹于俞寓，逾俞隅，欲鬻玉于俞，遇雨，雨逾俞宇。余语于俞："余欲渔于渝淤，遇雨俞宇，欲渔欤？鬻玉欤？"于瑜与余御雨于俞寓，余鬻玉于俞禹，雨愈，余与于瑜踽踽逾逾俞宇，渔于渝淤。（杨富森的《于瑜与余欲渔遇雨》）

3）季姬寂，集鸡，鸡即棘鸡。棘鸡饥叽，季姬及箕稷济鸡。鸡既济，跻姬笈。季姬忌，急咭鸡。鸡急，继圾几。季姬急，即籍箕击鸡。箕疾击几伎，伎即齑。鸡叽集几基，季姬急极屐击鸡。鸡既殛，季姬激，即记《季姬击鸡记》。（无名氏的《季姬击鸡记》）

可见，在语言使用中，确实存在大量同音字区分问题，给语音识别带来了很大的困难。当然，从一般日常用语的使用方面讲，出现上述"同音文"这种极端现象还是比较少见。因此，从具体语音识别的应用技术开发来说，我们可以忽略这种极端现象。

从应用的角度看，根据语音识别应用设施的不同，语音识别则可以分为个人电脑语音识别、电话语音识别和嵌入式设备（手机、PDA 等）语音识别。考虑到不同的应用设施提供的采集信道会使人们的发音特性产生变形，在具体的应用系统开发中，还需要针对性地解决各种技术问题。

有了语音识别环节的解决，就可以将话语语音流转化为文本字符串。于是，我们就可以利用第 5 章介绍的语言理解方法，进一步给出话语理解模块的构建，这样就为人机会话系统的构建提供了有关话语识别理解功能环节的实现途径。

9.1.2　话语语音生成

除了话语理解模块外，要实现人机会话系统还需要解决话语语音生成问题。在人机会话系统中，话语语音生成的主要任务是将机器生成的内部表示内容转换成恰当的自然语言话语文本。有了生成的话语文本，就可以通过文－语转换技术，将生成的话语文本转换为话语语音形式加以输出。

话语文本生成是话语文本理解的相反过程。概括来说，话语文本生成是将机器内部语义知识表示的信息内容，自动转换生成人类（自然的）话语文本。由于语义知识表示体系的差异化，造成话语生成系统输入的多样化。因此，不同的话语生成系统所包含的模块一般不尽相同。概括地说，话语文本生成系统都要完成"说什么"和"怎么说"的任务。

为了完成这样的任务，话语文本生成系统可能涉及许多相互关联的规划模块。比如确定要表达的信息、构建话语语篇规划、将信息块转换为语篇单位、选择适当的短语和单词以及输出符合正确语法的文本，可以将这五个步骤的流程归纳为如下三个方面的工作。

1）宏观规划。宏观规划涉及选择和组织内容。通常宏观规划输入的是一个或多个沟通目标：解释、描述或提问；引起听众的某种行动或思考；等等。宏观规划输出的是一种知识架构。这个架构不一定具备语言表述的形式，而是体现会话中所要沟通的信息。除了一般性内容，这种知识架构可能包含一些与沟通过程有关的信息，比如不同的知识信息应该以怎样的顺序来传达。宏观规划主要基于某些特定的语篇生成理论体系，比如修辞结构理论、会话心理常识以及动机认知模型等。

2）微观规划。微观规划则运用知识架构，并将它们分为句块。微观规划必须处理多种具体语篇构造问题。这些问题包括：①界定句子范围，是否可以将多字句连在一起，怎样连在一起；②重复主词的指代化，通过添加相应的指代衔接，使得到的话语更加连贯通顺；③聚合、删除重复内容；④凝练话语的主题，并按照凝练的主题来组织话语文本。通常大多数微观规划都为特定的应用而专门制定。比较典型的多用途微观规划框架，一般采用一种基于逻辑的规划流程形式。

3）表层生成。表层生成涉及的是文本表层的生成。例如把知识结构转换为具体的句子。话语表层生成有基于句法规则的方法，也有采用基于统计的方法。随着统计机器学习技术的不断成熟以及大规模语料数据利用率的不断提高，基于语料统计的方法已经被广泛用于话语表层生成之中。不过，由于语义标注语料的缺乏，数据驱动的自然语言生成技术还面临着诸多困难和挑战，所以目前仍然有许多话语表层生成系统采用基于规则的方法。

为了有效完成上述各个阶段的任务，与话语文本理解类似，话语文本生成需要关联词库、生成规则库、语言知识库，以及用于统计生成模型的语料库等资源。不同的是，与话语文本理解相反，话语文本生成需要根据表述的内容，从词语选择、组织语句，直到形成语篇文本。遗憾的是，与自然语言理解相比，话语生成涉及的自然语言生成技术要落后得多。目前的实用系统往往限定在一些专业领域，而且不够成熟。

话语文本可以是存放在机器内部的现有文本，也可以通过实时话语自动生成。有了生成的话语文本，要实现话语语音生成，还要将生成的话语文本转化为语音形式。这就是人机会话系统中的语音合成问题。如图 9-2 所示，与语音识别相反，语音合成是要将文字符号转换成为连续声音形成的话语。因此，语音合成技术也称为文－语转换技术。

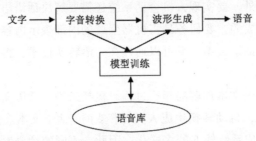

图 9-2　语音合成原理图

从智能技术的应用角度看，文－语转换系统实际上可以看作机器智能的一个分支领域。为了获得高质量的合成语音，除了语音合成本身涉及的技术外，还需要从内容理解的角度，给出富有情感的话语表达效果。

语音合成技术主要有两个方面。一是将文字序列转换为音韵序列，二是再将音韵表征的文字转换为语音波形。前者涉及语言文本的处理技术，后者则涉及声学处理技术。

与语音识别多对一的病态问题不同，语音合成是一个一对多的常态问题，因此技术处理相对容易些。当然如果要考虑合成语音的流畅性和人性化，其中涉及的技术问题也有一定难度。

9.1.3　会话管理系统

有了自然语言话语的理解与生成，特别是有了语音识别与合成，要实现人机会话，剩下的最后核心部分就是会话管理系统的构建。如果将人机会话看作一个问答过程，那么就可以采用图 9-3 所示的方案来构建会话管理系统。

会话管理也称为会话控制，是决定一个会话系统在会话中说什么的关键。一般来说，会话系统首先利用话语理解模块将用户的话语输入转换成系统所使用的知识表示形式，即该系统所能理解的语义形式。然后，会话管理模块会结合当前的问题语境、会话历史以及自身的知识库等输出一个概念层次上的应答。最后，话语生成模块会将这些概念层次上的应答转换成话语语音输出。

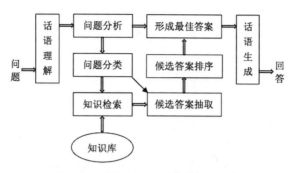

图 9-3　一种人机会话管理模块方案

会话管理模块在不同的会话系统中完成的任务不同,但其主要功能可以归纳为以下几个方面。

1)查询。根据当前的输入话语以及上下文语境,在知识数据库中搜索查询与用户输入相关的知识或可能的应答内容。

2)询问。如果无法查询,针对某一问题询问更多相关信息,直到能提交一个合适有效的查询。

3)确认。当用户的输入无法被理解时,反复请求确认语焉不详的信息,使得用户输入的信息更具有操作性。

4)预测。预测会话的进行方向,为会话系统的下一步操作,即话语生成模块提供概念层次上的应答内容。

5)控制。为了能实现自然流畅的类似人类的会话,采用一定的会话控制及交互策略,比如介入会话、回应惯用语以及多方会话等。

在现有的研究条件下,会话管理模块几乎在所有现存的会话系统中起着关键作用。迄今为止,随着越来越多的相关研究,会话管理的处理方法也已经走向多样化。目前主流的会话管理方法可以分为三类:基于知识的会话管理、基于数据驱动的会话管理,以及基于混合方法的会话管理。

人机会话问答系统有非常广阔的应用范围,比如信息咨询、娱乐聊天、问题解答、车载系统、健康诊疗等。早期的问答系统主要应用于心理咨询方面。比如 1968 年,美国麻省理工学院的魏曾鲍姆(J. Weizenbaum)设计了一个心理医生咨询系统 ELIZA,机器可以模仿心理医生来与患者交谈。下面给出的会话就是一次典型的会诊咨询。

患者:男人都一个样。

机器:怎么一个样法?

患者:他们总有许多事来烦我们。

机器:您能举个例子吗?

患者:你瞧,我男友非要叫我到这儿来。

机器:您男友叫您到我这儿来?

患者:他总说我情绪消沉。

机器：听说您情绪消沉，我很遗憾。

患者：是的，我心情不快乐。

机器：您认为到我这儿来能使您高兴起来吗？

患者：那自然，我需要帮助。

机器：如果您得到帮助，对您来说，这意味着什么？

患者：或许我会同妈妈相处得更好。

机器：多讲一些您家里的情况，好吗？

……

有意思的是，ELIZA 仅仅使用简单的关键词替换策略，就可以使这场心理咨询顺利进行下去。不过细心的读者会发现，机器似乎只会换角度"复述性"提问来应付患者。但作为心理咨询，这对于患者来说就不同了。因为有时患者只是需要与一个人聊聊天，释放一下心中的苦闷而已。此时，一台机器可能会比一位医生更"安全"。况且机器会有极大的耐心来倾听患者没完没了的唠叨、抱怨或倾诉。从这个意义上讲，这种交谈与其说是 ELIZA 的成功应酬，倒不如说是人类患者本身的需要成全了这场交谈更确切。

美国斯坦福大学的科尔比也设计了一个心理咨询的人机会话系统。与上述会话系统不同，该系统的任务主要是帮助训练精神病医生获得与重病患者交谈的经验。机器的角色是一名迫害妄想症的患者，总认为有人要迫害自己。在机器的会话系统中存放有一些患迫害妄想症的病人资料，比如下面给出的就是一份典型的病历资料。

佩里，28 岁，未婚，在邮局工作；他极其脆弱，对涉及他的外貌、教育和信仰等所有问题都敏感；他的爱好是看电影和赌马；有一次，他竟朝赛马场赌注登记员猛扑过去，因为那个人没付给他赢得的彩金；从此，他便开始惧怕黑社会的报复。

下面是一场精神病医生练习看病的会话（机器模仿的就是佩里，一名情绪变化无常、一旦会话触及"敏感"话题，就会激动并出现妄想症状的精神病人）。

医生：您怕黑社会吗？

佩里：黑手党是最可怕的暴徒。

医生：您跟黑手党有什么联系吗？

佩里：您没看到吗，他们知道我。

医生：他们怎么会知道您？

佩里：他们在监视我。

医生：为什么？

佩里：他们想罗织罪名把我打入监狱。

医生：他们为什么要害您？

佩里：他们想置我于死地。

医生：为什么呢？

佩里：我掌握着黑手党的罪证。

为了说明该系统的"智能"，研究者还开展了一场别开生面的辨别测验。具体方法就是安排精神病医生通过电传机与真病人或假病人（机器系统）进行交谈。结果发现，虽然这些医生知道其中有一位是假病人，却无法判断哪位是假的。

在人机会话系统中，更为成功的例子是 2011 年 2 月 IBM 的一台名为沃森的电脑。这台电脑就是一个问题回答系统，在电视益智节目《危险来了》中战胜了两位人类对手，赢得了 100 万美元的奖金。沃森系统的运算速度为每秒 500GB，拥有 16TB 的内存，靠着储存的 2 亿页资料知识，赢得了智力抢答比赛的胜利。沃森的这场胜利充分展现了问题回答系统的"神奇力量"！

不过即使这样，如果与人类交谈的才思机敏比较，机器的这种"应酬"简直不值一提。不信请读一读《红楼梦》第三十回"宝钗借扇机带双敲，龄官划蔷痴及局外"中的一段对白描述：

黛玉听见宝玉奚落宝钗，心中着实得意，才要搭言，也趁势取个笑，不想靛儿因找扇子，宝钗又发了两句话，她便改口笑道："宝姐姐，你听了两出什么戏？"宝钗因见黛玉面上有得意之态，一定是听了宝玉方才奚落之言，遂了她的心愿，忽又见问她这话，便笑道："我看的是李逵骂了宋江，后来又赔不是。"宝玉便笑道："姐姐通今博古，色色都知道，怎么连这一出戏的名字也不知道？就说了这么一串子。这叫《负荆请罪》。"宝钗笑道："原来这叫作《负荆请罪》！你们通今博古，才知道'负荆请罪'，我不知道什么是'负荆请罪'！"一句话未说完，宝玉、黛玉二人心里有病，听了这话早把脸羞红了。凤姐儿于这些上虽不通达，但见他三人形景，便知其意，便也笑着问人道："你们大暑天，谁还吃生姜呢？"众人不解其意，便说道："没有吃生姜。"凤姐儿故意用手摸着腮，诧异道："既没人吃生姜，怎么这么辣辣的？"宝玉黛玉二人听见这话，越发不好过了。宝钗再欲说话，见宝玉十分惭愧，形景改变，也就不好再说，只得一笑收住。别人总未解得他四个人的言语，因此付之流水。

宝钗借机讽刺，宝玉和黛玉的羞愧情状，王熙凤的机敏诙谐，连"别人总未解得他四个人的言语"，岂是机器所能攀比？！看来靠那种替换"关键词"的"复述"或者知识库搜索选择策略无法从根本上解决问题。这里面起码还需要一种相对灵活的"用心而为"的言说能力。

不过，就一般应用场景而言，比如特定领域的信息咨询、陪伴老幼人群的聊天、缓解压力的心理咨询等，目前的人机会话技术及其系统开发，还是大有用武之地。从这一意义上讲，人机会话也是未来人机交互最重要的实现途径。

9.2 情感交流

人机交互的自然化、个性化、智能化的一个重要方面是能够进行情感化的人机交流，或者说机器能够提供更加个性化的人机界面。此时就涉及情感计算问题，特别是有关情感信息的获取识别、呈现表达以及交流系统的实现问题。

9.2.1 情感信息识别

情感的识别和表达对于基于理解的交流是必需的，也是人们最大的心理需求之一。作为认知情感研究的第一步，就是要首先识别各种情感表现，然后才能有效利用情感因素，参与到心智活动的其他方面中去。不失一般性，对于计算化情感研究而言，有效的识别离不开有效信息的获取。因此，让我们从情感信息源分析及其获取来开始情感识别的介绍。

情感信息主要表现为内在和外在两种类型。外在型情感信息主要指声音、手势、体势和面部表情等信号，可以通过外部自然观察到。内在的情感信息则不同，主要是指外部观察不到的内部生理反应，如心跳速率、舒张压和收缩压、脉搏、血管扩张、呼吸、皮肤传导力和颜色，还有体温等。

总体上讲，对于外在型情感信息，可以通过目前成熟的多媒体技术来获得；而对于生理上更加易变的内在情感信息，则需要各种特定的生理传感器来捕捉瞬间变化的信息。因此，要使机器能够理解情感的生理组成部分，并以这些组成部分为基础推论出可能的情感状态，需要内外两方面的检测设备。

通常，除了要配备照相机、摄像机、麦克风等常规输入设备外，还需要特定的生理传感器等仪器设备。虽然这样的设备工具不能直接测定影响情感的内分泌系统变化信息，但起码能提供那些有助于识别情感的生理信息。当然实际情感信息的捕捉是十分复杂的事情，比如设想一下识别他人情感时的情况，就需要获取如下三个不同层次的信息。

首先，人们感觉到有一点点变化的低级信号——别人嘴和眼睛的动作，也许是一个手势，或是声音的一点变化，当然还有口头暗示，比如言语。显然，声音、手势和面部表情是可以被自然观察到的信号；而生理上的血压、荷尔蒙水平和神经传递速率等则需要特殊的测试设备才能获得。

其次，更为重要的是为情感识别提供可靠依据的这些信号的组成模式，即所谓的中级信号。紧握拳头和举起手臂动作的联合或许就是气愤的表现；皮毛传感器、声波图等显著信号的同时出现也许可以表现出悲愤的情形。这种中级信号所表现的模式常常用来作为做出有关感情识别的判断依据。无论如何，人们直接观察到的感情状态就是以生理和行为形式所观察到的全部低级信号组成的模式。

最后，人们不但可以感觉到某个人的表情信号，还可以感知其所处环境的非表情信号，比如感知天气的舒适等。很明显所有这些表情的和非表情的信号是相关联的。比如人们在紧张办公，或者处在期末考试阶段的时候，看到的天气都很压抑，可以影响心情。利用这些相关联的信息，人们不但可以分析环境的低级信号和中级模式，还可以得出高级的意图：行动是环境的反映，并且知道高级目标如何运作。

确实，感知一段情感的过程通常认为是从信号到特征、从低级到高级的变化过程。但有时由于环境因素对推理产生反作用，信息获取不仅是从低级到高级过程，而且也存在从高级到低级的过程。例如，在有关环境的推理中，假设人们内心存有他人情绪会很糟糕的想法。此时人们就会用一种误解的方法，使高级的预先想法影响低级的理解，因此人们很可能真的感觉到一个情绪低落的表情。总之表情的识别不仅是从信号到模式的过程，还存在从高级到低级的过程，即较高级的信息能影响较低级信号处理的方法。

另外，高级意图和低级信号在情感表达的产生中也会相互作用。例如，一个演员要演好一个充满仇恨的人物，也许他首先会这样预想："我要表现出仇恨的样子。"然后他开始调动那些低级信号来表示憎恨，改变他的姿态、动作、声音和面部表情，努力反映仇恨的思想状态。整个过程从一个目标——表现憎恨开始，真的以憎恨表情的展现结束。这种表情和动作的努力过程通常被认为是从象征到信号、从高级意图到低级模式的过程。

遗憾的是，对于机器而言，要努力描述情感及其外在表情时，目前只能用简单的自底向上方法来逐级提取信息，即从低级的信号描述到高级的情感含义。就这个单向过程而言，机器所采用的识别机制与人类采用的机制类似。差别在于，机器用来描述感受、表情和感情综合的方法不同。

对于人类，体会情绪的高涨和低落的程度非常直截了当，但是要用仪器设备具体衡量却很难。目前有关研究人员正在研究测量与情感之间关联的方法，包括神经自律系统、神经放松和荷尔蒙浓度的测量。希望通过这样的研究，我们能够找到定量描述情感的方法，从而为情感计算提供某种形式化定量描述情感变化的理论依据。

到目前为止，除了丰富的多媒体技术可以用来获取各种外在情感信息（高级的认知情感信息）外，还有各种计测仪器可以测量很多关于情感反应的生理信号。这些低级的生理信号能与高级的认知信息结合起来共同辨认某种情感，从而定性识别出一种情感状态。

我们目前主要采用如下四种仪器来搜集情感生理信息。这四种仪器分别测量肌肉电记录（EMG）、血压（BVP）、骤发性皮肤反应（GSR）及呼吸活动信号。我们对这四种仪器的信息获取途径分别介绍如下。

肌肉电记录信号是通过用一个小电极测量肌肉间微弱的电压来展示肌肉的收缩性。一般在人生气时发生咬紧牙关或者其他一些面部活动，比如大笑时，测量电压就会上升。EMG 计测仪器还可以运用到其他方面，比如说测量脖子和肩之间斜方肌的紧张度。

血压信号反映血液流动信号，主要通过一种特殊的红外接收仪器获得。这种仪器把红外线发射到皮肤上，然后测试其反应以确定血流变化情况。BVP 波图显示出心脏跳动特有的周期变化。当一个人惊恐、害怕或者担心时，整个信号的气囊将会收缩。在 BVP 振幅上出现的增长可能是因为有强大的血流通过，比如当一个人放松时就会发生这种情况。

骤发性皮肤反应仪可以显示皮肤的反应信号。反应信号主要通过两个氯银化合物制成的电极测量获得。输入一个细微的电压，然后测量得出两个电极的传导系数。如果当事人不希望通过束缚手来使用计测仪器时，也可以通过两只脚间的电极传导系数来得到有用的信号。一般当人惊恐或者担心时，GSR 信号值会上升。实践表明，这是一个测量整体受激励水平很好的衡量标准。

呼吸计测仪器则通过一条绕着胸腔、长而细的维克牢带来测量和获得呼吸信号。在这条带子上有条小松紧带，当胸腔扩张时，松紧带就会被拉伸。松紧带拉伸的程度可以通过测量电压变化反映出来。该呼吸计测仪器既可安放在胸骨上作为胸的监听器，又可安放在横膈膜上作为横膈膜监听器。

综合利用这四种仪器来进行情感过程的跟踪测量，可以根据测得的数据图谱，观测情感变化不同阶段的反应情况。这些都说明我们用来测量的情感生理信号在一定程度上可以反映情感状态变化。当然，为了机器能够自动处理这些信号数据，所有得到的情感生理信号都首先必须从连续不断的形式转化成离散数字形式，这样才能用机器来加工处理，特别是后续的情感识别处理。

对于外在的认知情感信息，如果是面部表情或其他姿势的信号，就要求使用每秒拍摄 30 帧的数码可视相机来记录。对于演讲语音波形图的记录，则要通过麦克风来实现。所有内外部的情感信息取样结束后，机器将根据这些信号的描述，产生一系列二进制数字。这些数字将用于分析与特定情感相关的表情，以便理解情感交流者所表达的具体情感表现。这便属于情感的分析和识别工作。

一般认为情感借助于语言、姿势、表情和行为等表达模式来进行交流。当然情感可以通过自然的或有意的途径来表达，也可以通过容易控制或尚不为人知的途径来表达。情感有时很明显，如微笑；有时又仅为个别人所理解，如默契。总之，情感作为一种表达模式，其形式和途径都十分复杂。这里讨论情感识别问题，目的只是给出有关情感模式识别的一般步骤，为机器情感识别的深入研究提供一些必要的基础。

为了使机器能够更好地完成情感识别任务，我们首先必须对人类的情感状态给出一种合理清晰的分类。中国古代就有七情六欲之说。现代心理学往往把人类情感分为八种基本情感，比如分为害怕、愤怒、苦恼、欢乐、厌恶、惊奇、关爱和羞愧；或者分为害怕、愤怒、悲哀、欢乐、厌恶、惊奇、容忍和期待。人类情感分类很难有统一的标准，根据对面部表情和情感语词使用频率来统计，得到最高共性的类别包括害怕、愤怒、悲哀、欢乐（高兴）、厌恶和惊奇，大约可以作为人类最为基本的六种情感。

除了定义基本情感外，也有通过定义情感的 n 维取值来描述不同情感的。最常见的是在程度（平静的/兴奋的）和取向（负的/正的）的二维情感空间中来刻画，或者在效价－激励－能量（Valence-Arousal-Power，VAP）的三维情感空间中来刻画。

有了基本情感的分类说明，通过分析和归纳获取的情感信息，将其对应到某个情感类别，就属于情感识别的研究工作了。目前在情感识别方面比较普遍的研究是在话语情感态度的识别、面部表情识别和行为姿态识别这三个典型方面。

在前面介绍人机会话的语音识别里，我们主要强调言说的内容，而忽视了言说者的情感态度。显然这对于要辨别说话人及其言外之意远远不够。就人类的交谈而言，人们在倾听言说内容之前已经识别谁在讲话以及以什么样的态度来说话。因此在语音识别中，对情感态度的识别显得十分重要。

面部表情则更为重要。很明显，情感交流计算的一个基本内容是机器可以像人类观察者一样识别情感。而对于情感而言，最能反映人类内在情感状态的无过于我们的面部表情了。因此对面部表情的识别研究，也一直是情感识别的主要内容之一。

最后，在人类情感交流过程中，人们情感化的流露往往也可以通过身体行为的姿态表达或表露出来。因此，行为姿态的情感识别也是目前情感识别的重要构成部分，并且越来越引起重视。

当然，不管是话语情感态度的识别，还是面部表情识别，以及身体行为姿态的识别，一般机器的情感识别所要涉及的步骤大致可以包括如下 6 个步骤。

1）输入：接收各种各样的输入信号，比如面部表情、声音、手势、体态、步态、呼吸、皮肤电活动反应、体温、心电图、血压、脉搏、心肌电流图等信号。

2）识别：在这些信息上进行特征提取和分类。例如分析图像情感的特征并从一个笑脸中辨别出眉毛等。

3）推断：根据情感是如何发生和表达的知识，预见潜在的感情。当然，这个能力要求观察和推断关联的整体、即时的情况、个人的特点和偏爱、社会规律，以及其他联系着感情发生和表达的知识。

4）学习：如果机器"认识"某一个体，就能学习该个体中最重要的特征，并且得以更快、更准确地识别其情感。通过学习，也可以积累情感识别的经验。

5）纠偏：对于机器中的内部状态，如果确有固有的感情判别倾向，就会影响对不确定情感的识别。如果因此发生了偏差，就必须纠偏。

6）输出：机器命名并描述所识别的情感表达，以及给出这种情感最容易出现的状态描述。

除了生理信息，情感识别依据的外部信息收集可以是语音，也可以是面部图像，甚至是视频姿态。但对于真正的情感识别，仅仅利用单一的生理信号、视觉或者语音信号往往不足以识别复杂情感。事实上我们的情感系统同时依赖于这三种信息获取途径，也即只有生理途径、视觉途径和听觉途径的全面结合才能提供更丰富、更精确的情感信息。因此，综合考虑多模态情感信息的利用，必然是进一步提高机器识别人类感情的有效途径。

总之，通过人类情感信息的获取采集和计算处理，我们在一定程度上可以对人类的情感态度表现进行识别。这样就可以为人机之间的情感交流，提供第一个方面即"情感识别"的技术手段。

9.2.2 情感媒体表达

除了"情感识别"，进行情感交流的另一方面——"情感表达"的技术手段，涉及情感的多媒体表达问题。应该说，生动形象的情感交流离不开这一步，要使机器能够与人类交流情感更离不开这一步。而所有完备的情感交流系统，实际上都包括了这重要的一步。

对人类来说，情感的表达影响交流信息的可信程度。只有当说话人的神态、声音以及手势之间的表达是一致的时候，听话人才会对说话人表达的信息有较高的信任度。当这些表达不一致时，比如说话人身体僵直、拳头紧握，面部却始终保持微笑，此时别人就会对他的"微笑"表示怀疑。在人与人的交流中，情感暗示着真实的想法，毕竟情感交流很难作假。因为人们很难真正掩饰某些压抑的生理现象。因此，通过机器情感表达可以影响所接收信息的可信度。更何况机器即使不能拥有感情也可以表达感情，这正如人们能够假装表达他们没有的感情一样。所以研究机器如何进行情感表现要比让机器拥有情感更为现实。

当然要使机器能够很好地表达情感，一个基本要求就是机器必须具有利用声音或图像等媒体来交换情感信息的能力。就这一点而言，目前的多媒体技术无疑为机器情感表现系统的研制提供了广泛的技术支持。因此，机器如何根据情感表达的主要任务便在于根据情感指示的要求，具体给出相应的情感表达形式。通常，一种完整的机器情感表达系统应该包括如下6个基本组成或步骤。

1）输入：机器接收来自一个人、一台机器或是它自身情感发生机制的情感指示，告诉它应该表达什么样的情感。

2）固件：关于固定的和即兴的情感路线而言，系统将至少有两条路线用于激发情感表达：一种固定安排，另一种自主发生。前者用于触发一个有准备的决定，后者用于一个拥有情感的系统自动调制当前系统的输出情感。

3）反馈：不只是情感状态影响情感表达，表达的表情也会影响情感状态。这就是情感的反馈作用。

4）纠偏：表达当前状态的情感很容易，但在此状态下表现其他状态就比较困难。这时就需要有纠偏机制。

5）约束：什么时候、什么地点和如何表达一个情感在某种程度上取决于相应的社会规范或情境。

6）输出：系统可以调整视图或声音的信号，比如一个合成的声音、生动的脸、一个生动活泼生物的体型和步态、音乐和背景颜色等；或者用明显的改变面部表情的方法，以及细微的调整说话的时间参数的方法。

在机器情感表达方面，美国麻省理工学院媒体实验室的凯恩（J. Cahn）开发的"情感编辑器"系统，就通过提取说话声音与语言描述，能够产生带有期待情感的讲话。该系统中一共确定了17个作用参数：6个音调参数、4个定时参数、6个声音质量参数和1个清晰度参数。这17个参数被用来控制众多种类的情感——不只是为了容易区别情感，也考虑了各种个体之间的微妙区别。系统就是依靠这些参数的调制，能够产生听起来恐惧的、愤怒的、悲哀的、高兴的、厌恶的或惊奇的讲话。

当然为了合成富有情感的完整讲话，凯恩的模型不只包含上述17项参数，还包含句法学和讲话中的语义分析。据此，凯恩构建了一个考虑众多成分模型协作的话语合成器。测试这个模型富有情感讲话的综合效果，首先该话语合成器通过调节所有参数可以产生5种不同的中性句子，如"我在报纸上看到了你的名字"等，然后它再对每个中性句子进一步生成6种不同情感类的具体话语表达。

对"情感编辑器"系统进行的实际测试表明，当要求说出的一段讲话听起来是恐惧的、愤怒的、悲哀的、高兴的、厌恶的或者惊奇的时，表达悲哀这种情感的正确率达到了91%，其他情感的正确识别率为50%左右，其中相近情感的错误率为20%（举例来说，厌恶的错误率与愤怒一样；而恐惧的错误率与惊奇一样）。显然，50%正确识别率的效果比碰运气的17%本质上要有意义得多。特别是，由于这些句子没有外在的上下文约束，所以即使人类听众，同样也不能通过它们的内容来识别情感。从这个角度上讲，该系统的话语情感表达还相当不错。

尽管得到了较好的结果，但还有很多问题需要进一步研究，比如这17个情感参数应该如何变化来满足更多独立分析的需要？同样，这些情感参数的可靠性和普遍性也仅仅停留在一个很小的学术性范围。特别是，人的情感与声音特点之间的映射变化依赖于上下文。比如有时候一个愤怒的人将提高他的声音，但有时候也可能降低他的声音，因此确定所有的可能性也是一个非常棘手的开放性问题。

例如对于汉语的表达而言，汉语的情感基调主要由语词声调、语句句调和语词感情色彩决定，这些因素均可以通过语调类属标注来给出。但汉语除了语调属性外，还有更重要的节律方面的属性，比如速度特征、力度特征、节奏特征、节拍特征、音高特征等。要想通过对语言进行节奏、韵律、格律、停延、重音及语调规律的分析来获得这些因素，对于机器来说，目前还存在着巨大的困难。

实际上，对于依赖于情感合成生活的人，如著名科学家霍金，不仅要能够从表达情感的机器声音中获益，也要能够从识别他们的情感反馈的机器中获益。但迄今为止，还没有一个系统能够获得一个讲话像人的感觉反馈，也没有能够自动产生这种感觉反馈的设备。相反，目前讲话者都还必须用手来调节情感参数。因此，未来用于语音综合的情感控制调节器正朝着实现这个目标前进。

另一个涉及多媒体情感生成表达的例子就是柯达（T. Koda）于1996年提出的一种具有面部表情的玩牌 Agent 系统。这些 Agent 可以被赋予的十种表情是：中性的、高兴的、不高兴的、兴奋的（希望）、十分兴奋的（希望）、焦虑的（担心）、满意的、失望的、惊讶的和安慰的。该系统的实验结果显示人们更愿意与具有面部表情的 Agent 一起玩牌。

当然，情感表达并不限于上述这些研究实例。我们相信，就情感的表达而言，随着多媒体技术和智能技术的不断发展和广泛应用，机器情感表达的水平在不远的将来一定会有长足的进步。

9.2.3 情感交流系统

情感在人类智能做出合理决策、社会情感、感知、记忆、学习、创造力等功能中扮演了很重要的角色。随着情感计算研究的开展，考虑情感化机器系统研制成为一个重要并具有现实意义的新课题。

实际上，任何计算系统，不管软件或硬件，都可以被赋予情感能力。特别是真正的智能机器，其不可回避的特点之一就是应该具有认知情感的能力。机器应该具备从观察到的情感表达和情感发生的情形来推断情感状态。很明显，机器如果有感情的话，那么通过视觉和听觉的面部表情、手势和声音语调等媒体，将能够更好地与使用者或其他机器进行通信和交流。此外，机器还可以使用其他人类所没有的媒体手段，如红外线温度、皮肤电活动、脑电波、肌动电流图或血压等来进行情感交流，获得人类一般不能认知的情感状态。这样无疑又使机器如虎添翼，能够更好地发挥机器的优势。

情感化的机器将是一种擅长理解和表达自己情感、认知他人情感、用情绪和情感来激发和调整适当行为的机器。目前的网络技术如果能增加情感带宽，那么虚拟环境和多媒体交流将为人类情感交流提供更多的可能性，突破传统的面对面交流方式。

1997年，MIT 多媒体实验室的迈奈（S. Mann）设计的一种可穿戴式计算机"WearCam"，就是一种情感化机器。这种有情感模式识别能力的 WearCam 能够识别穿戴者是否非常害怕或者沮丧，并将所处环境、地址连同穿戴者的说明一起传输给信任的人，以便穿戴者能得到及时的救助。这样即使身边没有人护送，WearCam 也可以为穿戴者提供保护。

除此之外，WearCam 还具有与情感相互作用的记忆能力，自动帮助穿戴者记忆和恢复影响深刻的想法或情景；WearCam 具有向穿戴者推荐一些符合其当前情绪的音乐的能力，使穿戴者能够用音乐来调节情绪；如此等等。

MIT 多媒体实验室的海尔雷（J. Healley），基于 Linux 的操作系统也建立了一种情感式便携计算机系统。该系统包括一种生物终端机系统，可以测量诸如心率、呼吸、皮肤传导系统、体温脉搏及肌肉生物电信号，并用于分析感情模式或将检测到的 EMG、BVP、GSK 以及呼吸信号显示在穿戴的眼镜屏幕上。

当然，目前情感化机器大多还处于实验阶段，要实现人机之间真正亲密无间的情感化交流，或许还要走很长的路。但可以预见，起码在许多领域的应用方面，情感化机器系统大有作为。

比如，交互式可穿戴计算机可以像衣服一样长期陪伴穿戴者，与穿戴者形成长期的情感交流模式。这样的装置无疑也延伸了人类的能力：帮助那些语言能力受损者或者帮助记忆重要信息等。另外，穿戴这些装置还可以随处行走，因此诸如医学和心理学的研究与测量等工作就可以在日常生活的情境下进行。可穿戴计算机还可以随时帮助人们减轻心理压力，并能够与免疫系统配合，有利于提高人们的健康水平。可穿戴计算机中的娱乐系统还可以根据穿戴者的个人喜好，自动为穿戴者筛选播放合适的音乐。如此等等。

最近 10 年，类似这样的可穿戴设备的研制进展迅速，几乎全身的衣裤、鞋帽、手套、护膝、眼镜等随身物品，均可以制成某种形式的可穿戴计算机。甚至有些可穿戴器件直接附着在肢体内外，称为可附着计算机（Attachable Computer），如生物黑客装置、先进假肢等。可附着计算机可以更加方便、有效地监控穿戴者的状态或辅助穿戴者的日常生活。

甚至未来还可以制造孪生机器人，让其成为人类个体的化身（代理人），代替人类个体出现在各种社交活动。就像美国科学家加来道雄在《心灵的未来》中所描述的："人类终身都生活在辅助箱里，用意识通过无线技术控制其代理人，机器代理人可以高大帅气，甚或金发碧眼。每到一处，你都能看到'人们（化身）'在忙前忙后，不同的是它们是造型完美的机器代理人。而它们年迈的主人总是躲在幕后。"

当然，这样的情感化机器仅仅是帮助人类的一种工具，而不是用来激怒使用者或者侵犯人类隐私。如果不想让机器知道或参与使用者的私密生活，可以断开特定部分的传感器，使其无法感知，或者用一个假表情欺骗机器。情感化机器的一切功能表现都应该为使用者所掌控。

情感化机器系统的其他应用实例还有"表情镜子""情感化演说""情感训练"等；以及在视听情感、带情感的人工语言、简单的人工情感和动画系统中的情感表达等方面。

首先，为了追求女孩子，许多男孩子常常在镜子面前反复练习如何得体地与女孩子交谈和相处。此时一种名为"表情镜子"的情感机器系统就可以模拟虚拟的见面环境，帮助人们学会自然得体的表现。该系统除了配有摄像头、麦克风和感应器外，还具有强大的计算能力以及机器所特有的忍耐力和公正的判断力。因此这种系统的功能远大于普通的镜子。这种功能强大的"表情镜子"，其实不过是运用了机器识别情感的能力。靠着这种情感计算能力，"表情镜子"完全可以为想要提高自己交际能力的人们提供帮助。

其次，过去的机器语音合成系统，虽然可以让有说话障碍的人使用机器来说话，但由于机器总是以一成不变的语调将文字变换成声音，就使得使用者的交流缺乏情感。现在，有了情感化机器系统，就可以开发富有情感变化的文 – 语转换系统。这样的系统可以有愤怒的打断，有焦急和关心，还可以有细语柔情等。于是，只要解决好情感如何融入说话这一难题，情感机器系统在语音合成系统开发中就有了大展宏图的机会。

最后，在人类社交环境中，情感化机器系统有助于扩大表情的用处，帮助孩子们表达、识别和理解情感。于是，情感化机器系统也可以成为一种"情感训练"系统。当然，这种复杂的应用系统存在对情感的识别、情感推理以及审时度势地做出反应等众多问题。

当然，凡事有一利必有一弊。在情感化机器系统可以为我们带来诸多好处的同时，也会带来许多潜在的误导，甚至危险。例如对使用者的欺骗、幼稚的和没有理智的情感冲动行为、破坏私密性、识别假装的情感、测谎机出错、情感的操纵等。另外，使机器拥有情感的同时也给人类带来了更多的不可预见性。不过机器的情感最终不会超过人类本身，因此人类总可以发展安全装置来阻止此类事情的发生。

总而言之，机器能够识别、表达和"拥有"情感将有助于使机器更加智能化、更加友好和更加强大。通过情感计算系统的深化研究，具有情感交流能力的机器系统能够更好地为人类服务！

9.3 脑机融合

通过在（人或动物）脑与机器之间直接建立信息交流的途径，从而实现相互之间的控制操作，这样的技术就是所谓的脑机接口（Brain-Computer Interface，BCI）技术。本节主要介绍人脑活动以及信号获取技术、对脑活动信号的解读方法以及利用脑机接口技术构建脑机融合系统。

9.3.1 脑电发生原理

通过对人类脑电模式的解读来理解人脑中的意图，这样的研究始于 20 世纪 70 年代。可以用于脑机接口的脑电信号主要包括：脑电节律波（EEG）、诱发电位或事件相关电位（ERP）、神经元电脉冲信号。前两种脑电信号通过脑电仪采集，后一种神经元电脉冲信号则采用内植微电极来获取。考虑到内植微电极的损伤性，因此一般采用脑电仪作为脑机接口的主要工具。

人脑产生的电磁力能够携带心灵感应波吗？存在一种超自然现象的解释途径吗？1919年贝格（H. Berger）在一战期间亲历了一件心灵感应事件。有一天，他收到姐姐的一封信，信中说他的姐姐梦见他从马上摔下，断了腿。事实上他的姐姐做梦的那天，贝格真的从马上摔下并摔断了腿。由于此事过于不可思议，因此战争结束后，贝格便展开了对此现象的深入研究。最后贝格发现了脑电现象，并在 1929 年发表的论文中对这一发现进行了系统的介绍。

贝格将其发现的大振幅脑电节律命名为 α 波（10Hz 左右），对应平静的闭眼清醒状态。曾有人建议将此波命名为贝格波，但被贝格拒绝了。与 α 节律波相反，当眼睛睁开时出现的比其更快、更小振幅的节律波被命名为 β 波。

遗憾的是，这些脑电信号根本不可能穿越空气的阻抗进行通信，因此贝格用其来解释心灵感应现象的努力失败了（也未必真的失败，有人将其解释又寄托在跨人脑之间神经活动的时空纠缠性同步振荡之上，就像超距量子纠缠那样。或者寄希望于脑联网的研究开发之上，见后面的介绍）。但他却因此创立了考察脑活动快速变化的全新方法，成为科学研究与临床诊断的一种强有力手段。

发现一个动态脑电现象是一回事，理解其在认知与行为中的意义与作用则是另一回事。自从贝格开展早期观察以来，就一直有三个问题困扰着科学家们：EEG 模式是如何产生的？为什么有 EEG 振荡模式？这些 EEG 模式意味着什么？

图 9-4 给出了脑电信号获取的示意图。通过脑电仪能够获取的脑电信号主要波段有：δ 波（0.5 ~ 4Hz），θ 波（4 ~ 8Hz），α 波（8 ~ 12Hz），β 波（12 ~ 30Hz），γ 波（大于30Hz）。当然这仅仅是大致的划分，实际上这样的划分并不精确，也不精细，更不完备。现已发现，不同的物种、不同的个体、不同的状态、不同的脑区，可能都存在不同的振荡频谱表现。

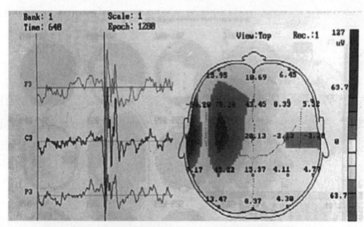

a）脑电波及其脑电电极采样位置分布

b）头戴脑电帽的被试

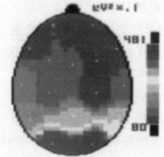

c）脑电地形图

图 9-4　脑电信号的获取

目前探测到的频谱从 0.05 Hz 到 600 Hz，覆盖了十分广大的范围。问题是，脑活动为什么会有如此丰富的振荡表现形式呢？是要应对多样性的认知活动加工、多层次与多重性的并行叠加处理吗？还是要通过同步振荡来整合大范围的认知信息加工，甚至产生全局性的意识统一性？无论如何，脑活动表现为多时间尺度，并通过不同频谱的脑电节律振荡活动表现出来。从脑机接口系统构建的角度看，所有这些脑活动表现原则上都可以成为脑机接口用来解读脑活动含义的信息源。

9.3.2 脑电信号解读

从脑机接口的角度看，我们关心的就是脑电信号的解读问题。脑电信号解读主要利用脑功能区所对应的不同功能含义来"理解"人脑产生的意念。这里需要解决的一个问题就是脑电信号模式与认知高级功能活动之间的对应关系问题。目前主要是针对一些初级认知活动，如运动、视觉等开展脑机接口的研究工作，较少涉及像记忆、思维、推理等高级认知活动。那么，不同认知活动的脑电表现模式是否具有可区分性？如果有，其区分特征又体现在哪些方面？这些都是脑机接口得以实施的关键前提。

脑机接口原理示意如图 9-5 所示。一般脑机接口涉及脑电信号的记录、预处理、分类识别、实施控制等不同功能模块的实现。

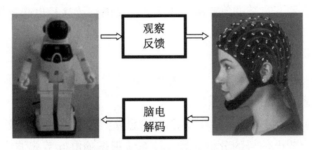

图 9-5　脑机接口简单原理示意图

1）脑电信号的采集。考虑到不同任务目标，设计脑电仪的电极分布模式，使得能够最有效地采集所需要的脑电信号。

2）脑电信号的预处理。采用各种成熟的滤波方法，对采集的脑电信号进行滤波处理，提高信噪比，说得通俗些，就是尽量去除无关信号，保留并强化有效信号。

3）特征提取。根据脑电信号的特点，针对具体任务，给出一组面向任务的特征描述向量，并从获取的脑电信号中提取具体的特征向量值。常用的方法如快速傅里叶变换、小波变换、独立成分分析等。

4）模式识别。根据提取的特征向量值，采用一定的模式分类方法，对其进行分析，得出对应的脑电模式类别（含义）。常用的方法有线性判别分析、贝叶斯决策模型、支持向量机、神经网络模型等。

5）实施控制。根据获得的含义理解，实时控制机器完成相应的功能，从而实现预期的"意念"控制目的。

目前，已有的脑机接口系统通常按照利用脑电信号的不同来进行分类，分为利用自发脑电信号的、使用诱发脑电信号的两大类。诱发脑电信号可以利用的包括：①短时视觉诱发电位（slVEP），与"集中注意"脑活动相关联；②稳态视觉诱发电位（ssVEP），与"自主调节"脑活动相关联。

自发脑电信号可利用的包括：①事件相关电位 P300，其与认知功能的激活相关联；②自发窦状 μ 节律波，与放松或清醒状态相关联；③ ERS/ERD 信号，属于时间相关同步与去同步有关的信号，与相应的运动思维模式有关；④慢波皮层电位（SCPs），持续的（300 毫秒到几分钟）低频脑电信号，主要与运动皮层的功能相关联。

上述基于脑电信号的脑机接口原理自然也可以采用脑功能成像手段来进行，就是说采集信号不是使用脑电仪，而是使用 fRMI（功能核磁成像设备）或 PET（正电子发射成像设备）等脑功能成像设备。脑成像技术与脑电技术之间的差异主要在于：脑电仪时间分辨率较高，并有明确的认知功能体现；而脑功能成像设备空间分辨率比较高，对脑功能区的定位比较精确、全面。不过对于脑功能成像技术而言，此时就需要采用图像分析的方法来获取脑区激活模式，从而理解不同认知活动的含义。

当然，随着人类对自身脑活动规律的不断了解，建立在光、电、磁以及超声波等技术手段之上的各种探测或刺激装置（仪器设备），未来都可以成为脑活动信号获取的媒介手段。因此随着脑探测和刺激技术的不断发展，以及随着相关智能科学技术的不断进步，能够解读利用的脑电信号，甚至更为普遍的脑活动含义的解读途径也必将越来越广阔。

9.3.3 脑机融合系统

经过近 50 年的脑机接口研究，迄今为止，国内外开发了大量的脑机接口系统。下面我们介绍一些比较著名的脑机接口系统。

1）德国柏林脑机接口系统，主要实现运动想象到运动实施的任务，利用比较先进的智能学习算法来进行脑电信号的分析解读。该系统根据脑电 μ 节律波或 β 节律波的事件相关去同步，来检测识别左右手的想象运动，再根据检测识别的结果来控制机器的对应行为或完成一定的认知任务。

2）美国 Wadsworth 中心的脑机接口系统，主要利用脑电 μ 节律波的事件相关同步进行真实或想象的运动。用户可以通过该系统来控制机器屏幕上光标的移动，或者通过视觉反馈训练进行设备的简单操作。

3）奥地利 Craz 大学的脑机接口系统，也是利用脑电 μ 节律波的事件相关去同步进行真实的或想象的运动。不同的是该接口系统采用自适应回归模型进行模式识别，并可以控制手臂障碍的患者抓取东西。

4）思维翻译机（thought translation device）是德国 Tubingen 大学研发的一种辅助训练系统，使用者通过神经反馈来实现皮层中央沟回（运动区）脑电慢波的自我调节，进而控制屏幕上的物体运动。

5）清华大学医学院神经工程研究所研制的脑机接口系统包括两个：一个是利用稳态视觉诱发电位来实现自动拨号，形成自动拨号系统；另一个是开发了一个实时脑机接口系统，可以用"思维"踢足球。

6）浙江大学猴子意念控制系统主要是通过脑机接口技术，实现猴子用意念控制机械手来完成一些基本动作，比如给自己喂食。

脑机接口系统的应用非常广泛。首先，因为通过脑机接口人们可以直接用脑而无须通过语言或操作动作来控制机器或设备，所以脑机接口一个重要的应用领域就是帮助病人康复训练的机器人或者帮助残障人士像正常人一样工作。另外，脑机接口对于某些肢体动作受限的职业，如飞行员、宇航员、潜水员等，利用意念来操控设备有着重要的应用前景。当然，脑机接口也为动漫游戏、智能机器人控制以及虚拟现实系统等提供了一种全新的用户交互界面。

脑机接口的发展趋势是脑机融合，也就是通过与植入芯片技术相结合，真正实现脑机之间的双向交流。所谓脑机融合，就是将生物智能（脑）与机器智能（机）融为一体，使其共同完成原本任何一方单独操作都不能很好地完成的任务。

与人类比较，机器精于形式规则。机器的特点在于容错性差、功耗大、高频运行、存储与运算分离、需要通过人类指导编程进行学习、原则上是串行计算（弱并行）。反过来，与机器比较，人类善于意义领悟。人脑的特点是容错性强、功耗低（20W）、低频运行（100Hz）、存储与运算一体、完全独立自主学习、原则上是并行计算（强并行）。因此，人脑与机器相互融合可以彼此取长补短，形成更加强大的混合智能系统。

混合智能主要是通过更加有效的脑机协同，实现生物智能和机器智能均望尘莫及的更为强大的智能表现。一方面，通过脑机协同可以完善仿人机器人的行为表现，更好地贯彻人们的意图。另一方面，在机器人行为控制中也可以采用脑机融合的控制途径，通过脑机协同来控制机器的行为实施。

目前在混合智能实现途径中，主要是通过脑机融合方法来进行。脑机融合首先实现脑机之间的信息无缝交流，从而实现脑机之间的相互实时性协作。因此，不同于从脑到机或从机到脑的单向性信息利用，脑机融合是要建立脑机之间的双向信息交流，从而实现脑机之间的相互协作，共同完成复杂的任务。目前，建立脑机融合这样的双向信息交流技术，主要是双向脑机接口（bi-directional brain-machine interface）技术。

双向脑机接口技术包括两种不同类型的研究工作：一是实时采集大规模的脑活动信息，通过解读脑活动信息来控制机器行为；二是用人工产生的电信号刺激脑组织，将特定的刺激信息直接传入脑组织，以便控制协调脑活动，如图 9-6 所示。

a）遥控苍蝇   b）遥控老鼠

图 9-6　脑机融合前沿技术

自然，要实现真正意义上的脑机融合，仅仅依靠双向脑机接口技术是不够的。脑机融合也不仅是信号层面的脑机互通，还需要实现大脑的认知能力与机器的计算能力的有机融合，这些都是需要进一步开展的探索工作。

　　为了避免伦理问题，可以采用人工培育脑组织嵌入到机器系统之中，形成混合智能系统。这种脑组织就是所谓的湿件（wetware），可以利用合成生物学手段来培育。如图 9-7 所示就是美国科学家通过成人皮肤细胞的重新基因编辑培育出来的第一个袖珍人类大脑，只有铅笔上的橡皮头那么大。

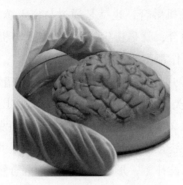

图 9-7　合成生物学培育大脑

　　当然，脑机融合不局限于单机与单脑之间的融合。如果采用双向接口方式的脑机融合，还可以形成"脑－机－脑"接口（BMBI）技术，从而使得脑脑互联成为可能。这样，脑机融合也就变成了脑脑互联的"心灵融合"（mind meld），甚至可以让脑联网成为可能。所谓脑脑互联，就是将多个人脑间的思维融合起来，实现人脑到人脑的直接互动，然后共同去完成心智任务。

　　美国华盛顿大学和卡耐基梅隆大学的研究学者成功迈出了第一步。2018 年他们首次成功地建立了多人脑对脑接口（Brain-to-Brain Interface，BBI）合作系统，如图 9-8 所示。

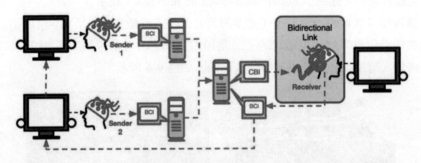

图 9-8　三人脑联网实验设计示意图

　　这一合作系统通过脑电图（EEG）和经颅磁刺激（TMS）结合工作，使三名受试者在彼此没有会话的情况下，通过分享意念，成功合作完成俄罗斯方块的游戏。值得注意的是，该系统完成任务的平均准确率高达 81.25%，并且整个实验过程无侵入性损伤。

　　目前"互联网＋"已经成为网络社会发展的全新模式，如果"＋"的是双向脑机接口技术，那就是脑联网。到那时，人们就可以在脑联网上通过"心灵感应"来实时地进行情感、思想和体验的交流，甚至群脑共同进行感知、规划、创造等心智活动。此时的脑联网是否可以有超心灵现象——一种更加高级的脑机混合心灵现象产生？

应该看到，从脑机接口到脑脑接口，从脑机融合到心灵融合，未来的脑机工程未可限量。我们可以期待，随着智能科学与技术的不断进步，会有更多的理论与方法应用到双向脑机接口技术之中，从而真正推动脑联网技术的不断进步。

关于心灵感应、意念控制或心想事成，过去只是人们的美好幻想，只会出现在科幻小说或武侠小说之中。但随着脑科学及其相关测量技术的发展，这样的"幻想"已经逐渐成为真切现实的技术，这便是脑机融合技术可以给我们带来的期盼。我们相信，随着智能科学与技术的不断进步，会有更多的理论与方法应用到脑机接口甚至脑机融合技术之中，推动社会的不断进步。

本章小结与习题

本章主要介绍了人机交互方面的典型代表性技术，包括传统的人机会话技术、新近发展起来的情感交流技术，以及面向未来的脑机融合技术。希望读者通过对这些人机交互技术的了解，能够很好地体会到智能科学技术的无穷潜力及其对社会技术进步的重要意义。

习题9.1 就语言层面而言，人机会话实现的主要困难有哪些？你认为应该如何克服这些困难？

习题9.2 请在日常生活中观察人们最常用的人机会话系统，比如车载语音会话系统，分析其性能表现以及存在的主要问题。

习题9.3 情感计算可行吗？或者说机器真的能够拥有人类的情感吗？请给出你的观点，并加以具体论证。

习题9.4 目前情感生理信号的测量手段主要有哪些？你认为还有哪些情感生理信号也是可以进行测量的？若有，请给出具体的测量方法。

习题9.5 请设计一种能够识别汉语话语情感态度的计算方法，并给出相应的机器实现程序。

习题9.6 脑机接口技术的主要机理是什么？你认为还有什么思维表现形式可以为脑机接口技术所利用？

习题9.7 脑机融合是未来智能机器人发展的一个重要方向，请查阅相关资料，阐述通过这种途径实现脑机混合智能和心灵融合的可行性。

习题9.8 从互联网到脑联网如果成为可能，请设想将对我们的生活方式产生怎样的影响？

CHAPTER 10

第 **10** 章

系统构建

作为一种高技术成果的典型代表，各类智能系统体现的就是智能科学技术的应用成就，并为社会科学与技术的进步做出了突出贡献。本章就围绕着智能系统构建主题，专门介绍如何运用智能系统构建方法来给出最为典型的智能系统。本章具体内容包括基于传统符号逻辑构建方法的经典专家系统、基于先进机器学习构建方法的混合学习系统以及基于多智能主体构建方法的群体智能系统三个方面。

10.1 经典系统

在智能科学技术发展早期，比较典型的综合性应用成果之一就是专家系统。专家系统是利用人工智能方法与技术开发的一类智能程序系统。专家系统主要是模仿某个领域专家的知识经验来解决该领域特定的一类专业问题。专家系统的基本原理是通过利用形式化表征的专家知识与经验，模仿人类专家的推理与决策过程，从而解决原本需要人类专家解决的一些专门领域的复杂问题。

10.1.1 结构知识表示

构建专家系统关键在于知识的获取、表示和利用。传统专家系统中的知识主要指支持智能推理的必要信息。因此，专家系统所要表征的知识具有符号知识的如下特点：①基本的符号单元；②满足复合律；③可变换操作性。对于知识的获取、表示与利用，关键是知识表示。

所谓知识表示就是关于支持智能专家系统的各种信息集合的组织和操作方法。这里的组织是指从静态内容结构的角度看待知识表示，称之为结构性知识、叙述性知识；而操作则是指从动态处理功能的角度看待知识表示，称之为过程性知识、程序性知识。

对于一种成熟的知识表示方法，组织与操作这两个方面缺一不可，并且往往相互关联。例如，对于知识的逻辑表示方法，既采用逻辑表达式来描述知识内容，又使用推理手段来进行知识处理。不过一般来说，具体的某种知识表示方法总是有所倾向，我们可将其分为三种，即结构性知识表示和过程性知识表示，以及兼顾结构与过程的知识表示。

迄今为止，在符号逻辑计算框架内业已发展出众多的方法来表示知识，归纳起来主要有：状态空间、与或图、概念依存网、谓词逻辑、语义网、产生式、框架、脚本、对象、信念网、知识网等。

知识表示方法的共同之处是都注意到知识之间千丝万缕的联系，强调知识之间的关联性。不同方法的差异主要体现在五个方面：①表示知识复杂性维度；②表示知识的范围；③表示知识的精度；④方便编程实现的程度；⑤知识表示的风格。至于衡量知识表示方法好坏的标准则主要包括：①表示基元是否具有直观对应性；②是否具有关于表示知识之知识的元机制；③知识处理的效率；④是否具有表示和处理不完全知识（缺省）的能力。

当然，在具体的知识表示方法的构建中，既要考虑表示能力与表示效率之间的均衡问题，又要考虑知识量与性能之间的均衡问题，往往很难在各项性能上均达到理想情况。下面我们首先介绍结构性知识表示方法，有关过程性知识表示方法在下一小节介绍。

所谓结构性知识表示方法，就是指将有关领域的知识，连同其相互关系，用显式的方法加以系统地描述。因为任何知识都不是孤立的，知识表示必须能够反映知识之间千丝万缕的结构联系，强调知识之间的结构关联性。

结构知识表示主要具有如下五个特点：①易于修改，知识的修改不涉及处理机制；②引用方便，可应用于多重目标；③易于扩展，知识单元相对独立；④支持元机制使用；⑤应用范围广泛，并方便与过程性知识相结合。智能行为更多依赖的是陈述性知识，即使是程序性知识也可以用陈述性知识来描述。因此，结构知识表示方法在人工智能研究中有着举足轻重的地位。

除了各种常见的数据结构表示方法，如数组、树图、链表等，人工智能主要的结构知识表示方法主要有如下四种：①脚本知识表示方法，用类似于戏剧脚本的形式表示知识；②语义网表示方法，通过知识及其之间的语义关系来表示知识；③框架知识表示方法，采用固定框架来表示知识及其关系；④广义树图表示方法，如决策树、信念网等。下面我们以语义网表示法为例，来给出结构知识表示方法的主要原理。

语义网是一种直接面向概念及其关系的知识网络结构，便于编程实现。语义网也是目前广为流行的知识图谱表示方法的基础。语义网最初用于以自然方式模拟人类理解和使用自然语言，强调知识概念之间丰富的相互连接结构。在语义网中，知识的每个元素都处在各种不同的关系之中。

从形式上讲，一个语义网是一种描述事物间关系的有向图：节点代表概念事物，如"医生""凳子""鸟"等；有向边及其标识指示节点间的某种语义关系，包括拥有某种属性的属性关系，以及属于某种超类的属类关系，比如"是一个""属于""之父"等。所有的语义关系均相当于一些逻辑谓词。

图 10-1 给出了一个描述概念"犬"的简单语义网。根据图中的语义关系，我们不但能够得到贵宾犬直接拥有的属性，如聪明、可爱、贪吃；而且也可以通过属类关系，进一步得到其所属犬科的共有属性，如食肉、四足等；甚至得到其所属哺乳类动物的共有属性，如哺乳、胎生和毛发等。

不过，尽管语义网具有表达上直观性的特点，但考虑到语义网只能表示节点之间的二元关系，因此对于多元关系的表示，必须将多元关系化解为多个二元关系的合取，然后才能用语义网络来表示。注意语义网可以具有子网嵌套结构，即语义网络中的节点可以代表一个子网，其内部结构为一个完整的语义网络。

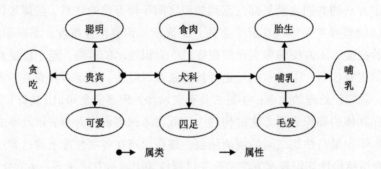

图 10-1　一个关于概念"犬"的简单语义网

由于语义网具有很强的概念化倾向，虽然与事物及其属性的直观对应性好，但这也导致了具体语义网的构建困难：依赖事物命名这一先决条件而使其表达范围受到很大限制。另外，语义网还缺乏支持有效推理的手段，特别是关于隐含的知识推理，根本无法表示日常知识及其推理。

考虑到这种缺陷以及语义网本身并不具有动态操作能力，许多研究者建议用一阶谓词逻辑为语义网提供合适的推理基础。但对于表示日常知识，即使采用更灵活的一阶谓词逻辑也无济于事，因为这些都无法应付人类知识不一致性特点。当然也可通过对弧和节点的概率量化来克服语义网的不足，如权值连接语义网。虽说这对于弥补语义网缺陷、发展知识表示新途径有重要意义，但这种基于概念和逻辑的知识表示方法从根本上也无法摆脱逻辑一致性束缚。

类似于语义网这样知识结构表示方法的共同之处就是它们同样基于知识的联合性质，将相关要素汇成知识结构。不过，由于这些知识结构仅仅是描述要素构成的知识，一旦层层无限展开，那么其复杂性就与智能推理要求的流畅性相违背。如果仅作粗略描述又不可能贴切给出事物知识的详尽描述。这便是基于逻辑概念分析之上所有一切知识表示方法必然都不可避免的两难境地。

10.1.2　过程知识表示

除了面向知识内容结构的表示方法，在早期知识表示方法的研究中，还有面向功能过程的知识表示方法。这种表示将知识表示为一组处理算子或规则，这些算子或规则又往往在一定的状态条件下才能启用，结果则改变当前的状态条件。

所谓过程知识表示，是指将有关领域的知识连同其使用方法，均隐式地表达为一个求解问题的过程。过程知识表示主要具有如下三个特点：①知识隐含于使用知识的程序之中；②使用效率高；③对执行机制有很强的依赖性。

在基于逻辑符号主义的专家系统中，主要的过程知识表示方法具体有：①逻辑公理系统方法，像命题逻辑、谓词逻辑、各种非经典逻辑等；②产生式系统方法，如半图厄过程、产生式规则、Post 机等；③句法系统方法，如乔姆斯基形式语言谱系、各种自然文法描写等。由于智能从根本上讲是一种动态处理信息的过程，任何人工智能系统的实现都离不开过程知识的表示，只是采取的策略不同。因此，过程知识表示方法在专家系统研究中同样有着举足轻重的地位。例如，众所周知的产生式系统就是这类知识表示方法的典范。

1936 年波兰数理逻辑学家波斯特提出产生式系统的计算模型，与图灵机计算能力等价，简称 Post 机。波斯特的产生式系统在形式语言、认知过程、专家系统方面产生了广泛的影响。比如乔姆斯基 1956 年提出的生成语言规则、纽厄尔与西蒙 1965 年提出的认知模型，以及斯坦福大学 1965 年设计的 DENDRAL 化学结构分析专家系统，都是利用了产生式系统的原理。

产生式系统的核心概念是产生式规则，主要用来表示事物之间的启发关联性，基本形式为：

$$P \Rightarrow Q, 读作 IF\ P\ THEN\ Q$$

其中 P 为条件，Q 为执行的动作。

一个产生式系统主要由三个部分构成：一个表示系统当前状态的工作区；一个规则集，其中每条规则都用上述形式来描述；以及一个控制器。在产生式系统中，控制器以工作区中的当前状态数据去匹配满足条件的规则，然后执行所选规则的操作，结果则更新了工作区的状态数据。按照这样的流程，控制器不断循环重复上述过程，直到不再有规则满足工作区的状态数据为止。应该说，产生式知识表示方法在专家系统研制中发挥了巨大作用，也产生了广泛的影响。

作为结构和过程表示方法的综合，比较成熟体现符号逻辑方法思想的知识表示是基于各种逻辑的知识表示方法。由于其同时能兼顾内容结构和过程处理两个方面，因此在以符号逻辑假设的人工智能研究中一直处于主导地位。用逻辑表达式来表达知识不仅可以通过描述知识事实来建立知识库，而且这样的知识库也便于进行有效的推理处理。特别是随着非单调逻辑、缺省推理逻辑、反事实推理和认知逻辑等用于描述日常知识的长足发展，这种方法在传统专家系统研究中也越来越得到广泛应用。当然逻辑推理在本质上的一致性要求依然是这种知识表示方法的枷锁。这就使得各种非符号逻辑知识表示方法的提出成为后来人工智能研究的新趋势。

兼顾内容结构和过程处理两个方面的另一种知识表示方法，是面向对象技术的知识表示方法。面向对象的知识表示方法主要采用对象技术来进行知识表示，知识单元是对象，故而得名。对象表示法因而也是一种混合知识表示法（既非纯过程性，也非纯结构性）。所谓对象是一种主体—动作模式，不同的主体采用不同的动作模式，过程性知识主要体现在动作模式之中。

对象知识表示方法的主要特点有：①便于模块化、分类处理；②强调对象之间的相互联系（如继承关系）；③易于编程实现；④方便多态性界面实现；⑤属于一种结构性知识表示方法。应该说，面向对象的知识表示方法已经成为最方便编程实现的知识表示方法，有着广阔的发展空间。

原则上，只要兼顾知识的描述和推导两方面的功能实现，上述知识表示方法就都可以用于专家系统的构建。甚至可以根据所采用的知识表示方法对专家系统进行分类，如基于逻辑表征的专家系统之类。

10.1.3　构建专家系统

自从美国斯坦福大学于 1965 年开发出第一个化学结构分析专家系统 DENDRAL 以来，各种专家系统层出不穷。目前专家系统已经遍布了几乎所有专业领域，成为应用最广泛、最成功，也最为实效的智能系统。专家系统主要拥有如下三个方面的特点。

1）专家系统主要是运用专家的经验知识来进行推理、判断、决策，从而解决问题。因此，专家系统可以启发帮助大量非专业人员独立开展原本不熟悉的专业领域工作。

2）用户使用专家系统不仅可以得到所需要的结论，而且可以了解获得结论的推导理由与过程。因此使用专家系统比直接与一些有个性的人类专家咨询来得更加方便、透明和值得信赖。

3）作为一种人工构建的智能程序系统，对专家系统中知识库的维护、更新与完善更加灵活迅速，可以满足用户不断增长的需要。

一般专家系统的基本结构如图 10-2 所示。在专家系统中，核心问题是知识的表示、获取与运用问题。

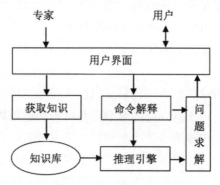

图 10-2　专家系统基本结构图

在经典人工智能研究中，知识的表示方法如上面两小节所述；而知识获取方法主要由各种机器学习策略决定。机器学习方法有归纳学习、示教学习、实例学习、类比学习、强化学习、迁移学习，以及非经典的各种软计算方法。至于知识的运用，则主要取决于推理引擎的构建策略（控制性知识），包括前向驱动、后向驱动以及混合驱动等策略。以产生式系统为例，整个推理引擎由如下三个部分组成。

1）状态集合。在环境中可能发生的所有状态集，包括开始状态、中间状态和目标状态。推理过程就是要从给定的开始状态，找出达到目标状态的推理步骤（路径）。

2）规则集合。对状态进行各种可能变换的规则集合。在产生式系统中，这样的规则均用产生式形式来表示：<前提条件，执行操作>。

3）控制策略。这部分是来解决如何使用规则的组织策略的（前向、后向、混合），以及遇到多条满足当前条件的规则时，如何进行取舍等。

此外，系统中还需要设置一个当前工作区，记录每时每刻系统状态的变化。当前工作区的初始值为开始状态，中间值为推导过程中的中间结果。如果推导成功的话，当前工作区最终值应该就是目标状态。通常，产生式专家系统有如下五个主要控制步骤。

1）匹配条件。选择与当前工作区条件相匹配的规则（包括合一匹配），作为备选启用规则。

2）冲突解决。如果备选启用规则不唯一，则应按照一定策略来选择最终执行规则。一般解决冲突的策略有最先策略、最优策略、全选策略等。

3）执行操作。执行选中规则的操作部分，经过操作后，将改变当前工作区的事实数据。

4）获得结果。重复上述步骤，直到不再有条件相匹配的规则为止。最后，当前工作区的事实数据即为解结果。

5）优先策略。采用优先策略解决冲突有许多具体的排序方法，可以采用的排序方法通常包括特定符合原则、固定规则排序、固定数据排序、规模优先原则、就近原则、上下文限制原则等。

专家系统的主要功能应该包括六个方面。

1）存储知识：具有存放专门领域知识的能力。

2）描述能力：描述问题求解过程中涉及的中间过程。

3）推理能力：具备解决问题所需要的推理能力。

4）问题解释：对于求解问题与步骤能够给出合理的解释。

5）学习能力：能够具备知识的获取、更新与扩展的能力。

6）交互能力：提供专家或用户良好的人机交互手段与界面。

利用上述这些功能，通过专家系统构建方法，就可以面向各种具体应用领域开发完成各种任务类型的专家系统。根据目前已经开发的、数量众多、应用广泛的专家系统求解问题的性质不同，可以将专家系统大致分为如下七类。

1）解释型专家系统：主要任务是对已知信息和数据进行分析与解释，给出其确切的含义。应用范围包括语音分析、图像分析、电路分析、化学结构分析、生物信息结构分析、卫星云图分析、各种数据挖掘分析等。

2）诊断型专家系统：主要任务是根据观察到的数据情况来推断出观察对象的病症或故障以及原因。主要应用范围有医疗诊断（包括中医诊断）、故障诊断、软件测试、材料失效诊断等。

3）预测型专家系统：主要任务是通过对过去与现状的分析，来推断未来可能发生的情况。比如气象预报、选举预测、股票预测、人口预测、经济预测、交通路况预测、军事态势预测、政治局势预测等都是预测型专家系统的应用领域。

4）设计型专家系统：主要任务是根据设计目标的要求，求出满足设计问题约束条件的设计方案或图纸。比如集成电路设计、建筑工程设计、机械产品设计、生产工艺设计、艺术图案设计等。

5）规划型专家系统：主要任务是寻找某个实现给定目标的动作序列或动态实施步骤，比如机器人路径规划、交通运输调度、工程项目论证、生产作业调度、军事指挥调度、财务预算执行等。

6）监视型专家系统：主要任务是对某类系统、对象或过程的动态行为进行实时观察与监控，发现异常及时发出警报。比如生产安全监视、传染病疫情监控、国家财政运行状况监控、公共安全监控、边防口岸监控等。

7）控制型专家系统：主要任务是全面管理受控对象的行为，使其满足预期的要求，如空中管制系统、生产过程控制、无人机控制等。

其他类型的专家系统还有调试型、教学型、修理型等，不再一一介绍。

专家系统与一般应用程序的主要区别在于，专家系统将应用领域的问题求解知识独立形成一个知识库，可以随时进行更新、删减与完善等维护，这样专家系统就可以充分运用人工智能有关知识表示技术、推理引擎技术和系统构成技术。一般应用程序则与此不同，其将问题求解的知识直接隐含地编入程序。因此，对于一般应用程序要更新知识就必须重新变动整个程序，并且难以引入相关智能技术。

正因为专家系统有这么多的优点，随着其技术的不断进步，应用范围也越来越广。实际上，专家系统自 20 世纪 70 年代出现以来，已经广泛应用于科学、工程、医疗、军事、教育、工业、农业、交通等领域，产生了良好的经济效益与社会效益，为社会技术进步做出了重大贡献。

10.2　学习系统

传统的专家系统主要是采用符号逻辑计算方法来建构，其共同的弱点就是知识更新很难自动完成。系统一经形成，其中的知识（规则）无法自动更改以适应不断变化的环境。于是人们开始运用各种机器学习方法来综合考虑专家系统的构建。这些方法除了符号逻辑之外，主要还有称为人工神经网络和遗传演化计算的学习构建方法。将这些方法混合起来构建的智能系统，称为混合智能系统。本节介绍这些混合智能系统的构建方法，包括神经专家系统、演化神经系统和综合智能系统等三个方面的内容。

10.2.1　神经专家系统

将人工神经网络方法引入智能系统的构建之中，并与传统的符号逻辑方法相结合，便形成了神经专家智能系统。

人工神经网络是一种重要的智能计算方法，已经被应用到机器智能研究的众多领域，并最终形成了实现机器智能的神经联结主义主张。所谓人工神经网络，指的是一种由大量计算单元按一定结构互联而形成的一种大规模并行分布式计算系统，用来完成不同的智能处理任务。应该说人工神经网络是一种非线性动力学系统，它通过动态调节计算单元之间的联结权值来实现学习功能。在人工神经网络的模型中，每个单元都与前一层的所有单元连接。在神经网络的单元之间没有侧向连接或反向连接，其中位于中间层的"内部表达单元"常被称为"隐单元"。

在人工神经网络中，每个单元将收到的输入刺激模式变换为一个输出反应并把它传输到其他单元。一般这一过程分两步完成：第一步，把每个输入刺激乘以所在连线上的权值，再把所有加权输入结果相加，获得一个称为总输入的数值；第二步，一个单元使用某种输入输出函数将总输入变换为输出反应。

人工神经网络中的各种输入输出函数决定着人工神经网络的行为。这些函数一般有三种类型：线性的、阈值的和S型的。线性函数的输出总是正比于总加权输入。阈值函数则视总输入是否大于某设定阈值而定，其输出为两种可能值之一。对于S型函数，其输出随输入改变而连续变化，但呈现的变化是非线性关系。

最普通的人工神经网络由三层单元组成，如图10-3所示。首先是输入单元，其与隐单元层相连接（隐单元层也称内部单元层，如果内部单元层数足够多，也称为深度神经网络，目前有着广泛的应用），而隐单元层又连接到输出单元层。一般构建出完成某种特定任务的人工神经网络需要如下四个步骤。

1）选择一种合适的问题表达式，使得单元的输出与问题的解彼此对应起来。

2）构建出一种能量函数，使其最小值点对应于问题的最佳解。

3）由能量函数去构建合适的连接权值及误差标准的确定方法。

4）通过一定的学习策略来动态调节权值及误差等参数，使得最终形式的人工神经网络恰好是对给定问题的解模型。

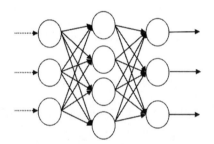

图10-3　一个简化的人工神经网络

有了具体的人工神经网络，剩下的任务就是要教会（训练）神经网络去完成某个特定任务。首先向神经网络提供一些训练实例数据，经过训练后，神经网络的权值矩阵都将确定一组最佳值。然后，通过不断判断输出与期望输出的符合程度并及时通过反馈修正，可以很好地完成训练任务。

一旦具体的人工神经网络经过训练后达到最佳状态，就可以用其来解决该神经网络原来所从事的任务了。当然任务完成的好坏取决于训练结果是否反映实际情况。因此，有时也采用边学习边工作的方式来动态承担任务的实现。

这就是人工神经网络的一般原理，其主要是模仿大脑神经网络的工作原理并做了数学上的简化抽象。人工神经网络的主要特点是不再有基本符号和符号组合生成规则之类的概念。知识表示采用神经元激活图式，基本操作表示为对连接权值的处理，模拟智能活动则靠一组强有力的学习算法。在神经网络中，复合律不再有效，无论规模大小，单独和复合的问题都是由一个整体网络的模式表示。于是在构建人工神经网络系统的过程中，约束条件的选择就变得非常重要，否则计算复杂性将使这种方法在实际求解问题时变得毫无意义。

神经专家系统的基本框架如图10-4所示。与基于规则的经典专家系统不同，神经专家系统的知识库由训练而成的神经网络表达。在图10-4中，用户接口主要是提供用户与神经专家系统之间的通信交流手段；解释程序向用户解释神经专家系统在新数据输入后如何工作并达到特定的解；规则提取的任务是考察神经知识库并产生隐藏在训练后神经网络中的规则。

神经专家系统的核心是推理引擎，主要作用是控制系统中的信息流、启动神经知识库上的推理，以及确保近似推理的进行。在基于规则的专家系统中，推理引擎通过比较规则的条件部分（IF）来启动规则的执行部分（THEN），因此需要精确匹配。在神经专家系统中则使用训练后的神经网络，新的数据不必精确匹配已有的数据。这样就使得神经专家系统能够处理噪声和不完全数据，这就是近似推理。

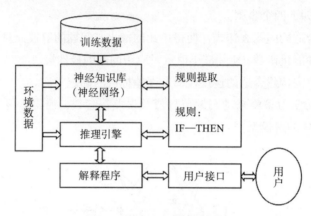

图 10-4   神经专家系统框架

尽管运用神经专家系统可以解决许多实际问题，但神经网络系统依然存在一些不足。第一个不足是缺乏与环境相互作用的机制，难以建立起神经网络中间语言与外部环境语言沟通的渠道，缺乏适应性。另一个不足是，尽管神经网络系统也开始走向模块化，通过部分问题求解来联合解决总体问题，但过分的功能定位使得神经网络系统依然缺乏通用性，一般一个网络只能解决一个问题。第三个不足就是神经网络结构选择和权值训练问题，对于所要解决的一类问题，往往难以获得最优结果，缺少灵活性。最后一个不足是可解释性问题，神经网络权值及其变化与现实问题求解之间没有直接的因果关系。无论是对于开发系统的人还是使用系统的人，神经网络系统就是一个黑箱。

10.2.2   演化神经系统

为了能够增加神经专家系统的灵活性、通用性和适应性，可以运用具有高效优化功能的遗传演化计算来克服上述神经专家系统存在的某些不足。我们可以结合演化计算与神经计算两种方法，来构建演化神经专家系统。

遗传演化算法主要是模拟生物在自然环境中的遗传和进化过程，而形成的一种自适应全局优化概率搜索方法，使用这种方法可以使各种智能系统具有优良的自适应能力和优化计算能力。遗传演化计算主要模仿以下两种生物机制。

1）遗传与变异：DNA 及其遗传机制、概率性变异和出错性。

2）选择与进化：环境选择、优胜劣汰的演化机制。

根据具体采用的实施手段和目标不同，遗传演化算法分为遗传算法、进化策略和进化规划等形式。

图 10-5 给出了遗传演化算法的一般流程图。对于给定优化问题的目标函数 $f(X)$，要在一定约束条件下求解 X 使 $f(X)$ 取得最佳值，一般遗传演化算法通过如下所述的策略进行问题的求解。

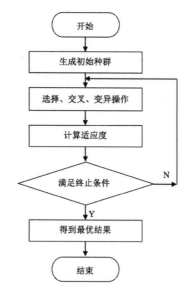

图 10-5　遗传演化算法的一般流程图

首先，用 n 个记号 X_i 来表示 X，并记作符号串

$$X = X_1 X_2 \cdots X_n$$

把每个 X_i 看作遗传基因，其所有可能的取值称为等位基因；而把 X 看作由 n 个遗传基因构成的一条染色体。等位基因取值的范围可以是整数集、实数集，也可以是 {0, 1} 集。

其次，X_i 的具体排列形式称为基因型，即 $X=X_1X_2\cdots X_n$ 中各 X_i 代入等位基因具体值；而这样的 X 所代表的数值就成为基因型所对应的表现型。$f(X)$ 正比于 X 的适应度取值，并可据此来判定某种表现型的适应好坏。

然后，群体由 M 个个体（每个个体的 X 都取具体的值）组成，各取值一般具有表现型差异，甚至也可有基因型差异。遗传演化的运算过程就是一种经由各种遗传操作的群体迭代过程：

$$P(t) \rightarrow P(t+1)$$

其中 $P(t)$ 表示第 t 次迭代时的群体。群体的优胜劣汰处理则根据适应度取值来进行，最终群体中的某个优良个体的表现型就对应或接近问题的最优解。

最后，模仿生物基因在自然环境的突变规律，遗传演化运算过程一般包括以下三种遗传操作。

1）选择：从 $P(t)$ 中选择适应度高的个体到 $P(t+1)$ 中。

2）交叉：$P(t)$ 中的个体可以随机搭配成对，以某种概率交换它们之间的部分染色体，形成新的个体，放入 $P(t+1)$ 中。

3）变异：对 $P(t)$ 中的每一个个体，以某种给定概率进行改变基因位上的等位基因取值来形成新的个体，放入 $P(t+1)$ 中。

适应度函数的选择确定与目标函数 $f(X)$ 密切相关，其必须反映环境选择压（问题求解的约束条件）和原问题解的要求。

这样，给定神经专家系统中的神经网络就可以在权值矩阵和网络结构两个方面来进行遗传算法的优化学习。我们可以按以下步骤对神经网络结构中的权值矩阵求优。

1）首先对权值矩阵进行基因编码，将一组权值编码为一条染色体。同一个神经元的输入源可以捆绑在一起遗传优化，给出初始化权值矩阵赋值。

2）定义一个反映染色体性能估价的适应度函数，其值对应神经网络的性能，即错误平方之和的倒数。然后，对于给定的染色体，将其中所含每个权值分别赋给新神经网络的连接边。用实例训练集测试该网络，并计算错误平方和，和越小，染色体越适应。遗传算法就是要寻找平方错误最小的染色体。

3）选择遗传算子，即选择具体的交叉与变异策略，并以染色体中的整小节为单位进行操作。

4）定义群体规模和参数，即规定不同权值矩阵代表的神经网络的最大数，以及交叉和变异概率、最大迭代数等参数。

除了最优选择权值矩阵可以利用遗传算法产生外，神经网络的拓扑结构也可以通过遗传算法选优产生。用染色体编码神经网络的拓扑结构，当给定一组训练实例及网络结构的二进制串表示时，就可以构建如下所示的选优遗传算法步骤。

1）选择群体规模、杂交概率、变异概率并定义训练迭代的数目。

2）定义度量性能的适应度函数，通常神经网络的适应度取值不仅依赖于精确度，而且依赖于学习速度、规模和复杂性。当然性能更加重要，所以适应度函数可以定义为出错平方和的倒数。

3）随机产生初始群体。

4）将一个染色体解码形成一个神经网络，并设置初始权值范围 [-1, 1] 内的随机数。在给定迭代次数内使用反传播算法，用一组训练实例对网络进行训练。计算误差平方和并确定网络的适应度取值。

5）重复步骤 4 直到群体中所有个体均已处理。

6）选择一对需要杂交的染色体，按正比于它们适应度取值的概率进行杂交。

7）通过遗传算子杂交和变异建立一对后代染色体：其中杂交以整行（随机选择矩阵中的一行）交换两个父辈染色体，形成两个后代；变异则按低于 0.005 的概率来改变一到二位值。

8）将形成的后代放入群体中。

9）转步骤 6 直到新群体规模多于初始群体规模，然后将新群体替代父群体。

10）转步骤 4，重复该过程，直到设定的迭代次数为止。

最后，结合权值矩阵和网络结构遗传算法，就可以形成最优的神经网络并用于建造神经专家系统，或作为神经专家系统中自学习自适应的机制。这样不但可以弥补神经专家系统对于求解问题的灵活适应性，而且可以通过优化来动态选择神经网络的拓扑结构，我们也就可以在某种程度上拓展神经专家系统的通用性了。

10.2.3 综合智能系统

通过上述混合智能系统的介绍，我们不难预见未来的智能系统一定是一种多层次的综合型构建系统。因此，未来更为先进的智能系统应该考虑多层次智能方法的综合构建。比如综合经典专家系统、神经专家系统和演化神经系统，就可以给出一种多层次综合型智能系统的构想，如图 10-6 所示。

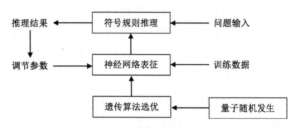

图 10-6 综合智能系统层次结构

在图 10-6 中，最低层是生物层遗传机制，其决定智能系统的基本体系结构及最优神经网络权值矩阵。其中，理想的诸种概率发生采用物理层的量子计算机制（可能的情况下，目前可以暂不考虑）。

然后用神经层的网络来表征符号规则推理机制：包括所有不精确推理、缺省推理和非单调推理方法的结合，从而形成某种神经智能系统。这样的智能系统可以进行模糊或缺省或概率或次协调推理过程的表征，并且这样的表征可以进行适应性调整学习。

最后再利用神经网络表征的各种逻辑符号规则实施问题求解的推理机制，从而形成某个领域问题的求解智能系统。

综合智能系统采用多种智能计算方法来构建，因此给理解带来了一定的难度。但如果从物理世界的构成层次上理解，即按照物理的（量子计算）、生物的（演化计算）、神经的（神经计算）、符号的（符号计算），这样逐步由低级到高级的构建规律，就不难理解综合智能专家系统的层次建构原则。当然，这样的构想仅仅是未来智能系统发展的一种可能。

无论如何，就目前而言，我们已经可以运用上述部分构建技术来制造各种不同等级层次的智能机器系统。智能机器系统是指一类具有一定智能能力的机器系统，是综合运用软硬件智能技术研发的产物。典型的智能机器系统有智能机床、智能航天器、无人飞机、智能汽车等，特别是智能机器人。大多数智能机器均具有高度的自治能力、能够灵活适应不断变化的复杂环境，并高效自动地完成赋予的特定任务。

通常，在智能机器系统内部拥有一个智能软件，通过机器装备的传感器和效应器，捕获环境的变化并进行实时分析。然后再对机器行为做适当的调整，以应对环境的变化，完成各项预定任务。

一般智能机器系统的构成分为智能软件、机器主体、传感器群、效应器群等。智能软件是智能机器的大脑中枢，负责推理、记忆、想象、学习、控制等。传感器负责收集外部或内部信息，如视觉、听觉、触觉、嗅觉、平衡觉等。效应器像人类筋骨、肌肉，主要负责实施智能机器人的言行动作，作用于周围环境，如整步电动机、扬声器、控制电路等，实现类似人类的嘴、手、脚、鼻子、身体等的功能。机器主体是智能机器人的支架，不同形状、用途的机器人主体差异很大。

以智能机器人为例。智能机器人之所以叫作智能机器人，是因为它拥有相当发达的"机器脑"。在机器脑中起作用的是中央处理器（集群），这种机器脑与操作它的人有直接的联系。最主要的是，这样的机器人可以完成为实现某种目的而安排的动作。正因为这样，我们才说这种机器人是真正的机器人，尽管它们的外表可能有所不同。如果是可移动的智能机器或智能机器人，还要考虑机器人导航、路径规划等问题。

一般而言，智能机器人不同于普通机器人，应该具备如下三个基本功能。

1）感知功能：能够认知周围环境状态及其变化，既包括视觉、听觉、距离等遥感型传感器，也包括压力、触觉、温度等接触型传感器。

2）运动功能：能够自主对环境做出行为反应，并能够进行无轨道自由行动。除了需要有移动机构外，一般智能机器人还需要配备机器手之类能够进行作业的装置。

3）思维功能：根据获取的环境信息进行分析、推理、决策，并给出采取应对行动的控制指令。思维功能也是智能机器人的关键功能和区分标准。当然，理想情况下，智能机器人还应该能够理解人类的语言，并与人类进行语言交流。

按照智能机器人功能实现侧重点的不同，还可以对智能机器人进行分类。目前智能机器人大致可以分为传感型、交互型和自主型三类，它们的智能化程度有所不同。

1）传感型机器人。又称外部受控机器人，这种机器人本身并没有智能功能，只有执行机构和感应机构。这种机器人主要是利用传感信息（包括视觉、听觉、触觉、接近觉、力觉和红外、超声及激光等）进行传感信息处理、实现控制与操作。智能功能主要由外部控制机器来完成，并通过发出控制指令来指挥机器人的动作。

2）交互型机器人。有一定的智能功能，并主要通过人机对话来实现对机器人的控制与操作。虽然具有了部分处理和决策功能，能够独立实现诸如轨迹规划、简单的避障等功能，但是还需要受外部的控制。

3）自主型机器人。无须人的干预，能够在各种环境下自动完成各项拟人任务。自主型机器人本身就具有感知、处理、决策、执行等模块。自主型机器人可以像一个自主的人一样独立地活动和处理问题。

据不完全统计，各类智能机器系统分布在众多不同的应用领域，目前主要包括医疗、餐饮、军事、玩具、水下、太空、体育、社区、工业、农业、家居等领域，为人类社会的进步做出了杰出贡献。

作为更具前瞻性的探索，还有一个终极问题就是人机如何才能连接，并达到任何单个机器系统或人类个体都从未达到过的智能水平。如果进一步利用更加人性化的人机结合方式，比如各种深化的人机交互技术，特别是脑机融合技术，我们还可以构建人机一体化的人机混合学习系统。

正如美国科学家马隆在《超级思维：人类与计算机一起思考的惊人力量》中所指出的："要做到这一点，可采用的方法之一是创建计算机-人学习循环。在这个循环中，人与计算机一起工作，使学习效果随着时间的推移越来越好。"确实，只要我们能够动用一切人机智能交互技术，确保人机之间数据交换的效率和可信度，那么，不管目前人机协作方式还是将来的脑机混合方式，人机混合系统一定会展现出比以往任何时候都更加强大的智能表现。

毫无疑问，各种智能系统的产生与广泛使用，必然会对未来智能社会的发展产生重大影响。我们相信，随着智能科学技术的不断发展与进步，将来的智能机器必将具备越来越多的智能功能，比如，可穿戴技术、脑机接口技术、生物合成技术、物质可编程技术。未来的智能机器一定是更加强调机器合成化、人机一体化、脑机融合化，以更加方便、高效和灵活地为人类服务。

10.3　群体系统

中国古代有句谚语，叫作"三个臭皮匠，赛过一个诸葛亮"，说的就是群体的智慧可以超越最优秀个体的智慧。当单体智能计算研究面临诸多困难的时候，机器智能研究也开始将研究重点转向了群体智能模型的研究。

通常可以更加广义地考虑群体中的智能主体及其交互手段：不仅包括前面章节讲述的机器视觉系统、语言理解系统、意识觉知系统、艺术创作系统、行为表现系统，以及经典智能专家系统、学习型智能系统和混合型智能系统，也包括各种智能主体或主体之间的交互手段。

智能群体系统的构建方法是，将上述不同功能的多层次智能系统，通过运用多主体系统方法，增加每个个体的感知、通信、规划等能力，来构成群体智能系统。在本节中，我们主要围绕群体智能系统的介绍来展开有关群体智慧的讨论。我们将着重介绍一些最为典型的群体智能系统的主体结构、协调组织机制以及群体求解问题系统模型等内容。

10.3.1　应变型智能主体

在群体智能系统中，系统由众多被称作智能主体的个体构成，每个智能主体相互平等又相对独立。群体通过知识信息的相互交流来完成任何单独智能主体均无法完成的复杂智能任务，涌现出更高级的智能行为。

一般地讲，通常主体（Agent）是指像软件程序或机器人那样的计算实体。智能主体随环境的变化而知觉与行动，并且具有自主性，其行为至少部分依赖于自己的经验。作为一种智能实体，智能主体在各种环境中都应能灵活而又理性地进行应对。换句话说，智能主体通过类似问题求解、规划、决策和学习等关键过程来实现其行为的灵活性和合理性。作为一个互动实体，智能主体的行动会受到其他主体，也包括人类的影响。因此智能主体还应具备在智能群体系统中互动交流的能力。智能群体通过协作和竞争来参与完成共同的目标和任务，特别是单个智能主体无法独立完成的目标和任务。

一般情况下，由于应用领域和目的不同，智能主体的类型、结构和功能也不尽相同。

如果主体通过传感器从环境中获得输入，然后直接产生输出行为进而影响环境，我们称这样的主体为应变型主体，如图 10-7 所示。

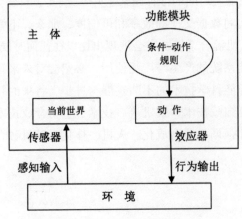

图 10-7　应变型主体结构示意图

应变型主体具有灵活多变的自治行为能力，具体包括：

1）反应能力：主体能够感知环境并能对环境所发生的变化及时做出反应以确保设计目标的实现。

2）预想能力：主体会主动展示导向目标的行为以确保设计目标的实现。

3）社交能力：主体可以与其他主体（可以是人类主体）相互作用以确保设计目标的实现。

更一般地，如图 10-7 所示，我们可以把智能主体的决策函数分解为感知和行为两个子系统。传感器代表主体观察环境的能力，效应器代表主体的决策过程。

在应变型主体行为决策中采用包容结构的设计模式，具有如下两个特征。

第一个特征是，主体的决策通过完成任务的一组行为实现，每一个行为模块都完成一个特定的功能。在实现方法中，这些行为采用下面的规则形式：

$$环境条件 \rightarrow 动作行为$$

即将感知输入直接映射为行为。

第二个特征是可以同时激发许多行为，并通过某种优选机制对这些行为进行选择，然后执行选定的行为。

运用这种包容结构的设计模式，1990 年斯蒂尔斯（Steels）设计了一种比较典型的应变型群体智能系统。该群体智能系统由一群行走器构成，目标任务是要在一个遥远的行星上收集一种特殊岩石样本。岩石样本的位置事先并不知道，行走器可以在行星上随意走动，收集所需要的样本后带回航天母舰，执行完任务后返回地球。

为了行走器能够顺利完成任务，在该群体系统的具体实现中，斯蒂尔斯设置了三个机制。第一个机制是寻找母舰的梯度机制。为了使行走器知道母舰位于何处，母舰会发送无线电信号。由于信号会随信号源的距离增加而衰减，因此为了找到母舰的方位，行走器只需要沿着信号增强的方向行走（源方向）即可。

第二个机制用于行走器之间相互交流。在行星上，地形特征妨碍了主体间的直接交流

（如信息传递）。为此，斯蒂尔斯采用了一种非直接的通信方法，就是让每个行走器携带"辐射性小碎块"，这些小碎块可以被丢弃、捡起，或被路过的行走器发现。如果一个行走器曾在某处丢下一些碎块，而另一个行走器刚好路过这里，就能发现被丢弃的碎块。

第三个机制就是行为优先选择机制。在该群体智能系统中，行走器可以激发的行为有以下五种：

1）如果发现有障碍物，那么改变方向。

2）如果携带有样本且到达母舰，那么将样本放下。

3）如果携带样本但没有到达母舰，那么向源方向行进。

4）如果发现样本，那么将样本捡起。

5）无条件时随机移动。

并规定，所有这些行为按以下优先层次排列：

$$1 \propto 2 \propto 3 \propto 4 \propto 5$$

这样就能确保群体实施如下策略：

1）如果检测到障碍物的话，行走器会转向。

2）如果行走器在母舰上，并且携带了样本，只要自身没有面临马上被损毁的危险，那么总会将样本放下。

3）最后的行为（随机行走）仅发生在行走器没有任何紧急的事情要做的时候。

不难看出，这个简单的行为集合解决了预先规定的任务：行走器搜索样本，发现后将它们运回母舰。如果样本是完全随机地分布在行星表面的，那么众多具有简单行为能力的行走器就能够很好地完成工作任务。

不难发现，有效解决问题的前提是岩石样本的随机均匀分布性。但实际上，岩石样本有时却是成群地聚集在某个地方。在这种情况下，使行走器通过相互协作来寻找样本更有意义。当一个行走器发现一个大样本源时，把消息告诉其他行走器，其他行走器可以帮助收集这个大样本源，这样更有助于任务的完成。可是，我们从上面对问题的说明中也已知道，直接的信息交流是不可能的。受到蚂蚁收集食物行为的启发，可以给这个问题一个解决办法。

解决的方法是：每当行走器发现岩石样本时，它就留下一个辐射性的碎块作为"痕迹"。此后，当另一个行走器经过这条痕迹，只需沿着这条痕迹，朝着梯度下降的方向行走，就可以找到样本的所在地。

于是，作为更加完整考虑的结果，可以将行走器的行为做以下修改：障碍回避行为（1）、"捡起样本"行为（4）和随机移动行为（5）仍保持不变，但两条关于携带样本时的行为规则修改为：

6）如果携带有样本且到达母舰，那么将样本放下。

7）如果携带样本但没有到达母舰，那么丢下一些碎片，然后向源方向行进。

并增加一个处理碎片的动作：

8）如果感知到碎片，那么捡起碎片向反源方向行进。

最后，形成如下行为序列排列：

$$1 \propto 6 \propto 7 \propto 4 \propto 8 \propto 5$$

作为新的包容层次结构。

通过这样简单的调整，在许多情况下可以获得几乎最优的性能。而且，这个方法具有简洁性（每个主体所要求的计算能力最小）和健壮性（丢失任何一个主体不会明显地影响整个系统的功能）。

总之，类似于包容结构那样的应变型主体模型还有很多。这类主体具有很多优点，如简单、经济、易于计算、健壮性而不易失败、雅致等。所有这些优点使包容结构富有吸引力。当然一些基础性的、尚未解决的问题也有许多。比如：如何考虑非局部信息来做出行为决策的问题？如何设计能从经验中自我学习的应变型主体？能否使这种应变型主体具有某种进化能力？等等。还有，对于应变型主体，要建立层次数多的主体显得非常困难，此时不同行为的动态交互会变得过于复杂而难以把握。所有这些，都是在应变型智能主体进一步发展过程中亟待解决的问题。

10.3.2   认知型智能主体

在应变型主体中，我们可以利用环境状态或预知行为的顺序来建立一个主体的决策函数。作为某种扩张，我们也可以来表示一个决策受历史事件影响的主体。这种维持历史状态的主体结构便是各种具体的认知型主体模型的一般描述。

认知型主体的一种典型模型就是有深远影响的"信念 – 愿望 – 意向"（BDI）结构。这种结构源于哲学传统中对于实际推理的理解——实际推理就是为了实现目标一步步地决定执行具体行为的过程。

在 BDI 主体结构中，强调的是信念（belief）、愿望（desire）和意向（intention）在推理过程中的复杂关系。特别是意向在实际推理中扮演着许多重要的角色。比如，在目标驱动的推理、目标对未来的限制、目标的坚持、目标对未来信念的影响中，意向都发挥着重要作用。实际推理主体设计过程中的一个关键问题是如何在各方面取得好的平衡。特别地，主体应该不时地放弃一些意向（或许是因为这些目标无法实现，或已经实现，或建立这个意向的理由已不复存在了），也即一个主体有时需要停下来重新考虑一个意向是否有价值。

BDI 主体的典型结构如图 10-8 所示，主要包括关于世界的一组信念、主体目标集、一个决策规划库以及一个意向结构等部分。图 10-9 给出了 BDI 主体的实际推理过程流程图，涉及 BDI 主体推理的七个主要组成部分。

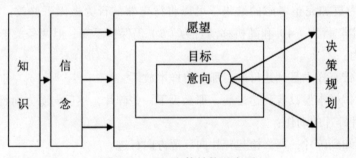

图 10-8   BDI 主体结构示意图

1）当前信念集，表现为主体持有的当前环境信息。

2）信念修正函数（belief），在一个知觉输入和主体当前信念的基础上，决定一个新的信念集。

3）选择生成函数（options），在主体环境的当前信念和当前意向的基础上，决定可用于主体的选择愿望。

4）当前愿望选择集，表现为可用于主体的可能行为路线。

5）过滤函数（filter），代表主体的考虑过程。在当前信念、愿望、意向的基础上决定主体的意向。

6）当前意向集，是主体的当前重点——已经决定努力去实现的事务状态。

7）行为选择函数（action），在当前意向的基础上决定执行的行为。

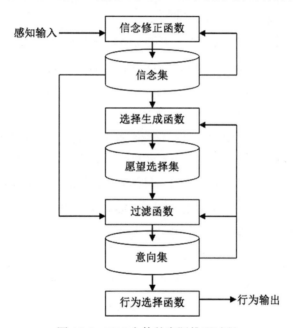

图 10-9　BDI 主体的实际推理过程

从形式上定义这些成分十分简单。首先，定义 Bel 为所有可能信念的集合，Des 为所有可能愿望的集合，Int 为所有可能意向的集合。通常，信念、愿望、意向由逻辑公式来表示，往往涉及非经典一阶逻辑，特别是认知逻辑。有关认知逻辑的基本内容可以参见笔者的《认知逻辑导论》一书。无论这些集合的内容是什么，都要注意应该具有定义上的一致性，从而使我们能够回答一些问题，比如实现意向 x 与信念 y 是否一致。用逻辑公式来表示信念、意图和意向，使我们能够根据逻辑公式的一致性来计算这些问题。任意时刻 BDI 主体的状态都为：三维向量 (B, I, D)，这里 $B \subseteq$ Bel，$D \subseteq$ Des，$I \subseteq$ Int。主体的信念修正函数是一个映射：

$$\text{Belief: } R(\text{Bel}) \times P \to Q(\text{Bel})$$

即在当前认知和当前信念的基础上决定了新的信念集合。

选择生成函数将一个信念集合和一个意向集合映射到一个愿望集合：

$$\text{Options:} \ R(\text{Bel}) \times Q(\text{Int}) \rightarrow R(\text{Des})$$

这个函数有许多作用。

选择生成函数必须对主体面向结果的推理负责，决定怎样实现目标的过程。所以，一旦主体形成目标 x，就必须考虑完成 x 的各种选择。随后由于一些选择本身也成为目标，因此将被反馈给选择生成函数，结果生成更加具体的选择。我们可以把 BDI 主体的选择生成过程看成一个对层次规划结构的递归细化，不断考虑和提交逐步明确的目标，直到最后到达目标对应立即可执行的行为的过程。

虽然选择函数的主要目标是面向结果的推理，但也必须同时满足一些其他限制。首先是一致性，每个生成的选择必须与主体当前的信念以及当前目标保持一致。其次是机会性，因为选择函数要能够辨认周围环境的有利变化，从而向主体提供实现目标的新方法，或者对于原来不能实现的目标现在实现的可能性。

BDI 主体的细化过程（决定做什么）由过滤函数来表示：

$$\text{filter:} \ \rho(\text{Bel}) \times \rho(\text{Des}) \times \rho(\text{Int}) \rightarrow \rho(\text{Int})$$

过滤函数在过去目标（意向）和当前信念、愿望的基础上更新主体的目标（意向）。

过滤函数必须完成三个任务。首先，必须放弃不可能完成的目标，或完成某个目标所付出的代价超过带来的盈利；其次，必须保留那些未完成但仍然对总体利益有积极意义的目标；最后，为了实现现存的目标或利用新的机会，应该采用新的目标。

请注意，我们不期望过滤函数无法引入目标。所以过滤器必须满足下面的限制：

$$\forall B \in \rho(\text{Bel}), \forall D \in \rho(\text{Des}), \forall I \in \rho(\text{Int})$$

而 filter(B, D, I) 为 $I \cup D$ 的子集。换句话说，当前目标是上次持有的目标或是新采取的愿望选择。

执行函数任务是为了简单返回任何可执行的目标，并对应于一个直接可执行的行为：

$$\text{Execute:} \ R(\text{Int}) \rightarrow A$$

那么主体决策函数，即 BDI 主体的行为是如下函数：

$$\text{Action:} \ P \rightarrow A$$

并有以下赋值定义：

$$B = \text{Belief}(B, p)$$
$$D = \text{options}(D, I)$$
$$I = \text{filter}(B, D, I)$$

最后，给出 I 并据此确定行为。

当然，把主体目标表示成一个集合（即一个无序收集）在实际中通常过于简单。一个解决办法是给每个目标赋予一个优先权来表明其相对重要性。另一种办法是将目标表示成堆栈。一个目标采用时压入堆栈，目标完成或无法完成时就弹出堆栈。较抽象的目标在栈底，而具体的目标则倾向于在栈顶，如此等等。

总之，BDI 结构是实际推理的结构，其决定做什么的过程类似于我们日常生活中使用的实际推理。BDI 的基本组成是代表主体的信念、愿望和意向的数据结构，以及代表主体的思考（决定有什么目标，即决定做什么）和面向结果的推理（决定怎样做）的函数。目标是 BDI 模型中的核心部分：其提供了决策的稳定性，并致力于主体的实际推理。

由于 BDI 模型在很大程度上模拟了人类主体解决问题时的推理过程，因此一经提出，就引起了极大的关注。不过要想有效地实现 BDI 主体的这些功能却并非易事，许多困难单靠逻辑的方法往往很难解决。这也是认知型主体所固有的局限性。或许，通过将认知型智能主体与应变型智能主体相结合，共同构成异构群体智能系统，是克服这种局限性的出路。

10.3.3 协调性群体系统

从思维能力的模拟角度，人们试图通过研究能够一方面找到群体智慧自涌现机制的实现方法，另一方面模拟人类社会的群体组织模式，从而突破传统单体智能计算的局限性。正如人工智能先驱明斯基指出的："这些进程我们称之为主体，每个主体只会做一些简单的事情，但当我们用特定方法将这些主体组成群体时，就产生了真正的智能。"

复杂的群体智能系统完全可以通过简单主体的集群组织机制来构建。在群体智能系统中，构成主体与组织协调是两个核心方面。当有了智能主体的构建后，对于强调集群相互作用的群体智能系统来说，我们需要关注的是反映主体之间实现有效通信、协调和互动功能的群体组织机制。

自然群体中的个体可以同构，也可以异构。同构群体，就是其构成个体是清一色的同类智能主体（清一色的同型机器主体、清一色的同型人类主体或清一色的同型混合主体）。异构群体则要复杂得多，可以同类，即由不同型的同类主体构成（比如都是机器类主体，但实现功能不同的智能主体）；也可以不同类，即既有机器智能主体，也有人类智能主体，甚至有脑机混合智能主体。

主体之间的通信主要通过知识协议实现，然后在此基础上进一步实现主体之间的协调机制。图 10-10 给出了群体协调过程中主要涉及的问题。对于群体智能系统来说，协调的一个主要目标就是在没有显式全局控制的情况下如何维持全局内聚性。这里的内聚性是系统作为一个整体所表现出的优良性能的刻画。在这种情况下，主体必须自己决定与其他主体共享的目标，确定共同的任务，避免不必要的冲突，以及共享知识和事实。如果主体之间存在某种形式的结构组织，会给内聚性问题带来很大的帮助。

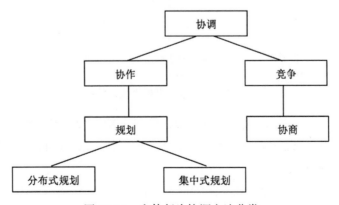

图 10-10　主体行为协调方法分类

在协调机制的设计中，如果主体间有目标冲突或只以自利为目的，那么协调目标就是尽可能提高主体的收益（实用性）；如果主体有相似的目标或相同的问题，那么协调目标就是保持群体的全局内聚性能。当然，群体的全局内聚不违反其自治性，即以不进行显式全局控制为前提。此时要考虑的重要问题是如何确定共享目标、确定共同任务、避免不必要的冲突以及积累知识和事实。

对于协调机制的设计而言，在资源有限的环境下，主体的行动必须相互协调以得到更多的利益或满足整个群体的需要。主体的行为需要相互协调是因为主体间的行为有许多依赖性，还需要满足全局限制条件。因为没有一个主体有足够的能力、资源和信息来完成系统目标。协调的具体实例包括定时为其他主体提供信息，确保它们同步行动，并且避免解决冗余问题。

在协调中还会存在主体目标冲突的互动形式，这就需要通过设计协商机制来解决。协商是两个或更多主体做出一个联合决策的过程，每个主体都试图达到自己的目标。主体首先就各自的立场进行通信，可能会有冲突，然后通过做出让步或进行选择逐渐达成一致。协商考虑的主要问题是：①参与者使用的语言；②主体在协商时遵守的协议；③每个主体在协议中确认自己立场、做出让步和提出条件的决策过程。在此基础上，我们就可以具体介绍一个典型的群体互动模型，即黑板系统的运作原理。

黑板系统的提出主要源于这样的比喻：设想一群人或主体专家坐在一块黑板前，专家们协作解决一个问题，把黑板作为工作室来研究解决方法。当问题和原始数据写在黑板上时，问题的解决就开始了。专家们看着黑板，寻找机会运用它们的专业知识找出解决办法。当一个专家找到了足够的信息可为问题的解决做出贡献时，就将结果记录在黑板上。这样可以使其他专家在已有信息之上应用他们的专业知识继续思考。这个在黑板上不断增加贡献的过程一直持续到问题求解完成为止。

上述这个比喻抓住了黑板系统的许多重要特征，罗列如下（图10-11给出了一个基本黑板系统的结构）。

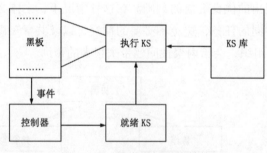

图 10-11   基本黑板系统结构

1）专家独立性。专家们（也称作知识源，简记为KS）没有经过特殊独立工作的训练。每个KS在问题的某个方面是专家，房间里是根据专家特点组成的特殊小组，每个KS都能独立地为问题求解做出贡献。

2）解决问题的技术多样性。在黑板系统中，每个KS运用的内部描述和推理机制都不同。

3）黑板信息的可变表达性。黑板模式不会将任何已有约束条件强加于黑板上放置的信息。

4）共同的互动语言。黑板系统的 KS 必须能够准确地解释黑板上由其他 KS 留下的信息记录。一般可以在某些 KS 共享特殊描述方式与所有 KS 公用通用描述方式之间取一个平衡。

5）基于事件的操作。黑板系统的 KS 在对黑板及外部事件做出反应时才被触发。黑板事件包括将新信息添加到黑板、对已存在信息的修改或删除已存在的信息。每个 KS 不仅可以扫描黑板，还可以向黑板系统报告感兴趣的事件。黑板系统记录这些信息，并且无论这类事件何时发生都考虑直接激活 KS。

6）对控制的需要。一个单独的控制组件负责管理问题的解决过程。考虑到所触发的 KS 贡献的整体利益，控制组件可以看作指导问题求解的专家。在当前激活 KS 执行完成时，控制组件选择执行最合适的就绪 KS 激活执行。KS 一旦触发，就运用其专业知识评估贡献的质量及重要性。每个被触发的 KS 未经对贡献的实际估算，都将其贡献相关的质量和代价告诉控制组件。控制组件依靠这些评估决定如何继续下去。

7）增量解决方法的产生。KS 对问题求解做出相应的贡献，有时精炼，有时解决冲突，有时又增加一条新的推理规则。

有了上面的黑板系统的构架，就可以将复杂问题分解，然后通过群体各个击破，从而给出问题的最终解决方法。将问题分解的策略被称为"任务分担策略"或"任务分发策略"。这种策略的基本思想很简单，就是当一个主体有很多任务时，就请求其他主体的帮助。任务分担主要包括如下四个步骤。

1）任务分解。生成一组可以分发给其他主体的任务。这一步通常包括把大的任务分解成能被不同主体处理的子任务。

2）任务分配。分配子任务给适当的主体。

3）任务完成。每一个合适的主体完成各自的子任务。这些子任务中包括进一步的分解和子问题的分配。一直递归到一个主体能独立完成它接手的任务，无须分解。

4）结果分析。当一个主体完成了子任务，就把结果传送给适当的主体（通常是分发主体，因为该主体知道如何分解，因此一定知道如何把结果组合成整体的解决方案）。

一旦有了任务分解策略，接下来就是要给出群体之间的耦合机制，形成一个群体智能系统。系统中各个主体分别负责各自擅长的功能实现，并参与信息交流。这里，黑板起到了信息汇聚的作用，群体通过分享数据进行协调，然后综合得出最终的问题求解结果。

图 10-12 所示的群体系统就是基于黑板模型所给出一种松散耦合群体系统。该系统中主体之间既相互独立，又相互依赖。不同主体拥有的专业知识存在差异，推理决策时所使用的规则、事实等也存在不一致性、不完全性和不兼容性。因此，各个主体所给出的贡献也存在差异，甚至会有矛盾冲突。但是通过群体间的相互协调，整个群体就可以得到总体问题求解的最终结果。

除了黑板系统，群体智能主体的组织方式还有社群组织方式、合同网组织方式、层级管理组织方式、信念真值维护系统、市场机制组织方式，甚至生态系统组织方式。当然，不管是哪种群体互动组织方式，如何解决群体系统死锁和活锁的问题、设计最小化共同遵守的社会规范（最小社会律问题）以及为环境中的群体行为构建有效的计算生态学模型问题等，都将成为群体组织需要进一步深入研究的问题。

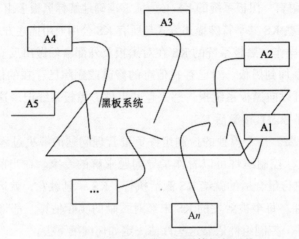

图 10-12　基于黑板模型的群体智能系统

另外，群体中主体之间互动机制的实现都应该围绕有助于提升群体通用智能这一关键目标进行。如果将人类的智能分为专业智能和通用智能两种，那么群体系统中个体代表的就是专业智能。由个体构成的群体系统的目标就是要实现通用智能。应该说理想的群体智能，特别是人机混合群体智能，目标都是要实现通用智能。

所谓专业智能指的是在给定环境中有效地实现特定目标的能力；而所谓通用智能则是指在不同的环境中有效实现各种不同目标的能力。君子不器，群体智能未来发展的重点并不是专业智能，而是更多地发展通用智能及协作能力（知识创新能力所必需的），这样才能提升真正的群体智能。

影响群体通用智能水平的主要因素有：①群体成员的个体智能；②群体成员的社会洞察力水平（良好协作的能力）；③群体成员的认知多样性。其中，①是节点优势，②是关联优势，③是多样性优势。因此，在群体成员个体智能给定的情况下，提升群体通用智能的关键因素就是成员的社会洞察力。

就人类个体而言，社会洞察力即所谓的情商，包括共情能力、亲和力、涉身认知等。群体心智效益涌现的关键是有效交流，这依赖于社会洞察力。协作协调能力作为有效交流的基本素质，也就成为群体知识创新的重要因素。

总之，从以上所罗列的全部内容中，我们可以看出群体智能系统构建的一些主要策略和原理，其核心正是采用群体互动机制来提升系统整体智能能力的研究思路。或许，通过这样的群体智能计算方法，可以为机器通用智能能力走出困境开辟一条可能的新途径。

本章小结与习题

本章主要介绍了构建智能系统方面的内容，包括广泛应用的专家系统、融合各种智能计算方法的智能学习系统，以及沟通协调多种智能主体的智能群体系统。我们希望读者通过对这些智能系统的了解，更好地体会到智能科学技术的先进性和广泛应用性，充分认识到掌握智能科学技术的重要性与迫切性。

习题 10.1 你认为目前知识表示方法的主要特点是什么？如果要更好地表征人类的知识经验，你认为应该注意哪些方面？

习题 10.2 给出下列对象的结构语义网络：（1）人体；（2）八仙桌；（3）自行车；（4）茶缸；（5）剪刀。

习题 10.3 专家系统的主要特点是什么？你认为如何能够进一步完善目前的专家系统，使其更加方便地为人类服务？

习题 10.4 智能机器主体有着广阔的应用背景，如果由你设计一种智能机器主体，你希望应用在什么领域？具备哪些功能？运用哪些成熟技术来实现？

习题 10.5 请采用产生式专家系统构建方法来解决 3.2 节描述的汉诺塔问题。

习题 10.6 使用传统专家系统的方法，为课程调度问题构建一个专家系统。构建的专家系统应该能够在教师资源、教室资源和学生班级种类等的限制下，给出比较合理的课程动态调度方案。

习题 10.7 有一场三人参加的智力竞赛。主持人给每个竞赛者头上戴一顶帽子。帽子的颜色分红白两种，但至少有一顶是白帽子。竞赛的题目就是要说出自己所戴帽子的颜色。戴毕，主持人连问两次，三人面面相觑，无一人能答。问到第三次时，某甲抢先给出了答案。试通过构造谓词产生式规则给出某甲推导的描述。并将此问题推广到一般 n 人竞赛的情形。

习题 10.8 目前智能系统主要存在的问题是什么，从你自己的立场来分析。特别是分析如何丰富群体智能系统的协调与协商策略？

习题 10.9 有三个年轻人 A、B、C，报考周教授的博士生，考后周教授没有直接宣布结果，只透露了以下想法：

（1）三人中至少录取一人；

（2）如果录取 A 而不录取 B，则一定录取 C；

（3）B、C 两人要么都录取，要么都不录取；

（4）如果录取 C，则一定录取 A。

请用群体智能系统构建策略，将这些想法表示成命题逻辑公式。然后通过三个主体的互动过程，推导出周教授想录取谁的最终答案。

CHAPTER II

第 **11** 章

智能社会

延展心智的哲学观认为，人类的心智具有延展性。分布式认知观则认为思维不仅是单个个体心智的事情，而且也可以经过群体心智相互合作来产生。这意味着，不管从这两种观点的哪一种看待，人类心智能力均有社会性的一面。因此，智能科学技术的应用自然也会波及社会生活的各个方面，包括正在不断发展的智能社会的构建。有学者指出，21 世纪的社会形态是智能社会，即信息化社会的高级阶段。从技术层面上看，目前构建智能社会已经体现在智能家居、智能交通以及更为广泛的智慧城市的兴建之中。

11.1　智能家居

家居生活的智能化实现技术统称为智能家居（Smart Home/Intelligent Home）。智能家居涉及智能安防技术、智能控制技术、智能媒体技术、远程医疗技术、数据分析技术等多个方面。因此智能家居是一个综合性利用智能信息技术的研究领域。

11.1.1　智能家居整体架构

家庭是社会的基本单元，因此智能社会远景实现的第一步自然首先是家居的智能化。智能家居为家庭提供安全、方便、舒适、环保、娱乐、健康的生活环境。从技术层面上讲，智能家居的开发平台主要是以住宅为核心，延伸到日常起居的诸多方面。

智能家居是数字家园（Digital Family）和网络家居（Network Home）的延伸，是在数字化、网络化等信息化的基础上进一步智能化的结果。因此，除了综合布线技术、网络通信技术、自动控制技术之外，智能家居更多地强调安全防范技术、音频视频技术、智能娱乐技术、健康保健技术、家政服务技术等。

智能家居系统应该具备的子系统包括家居布线系统、家庭网络系统、中央控制系统、家庭安防系统、家庭娱乐系统、医疗保健系统以及家政服务系统等。下面我们将分别介绍，并重点介绍智能化程度较高的几个子系统。

（1）家居布线系统

为了实现智能家居各种智能化服务，首先要在家居住宅中进行布线，这就是智能家居布线系统。布线的目的是要支持智能家居所需要的大数据、流媒体、家电自动化、实时音视频传输等多种应用的实现。在智能家居布线的基础上，就可以搭建家庭网络系统。图 11-1 给出了一种基本的智能家居网络布线结构。

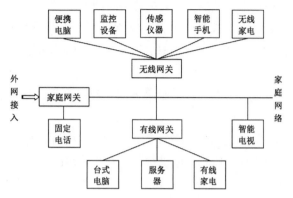

图 11-1 智能家居网络布局

（2）家庭安防系统

家庭安防系统的主要作用就是确保住宅与人员安全。其基础设施包括门磁开关、紧急求助、烟雾检测报警、燃气泄漏报警、破碎探测报警、红外微波探测报警等。高级设施则需要开发视频实时监控系统。即使远离住宅，家庭成员也能够通过移动智能终端，比如智能手机或车载系统，实时监视住宅内外的情况。

（3）家庭娱乐系统

家庭娱乐系统就是充分利用音 / 视频等多媒体手段，开发家庭娱乐系统，丰富家庭业余生活，比如人机互动娱乐活动、哼唱智能点歌软件、机器填词谱曲辅助软件等，这都需要应用复杂的智能技术。

（4）医疗保健系统

智能医疗保健系统能提供医疗保健和健康咨询服务、实现常规体检手段、给出饮食指南等功能，甚至对普通疾病提供基本的远程诊断服务，还可以结合中医辅助诊断系统来提高健康咨询系统的服务水平和效果。

（5）家政服务系统

智能家政服务系统可以包括：家庭日常事务管理系统；开发家电控制系统，帮忙做家务，控制餐饮家电自动做饭、炒菜、洗碗；智能吸尘器打扫卫生；如此等等。条件好的家庭可以购买各种家政服务机器人。

将上述各系统集成起来，就可以构成智能家居系统。再加上数字化、自动化和智能化等诸多功能的实现，就可以提供优质的家居服务。

1）始终与互联网保持联网，始终在线的网络服务，为居家办公提供全天候的网络信息服务。

2）在安全防范方面，可以实时监控非法闯入、火灾、煤气泄漏、紧急呼救的发生。一旦出现险情，智能家居系统会自动发出报警信息，同时启动相关电器进入应急联动状态，从而实现主动防范，避免不必要的损害。

3）利用人机交互技术，实现全部家电的智能控制或远程交互性控制，方便遥控家电的使用，提高家电的使用效率，减少不必要的等待时间。

4）提供全方位的家庭娱乐服务，不仅是家庭影院、背景音乐这样低智能化的服务，而且可以利用高级智能技术，提供自动旋律声控点歌、辅助作词谱曲、歌舞虚拟仿真等高级娱乐服务。

5）提供全面的家庭信息服务，包括健康咨询、理财管理、日常事务管理，以及物业接洽、信息提醒等服务。

6）实现家政服务的自动化，包括整体厨房和整体卫浴在内的现代化厨卫环境维护、日常生活家政事务的自动实现，所有家电维护、诊断与使用的自动化管理等。

总之，通过智能家居技术系统运用，可以为人们的家居生活提供方便、安全、舒适、健康、快乐等全方位的周到及时的服务，提高人们的生活质量。

11.1.2　智能家居功能实现

从智能家居整体功能实现的层次上看，一般智能家居系统可以划分为感知子系统、网络子系统和应用子系统三个子系统。

（1）感知子系统

将感应器嵌入和装配到所有家电和专用设备之上。充分利用物联网技术，为各类可控家电设备、照明设备和安防设备等，均配备无线通信功能的嵌入式感知模块，实现对家居环境各个环节的全面感知。

（2）网络子系统

建立相对独立的局域网，配备相应的网络服务器，将所有监测与控制设备联络成网，并通过智能家庭网关与互联网实现数据交互。家庭成员可以通过各类终端设备，如个人计算机、智能家居机器人、移动车辆和智能手机等，对家居环境和设备进行远程监控。

（3）应用子系统

开发各类智能居家监控功能的具体应用软件，为家庭成员提供全方位的优质家居服务。理想的应用子系统应该能实现家居生活质量的提升，创造舒适、安全和便利的生活环境，方便日常家居生活。

从智能家居技术实现的难度上看，智能家居系统要素具有分布性、异构性和动态性等特点。涉及家居设备与设备之间、家庭成员与成员之间，以及家居设备与家庭成员之间的信息交互、配合协调甚至冲突协商等难题的解决。因此，理想的智能家居系统宜采用异构型多智能主体系统来构建。

那么，在智能家居系统中，什么是智能主体呢？通常在智能家居系统中，主体（Agent）除了图 11-2 所示的智能家居系统主机之外，还可以指各类软件程序、各类家具设备、家用机器人以及家庭成员使用的车辆、计算机和手机等。原则上，这些主体可以随环境的变化而知觉与行动，并且具有自主性，其行为至少部分依赖自己的经验。作为一个参与互动实体，每个主体的行为会受到其他主体的影响。因此，智能家居系统中的主体还应具备在多主体系统中互动交流的能力。不同的主体通过协作和竞争参与完成共同的家居管理目标和任务，特别是那些个体无法独立完成的目标和任务。

图 11-2 智能家居系统的主机

对于智能家居系统涉及的主体，一般类型、结构和功能都不尽相同。按照目前已有的研究现状来看，家居设备通常可以看作应变型主体，家庭成员（通过车辆、计算机或手机）可以看作认知型主体，家用机器人可以看作复合型主体。因此，智能家居系统是一种异构型多主体系统。图 11-3 给出了一种基于总线网络结构的多主体智能家居系统体系架构示意图。

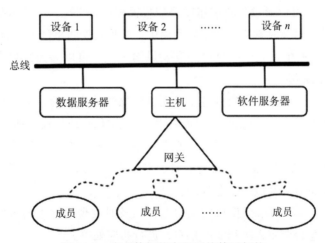

图 11-3 多主体智能家居系统体系架构

显然，对于异构智能多主体家居系统而言，最为重要的功能是智能主体之间的相互交流和协作，以共同完成任何单个主体无法单独完成的监控任务。通常，按照多智能主体系统现有的理论，这种交流和协作建立在知识通信和协作机制之上。因此，除了建立家居局域通信网之外，还要建立符合家居系统要求的知识通信协议以及基于知识通信的协作协商机制。

主体进行知识通信的目的是为了更好地实现自身、群体或系统的目标。在这里知识通信使主体能够协调其行动和表现，并且加强系统内部的联系。但光有知识通信机制还不够，主体在共享的环境中还应表现出某种主动性，因此也就离不开整体性的系统协调。协调包括协作和协商两个方面。协作是非对抗主体之间的协调，而协商是竞争或纯粹自利的主体之间的协调。所有这些，都是开发异构多主体智能家居系统必须面对的问题，可以参考10.3节介绍的内容进行有针对性的开发。

11.1.3　智能家居核心系统

理想智能家居系统应该能够为家居生活提供优美的环境、可靠的安防、舒适的室温、优美的音响、柔和的照明、便利的娱乐，以及能够提供家电遥控、远程医疗、健康保健、家庭教育、老幼护理等服务。其中，家居安防、家人保健和家庭娱乐属于智能家居中智能技术应用最为集中的环节，也是未来智能家居发展的重点，因此需要做一些更为详细的介绍。

首先，家居安防系统是运用物联网技术，将涉及家居安全的各种家电设备和监控设备有效整合起来。安防系统要能够对外来入侵、内部隐患和人员跌倒等进行实时监控，并及时报警和做出应急处理，确保家居生活环境和人员的安全。

一般用于家居安防的探测和监控设备包括门禁控制器、自动门窗控制器、网络摄像机、风雨检测仪、红外探测器、烟雾传感器、甲烷传感器、一氧化碳传感器、消防报警器、报警主机及其他安防设备。这些安防设备可以通过家居有线或无线网关接入家居网络系统，经过报警综合性系统的实时处理，为人们提供报警信息服务。

人们接到报警，可以通过紧急按钮或遥控装置等处置设施，紧急求援或紧急处置，以对突发的安防事件进行及时响应。在家居生活中，常见的安防事件大致有以下六种。

1）风雨来袭。家中无人，一旦遭遇突发风雨天气，可以遥控窗户自动关闭，从而避免雨水浸湿家居内部环境。

2）煤气泄漏。当相应的检测传感器发现室内煤气浓度超标，会通过安防系统关闭煤气管道阀门、开窗通风，并及时报警，向主人手机发送信息或拨通电话。

3）非法入侵。当门窗被非法开启，或者网络摄像机、红外探测器等发现居室出现可疑人员，会立即发出刺耳警报声。与此同时，安防系统要向主人手机发送信息，提醒主人通过手机远程实时察看，并做出应急处理。

4）室外监控。通过网络摄像机的实时监控，及时发现家周边的可疑情况。一旦出现异常，通过发送信息提醒主人远程实时察看，进行相应处置。

5）火灾监控。烟雾传感器可以24小时实时监测烟雾浓度，一旦室内烟雾浓度超出临界值，消防报警器便自动报警，同时发送信息提醒主人通过手机远程实时察看，并做相应处置。

6）人员安全。当老人、小孩跌倒或做出危险举动，安防系统的网络摄像机可以及时发现并随即采取防护措施，或报警，或救助，或防范。

不过，为了有效保证上述安防功能的实现，除了硬件设备的配备外，还必须构建智能化程度较高的家居安防子系统，比如视频监控子系统、消防防护子系统和综合报警子系统

等。以上子系统相互关联，共同构成完整的家居安防系统。家居安防系统结构如图 11-4
所示。

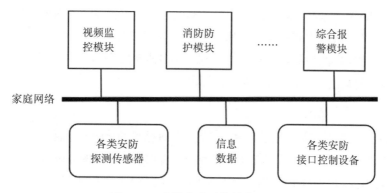

图 11-4　家居安防系统结构图

视频监控子系统涉及的安防功能主要是人员及其行为检测、识别和判断，比如室外周
边可疑人员及其行为检测、室内陌生人员的检测识别、家庭成员跌倒等异常行为分析等。
这些都需要运用视觉计算方法和技术来辅助解决。当然，也可以利用全面覆盖的网络摄像
机，将不同视觉、不同区域、不同部位的实时摄像经过视频技术进行拼接，通过无线网络
远程传输到主人手机上，由主人进行识别和判别，然后进行监控或遥控处置。

消防防护子系统则是对各种烟雾、煤气、一氧化碳、风雨侵袭等进行综合分析处理。
判断是否要进行报警和防护处置，然后通知主人并做出相应的自动防护处理，确保人员和
财产的安全。

不管是人员安全、消防安全、入侵安全，一旦出现安全突发事件，都需要及时报警并
采取相应的防护处置，这便是综合报警子系统的任务。如果产生多发安防事件，还要进行
优先级响应次序的设置处理。这样便涉及智能决策方法和技术，需要引入相关的智能技术
来进行构建。当然，除了报警之外，综合报警子系统还需要开展警情处理控制，在第一时
间及时终止有害事件的发生或蔓延。这也需要系统具备一定的智能综合处理功能，这样才
能够达到最优的救护、避险、免灾的效果。

总之，家庭人员可以通过各种监控设备，在上述家居安防系统的辅助下，实时了解、
掌握和处置家居生活中出现的一切不安全事件。远程动态观察家内外环境的变化、遥控相
关的安防设备进行实时安全防范处理，最大限度地避免人员和财产的损失。

人们的家居环境安全得到保障后，接下来要考虑的就是家人的身体健康保障了。因
此，家庭医疗保健是智能家居的另一个非常重要的环节。

家庭医疗保健通常归入"家庭保健工程"（Home Health Care Engineering，HHCE）范畴。
大体上，家庭保健工程致力于研究、开发和生产面向家庭的、与个人身心健康相关的各类
医疗技术、健康咨询和修身养性等方面的系统。

与智能家居相结合，家庭保健工程的主要任务是要实现医疗服务走进家庭。在配备先
进适用的医疗装备条件下，在家居环境中对家庭成员进行健康监护、诊断、治疗、康复和
保健的实施。为了能够有效开展家庭医疗保健活动，需要提供如下医疗设备和技术。

（1）诊断与监护仪器设备

为了能够对家庭成员进行经常性的生理指标检测，及时掌握健康状况，就需要一批适用于家庭环境的先进医疗检测仪器。适用于家庭诊疗的仪器设备一般要求便携式、可穿戴、小型化、集成性。目前主要用于家庭医疗保健的仪器设备包括电子血压计、血氧饱和度测试仪、心电图和脑电图检测仪、跌倒检测仪、体征监测仪等。如果采用中医亚健康体检方法，则需要提供脉象仪、舌象仪、面珍仪等设备。

（2）生理信号检测技术

将各种检测仪器及其技术用于家庭成员各项生理信号的检测，并通过远程通信与各类医疗机构建立远程医疗模式，从而实现随时诊疗活动。此时检测信号的分析与传输、远程诊断与治疗的实施，均需要相关的智能技术和虚拟现实技术的介入，方能切实完成整个实时诊疗过程。

（3）远程虚拟医疗技术

借助互联网或局域网，通过各种数字化医疗仪器、虚拟现实设备以及相应的人机交互技术来开展家庭医疗服务。家庭终端用户设备包括电子扫描仪、数字摄像机、手持式终端设备，以及一些远程医疗的专门医疗检测和治疗设备。多媒体虚拟现实技术可以为网上远程会诊、治疗和监护提供技术保障。

（4）专业家庭虚拟医院

基于远程网络技术和虚拟现实技术，甚至可以为特定家庭建立网上数字化虚拟医院。专业家庭虚拟医院可以充分整合社会医疗资源，进行家庭医疗保健的及时、高效和全面服务。在虚拟医院的数字化网络中，设置的节点包括门诊室、护士室、检查科、各类专家门诊室等，并提供良好的人机交互界面。

利用上述医疗仪器设备、网络通信技术和智能处理技术，可以首先搭建家庭无线智能医疗监控系统。然后在此基础上，再介入远程虚拟医疗系统，可以更好地开展家庭医疗保健活动了。

随着家庭保健工程各项技术的不断成熟，目前在全球范围内正在广泛实施家庭医疗保健工程计划。相信在不远的将来，人们不用出门就可以获得优质的医疗保健服务。应该看到，家庭医疗保健工程的不断深入发展，对于缓解医疗资源紧缺、提高医疗服务水平、有效杜绝疾病传染，以及增强家庭保健意识，都有着十分重要的现实意义。

当然，随着生活水平的提高，人们不但越来越重视生命健康，而且也更加强调生活的品位；不但要求身体强健、精力充沛，而且希望心情愉悦。因此，家庭娱乐也就成为智能家居一个不可或缺的环节，也是提高家庭生活精神需求的重要环节。

在智能家居中，实现家庭娱乐的技术称为家庭数字娱乐技术。家庭数字娱乐技术主要以家庭网络为基础，通过连接各类家庭娱乐设备，充分利用网上海量娱乐资源，形成一种网络化、智能化和交互式的家庭娱乐系统。

智能化信息技术的不断进步早已将我们的家庭居所变成了娱乐场所。一台电视、一台计算机乃至一个手机，都可以成为娱乐休闲的工具，享受海量的数字娱乐资源，如动画、游戏、影音、数字图书等。更不用说还有形形色色、多种多样、款式各异的娱乐机器人、聊天软件、数字艺术创作系统等。

随着互联网产业、数字媒体技术、智能技术的不断发展，娱乐、信息与通信融为一体，完全满足了数字娱乐走向家庭生活、走向每个家庭成员的技术要求。对于家庭娱乐的技术建设而言，主要需要构建的保障技术包括家庭影院、视频点播和交互游戏三个方面。

通俗地讲，在家庭环境中营造出具有影院效果的场所就称为家庭影院。家庭影院在大屏幕电视或投影电视、多通道环绕音响设备、各类遥控手持设备等配置的基础上，集成相关的音视频编码/解码模块、家庭影院控制模块以及各类高质量多媒体数字节目源。

在家庭影院观看电影具有与在真实影院一样的身临其境的效果，让每位家庭成员都能享受到最好的视听效果。家庭成员在这个视听环境里，不但能够观赏到优质的影视作品，还能聆听优美的音乐、举办家庭 KTV 活动、交互式开展电子游戏等。

家庭影院系统往往整合视频点播模块和智能交互模块，来增加娱乐服务的多样性和新奇性。此时，需要有数字服务器和虚拟现实技术，甚至脑机融合技术的支持，从而能够实现娱乐过程的交互性。

有了先进成熟的家居安防技术、家庭医疗保健技术和家庭数字娱乐技术，加上智能家居其他部分的功能保障，智能家居必将越来越普及。目前，随着智能家居产业的迅猛发展，越来越多的家庭开始引入智能化系统和设备。相信不久的将来，智能家居将成为普遍需求。

当然，作为智能社会的细胞，智能家居的发展必然与智能社区、智慧城市的发展密切相关。就目前而言，智能家居依然只是个别现象。但作为房地产开发商，在新建住宅小区的过程中，必须预先考虑到智能家居的发展需求与空间。只有这样，才能满足不断增长的社会需求。

11.2　智能交通

智能交通系统（Intelligent Transport System，ITS）是将先进的信息技术、通信技术、传感技术、控制技术、计算技术以及更重要的先进智能技术等技术有效地集成运用于整个交通运输管理体系。构建智能交通系统的目标就是要建立一种在大范围内、全方位发挥作用，具有实时、准确、高效运行的综合性交通运输和管理系统。在本节中，我们主要介绍智能交通系统构成、车辆行驶路径规划，以及智能车辆自动驾驶三个方面的内容。

11.2.1　智能交通系统构成

从对"先进"两个字的解读看，智能交通系统就是运用先进智能科学技术建立的一个综合性交通运输管理体系。智能交通系统一般包括旅客客流疏导系统、城市交通智能调度系统、高速公路智能调度系统、运营车辆调度管理系统，以及智能车辆驾驶控制系统等。

除了常规的电子技术、通信技术、传感技术、控制技术以及计算技术的综合运用外，先进的智能技术是智能交通系统涉及的核心技术。随着智能交通系统的不断发展，智能技术所起的关键作用也将越来越凸显。

智能交通系统构成如图 11-5 所示。从信息处理的角度看，智能交通系统涉及交通信息的采集、分析与发布三个环节。因此，除了涉及物联网技术、云计算技术、移动通信技术、大数据技术之外，还存在大量的智能技术问题需要解决。

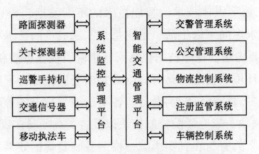

图 11-5   智能交通信息集成系统框架

首先，交通信息采集是智能交通系统的重要组成部分。交通信息采集不能依靠人工输入的手段来进行，而是要充分利用全球卫星定位车载导航仪器、视频摄像机、红外雷达检测器、光学检测仪以及车辆通行电子信息卡，通过开发智能数据采集技术来进行。因此交通信息采集必然涉及信息感知识别问题的解决。比如单单视频图像的处理，就涉及比较复杂的视觉计算智能技术问题。

至于信息处理分析方面，更是需要开发各种专门的专家系统、智能决策系统以及各种数据分析智能技术。比如就行驶车辆的自动识别问题，就是一个典型的模式识别问题。其他如行人检测、机场与车站人群动态监控、船只车辆的跟踪导航等，也都包含了众多的智能技术需要解决。即使是交通信息的发布，也会涉及智能多媒体技术、智能网络广播以及车载智能终端技术等问题。

典型的智能交通系统由车辆控制系统、交通监控系统、车辆管理系统、旅行信息系统等子系统组成。这些智能交通系统的功能实现会涉及大量智能科学技术的应用。因此，智能科学技术无疑将成为智能交通系统的核心技术。

车辆控制系统是智能交通系统的核心，也是其智能化含量比较高的组成部分。单单就车辆控制系统中的导航功能实现而言，就涉及先进的智能技术。即使在全球卫星定位系统的技术保障的前提下，要能够给出最优导航路线，也需要运用许多智能技术才能够实现。

交通监控系统就更需要先进的智能技术。因为交通监控需要对交通枢纽（机场、车站、码头）、交通道路、交通工具（飞机、车辆、船只）进行实时监控，出现问题及时处理（交通事故、交通拥堵、群发事件）的安全应急响应都需要智能技术帮助，实现及时获取、发现与跟踪。比如交通流量预测的智能算法，就可以通过强化学习手段，在试错中不断寻找最优策略来解决。通常交通监控系统涉及感知、认知、决策等环节，都可以运用智能方法与技术来开展研究工作。

车辆管理系统则通过车载电脑（或全球定位车载导航仪器）来实现司机与调度管理中心之间的双向通信，实现动态调度，提高商业车辆、公共汽车和出租汽车的运营效率。这就需要开发智能化调度管理系统，甚至智能调度决策支持系统以及智慧停车服务管理系统。飞机或船只也一样，都需要利用相关的智能技术才能够更好地实现动态、远程、实时的调度，提高运输工具的使用效率。

最后是旅行信息系统，主要是为旅行人员及时提供各种交通信息、开展电子支付业务，因此系统功能十分庞杂。虽然目前运用的技术主要是信息查询服务技术，但是为了使得用户得到更加方便、快捷、温馨的服务，也需要开发各种智能化程度更高的人机交互界面，以及功能齐全的智能服务终端。

为了有效构建智能交通系统，交通系统的物联网平台是不可或缺的重要基础性设施。物联网是一个在互联网、电信网、无线网等信息通信基础之上，将所有物理实体对象互联互通的网络。为此，如同智能家居中将所有的家电设备连接成网一样，要对交通系统中涉及的所有道路标志、行驶车辆、交通枢纽、管控站点（如摄像机、红绿灯、手持仪）等，均加以寻址化、传感化、设备化，使得每件物体均可寻址、通信、控制，从而实现全方位互联互通和管控。

因此，交通系统的物联网是融合了传感器、计算机、通信网等各种技术于一体的实物网络系统。在这样的物联网技术基础上，智能交通系统才能够对所管理的交通对象进行全面的感知和管控。

总之，在智能交通系统中需要解决的车辆自动导航、动态交通预测与控制、道路识别与管理、旅行者行为模型、智能交通建模、道路地图更新学习、智能车辆控制、实时调度优化、突发事件应急响应等，都涉及复杂的智能计算问题。这就需要大量先进智能技术的运用。只要掌握了先进的智能科学技术，那么，包括智能交通在内的未来智能社会建设，必然会呈现一派蓬勃发展的新气象。

11.2.2 车辆行驶路径规划

车辆的自动行驶需要构建的主要环节大致有：地图构建、定位、路径规划，以及躲避障碍等方面，如图 11-6 所示。

1）地图构建：明确车辆活动范围的整体路线及各种坐标参考标志物。

2）定位：通过一定的检测手段来获取车辆在空间中的位置、方向以及环境信息，并据此建立动态环境模型。

3）路径规划：寻找最优或极优无障路径，引导车辆安全行驶到达目的地。

4）躲避障碍：给出灵活躲避障碍的策略，特别是非固定障碍的躲避策略。

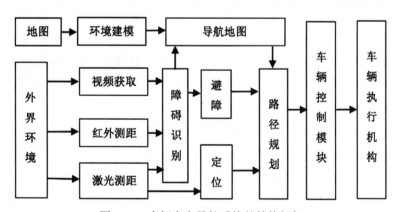

图 11-6 车辆自主导航系统的结构框架

车辆自动导航是车辆自动行驶的核心技术之一，而车辆行驶路径规划又是自动导航的重要组成部分。作为智能技术在智能交通中的一个应用实例，尽管已有大量研究工作，车辆行驶路径规划却依然是一项具有挑战性的研究课题，特别是对于开放环境更是如此。为了实现让智能车辆在一个存在固定或者移动障碍物的环境中正确和快速地找到从起始地行驶到目标地而不碰到障碍物的最优路径，目前已有多种路径规划方法。

按照规划方式，可分为全局路径规划法和局部路径规划法。全局路径规划指的是在工作环境等信息已知的情况下进行路径规划，又称静态路径规划或离线路径规划。局部路径规划指的是作业环境信息全部未知或部分未知，即障碍物形状、尺寸和位置等信息必须通过智能车辆自身传感器在线获取，也称为动态路径规划或在线路径规划。

一种比较简单的智能车辆行驶路径规划就是 A* 启发式搜索算法的路径规划方法，在3.3 节中已经给出，启发式搜索能够利用问题所拥有的启发信息来对搜索方向进行引导。通常合理的搜索顺序通过检测来确定，选择最有希望的节点来进行扩展，通过这样的策略，可达到减少搜索范围、降低问题复杂度的目的。显然，这样搜索的效率将会大大提高，并会降低计算空间和时间消耗。

A* 启发式搜索算法试图消除在搜索空间上无用的搜索，以保证最短路径的搜索能够向着终点的方向进行。为此，算法通过一个启发式函数 $f(n)$ 对状态空间的每一个搜索位置进行评估，得到最优位置。然后再从这个最优位置进行搜索，直至到达目标位置。一旦最优路径失败，则尝试其他路径搜索。

针对车辆路径规划问题，A* 启发式算法的估价函数为：$f(n) = g(n) + h(n)$。这里，$f(n)$ 表示从起始地 S 经过节点 n 到达目的地 G 的估计代价，$g(n)$ 表示从起始地 S 到节点 n 的实际代价，$h(n)$ 表示从节点 n 到目的地 G 的估计代价。设 $f'(n) = g(n) + h'(n)$ 表示从起始地 S 经过节点 n 到达目的地 G 的实际代价，则估计代价 $h(n)$ 要比实际代价 $h'(n)$ 小。

当满足以下三个条件时，路径规划的 A* 算法可以保证找到一个最优路径的解：

1）在搜索状态中的每个节点的后继节点都是有限的。

2）在搜索状态中的每个节点的实际代价 $g(n)$ 都大于某个正数。

3）对于搜索状态中的每个节点 n 都有 $h'(n) > h(n)$。

A* 算法的成功与否的关键条件在于 $h(n)$ 函数的选取。若 $h(n)$ 恰好等于从节点 n 到目的地 G 的确切时间花费，那么 A* 算法就只会扩展最优路径上的节点，忽略其他所有节点，那么算法可以非常迅速地得到问题的正确解。当然，一般来说完全正确的 $h(n)$ 函数很难得到。若 $h(n)$ 选取不当，可能大大影响问题的解决速度，甚至得到不正确的解。

对于栅格数字地图，路径规划 A* 算法的估价函数 $h(n)$ 可以选用如下欧几里得距离公式来进行计算：

$$h(n) = \sqrt{(x - x_{\text{target}})^2 + (y - y_{\text{target}})^2}$$

其中，(x, y) 为当前节点位置，$(x_{\text{target}}, y_{\text{target}})$ 为目的地位置。

使用欧几里得距离公式计算会出现两个平方和一个开方运算。如果地图的规模较大，则计算的复杂程度会很高，不利于路径规划的实时性。为了节省计算时间，也可以采用曼

哈顿距离公式进行计算：$h(n) = |x - x_{target}| + |y - y_{target}|$。如果允许对角线移动，则可以选用对角线距离公式进行计算：$h(n) = \max(|x - x_{target}|, |y - y_{target}|)$。

根据上面给出的算法及其分析，基于 A* 算法的智能车辆行驶路径规划具有以下优点。

1）如果起始地和目的地中间存在有效行驶路径，则 A* 算法一定能找到一个解。

2）如果启发式函数 $h(n)$ 可采纳，则 A* 算法一定能找到一个最优解。

3）A* 算法是所有启发式搜索算法中搜索状态最少的一种，使启发式函数得到了最有效的应用。

当然，基于 A* 算法的智能车辆路径规划也存在一些不足。首先，A* 算法的好坏取决于启发式函数 $h(n)$ 的选择，启发式函数的约束条件越多，则排除掉的点就越多。但是启发式信息越多，启发式函数的计算量就会变大，从而计算的效率变差。同时，针对不同问题所选用的启发式函数也不同。其次，A* 算法的搜索过程中需要一定存储空间来保存节点数据，如果地图范围很大，则会占用过多的内存空间。同时，过多的节点数目也会造成搜索的效率的降低。

为了完善上述 A* 算法的搜索过程，可以采用更加先进的各种智能算法来进行路径规划的解决。一旦有了性能优良的路径规划算法，就可以将其提供给车辆导航系统或智能车辆自动驾驶系统，成为智能交通系统的重要支撑技术。

11.2.3 智能车辆自动驾驶

在智能交通系统中，智能科学技术集中应用的领域无过于智能车辆的自动驾驶系统的综合开发。智能车辆自动驾驶涉及智能驾驶（Intelligent Driving）、车路协同（Vehicle Infrastructure Cooperation）和高效出行（Efficient Mobility），是智能交通发展的核心引擎，也是目前智能交通的前沿发展领域。

在智能车辆驾驶系统中，智能自动驾驶车辆（比如智能汽车）的关键技术会涉及智能环境辨识、智能避让导航以及智能控制行进等多个方面。智能车辆通过安装普通摄像仪、雷达或红外探测仪等设备，能够准确地分析路况信息，遇到避让或突发情况，需要及时发出警报、主动刹车、调整车速或避让。

智能车辆（Intelligent Vehicle）在传统车辆上增加了先进的传感器、控制器、执行器等装置。因此，智能车辆可以通过车载环境感知系统和信息终端，实现与人、车、路等的信息交换，使车辆具备智能环境感知能力。这样，智能车辆能够自动分析车辆行驶的安全及危险状态，并使车辆按照人的意愿到达目的地。智能车辆最终就是要实现替代人类驾驶的目的。

智能车辆的自动驾驶称为智能驾驶。智能驾驶就是通过智能辅助或代替人类进行汽车驾驶行为。智能驾驶不仅是指智能车辆帮助人驾驶，而且也可以在特殊情况下完全取代人进行驾驶。所以智能驾驶不仅要求车辆像人一样驾驶，比如能够识别交通标识、理解交通信号、分辨路上物体等功能，而且更重要的是需要车路协同为智能驾驶提供支撑技术保障。

因此，智能车辆驾驶技术与一般所说的自动驾驶技术有所不同。智能车辆驾驶系统不仅利用多种传感器和智能公路技术实现汽车的自动驾驶，还搭载先进智能传感系统、决策系统、执行系统。为此，智能车辆驾驶系统需要充分运用无线通信、互联网、大数据、云计算、智能等新技术。所以，智能车辆驾驶系统是一个集合了环境感知、规划决策、多级辅助驾驶等功能于一体的综合系统。

图 11-7 给出的就是智能车辆驾驶功能实现的基本环节。从这些环节不难了解，智能驾驶涉及路线规划的优化算法、智能数字地图匹配算法、智能车路协同决策支持算法、自动推算定位算法、行进控制跟踪算法，甚至动态地图更新算法等，均须运用智能计算方法来解决。

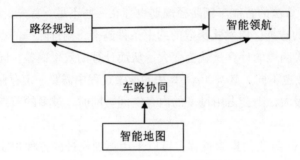

图 11-7   智能车辆驾驶功能模块图

智能高精数字地图是智能车辆自动驾驶的核心基础模块。在自动驾驶定位、感知、规划、安全、预测和仿真等不同阶段均不可或缺，为智能车辆自动驾驶提供重要的导航保障。所以智能数字地图应该满足真实、准确、时效和交互几个方面的需求。理想的数字地图应该有存储了全球高速公路、普通公路、城市道路以及各种服务设施（餐饮、旅馆、加油站、景点、停车场）的信息资料的资料库。根据实时采集到的路况信息，数字地图应该具备自动动态更新功能。

智能车路协同系统（Intelligent Vehicle Infrastructure Cooperative System，IVICS），简称车路协同系统。车路协同就是采用物联网、无线网与互联网三网一体通信技术，实时全方位进行车与车、车与路、车与人之间动态信息的采集、融合和交互。应该说正是通过车路协同系统，才能够充分实现车、路与人的有效协同管理，保证智能车辆行驶的安全、高效和环保。

智能车路协同涉及道路智能化、网络互联化以及车辆自动化等系统工程的开发，成为智能交通系统的核心组成部分。除了云端计算系统外，车路协同不但需要智能车辆多场景实时检测系统，需要对道路感知信息进行获取与分析，还需要各种道路检测设备以及将智能车辆与道路设备的各种传感器连接起来的通信网络。所以智能车路协同需要考虑如下三个方面的功能实现。

（1）车路终端信息采集

车路终端信息采集分为车载终端信息采集和路侧终端的信息采集，通过对现有设备进行智能化改造，搭载激光雷达、红外感应设备、视频摄像设备、语音通话设备等传感器，实现车辆之间的相互监测、道路环境监测以及车况、路况信息数据采集传输，并可以与乘车人员进行交互。

（2）车路协同通信技术

车路协同通信包括车联网实现车车通信、路联网实现路路通信以及车路联网实现车路通信。其中，最为关键的是车路联网的车路通信技术，以应用于不停车缴费、出入道路控制、车队管理、车辆识别、行驶信息服务等。

（3）云端控制平台

作为车路联网的核心环节，云端控制平台是实现网联协同感知决策和控制的关键基础技术，提供设备管理控制、数据融合计算、云端数据交换、车路事件信息发布，为智能车辆自动驾驶提供全方位服务，为管理服务机构提供车辆运行、道路设施、交通环境和交通运行等动态基础数据。

车路协同系统为智能驾驶提供的应用场景包括三类。一是全域交通要素感知定位，包括动态与静态盲区、遮挡协同感知、车辆超距协同感知、路边低速车辆检测等。二是道路交通事件感知，包括违章停车、拥堵事件识别、排队事件识别、疏散事件识别以及道路障碍识别等。三是路侧信号融合感知，包括交通信号标识的识别感知、交通信号灯不同信号指示的识别感知，以及交警交通指挥手势的识别感知等。

智能驾驶的路径规划则可以采用前面介绍的启发式搜索算法来实现。一旦获得规划好的路径，就要通过车路协同系统的指导来进行实时智能领航。智能领航主要是利用全球卫星定位系统来引领车辆行驶。因此，实时智能领航主要是根据车路协同提供的导航信息，通过全球卫星定位系统来实施智能车辆的行驶。

全球卫星系统构成包括宇宙空间、地面监控和用户设备三个部分。宇宙空间部分至少由 24 颗工作卫星组成，以确保任何时刻的某一地面位置至少有 6 颗卫星可以检测到，这样才能够进行全方位定位。地面监控部分则由多个专用天线和监视站点构成，可以随时进行空地交互。最后，用户设备部分就是智能手机、行驶车辆和任何移动物体所配备的专用全球卫星系统接收机，以实现对具体移动目标的导航。

智能车辆的自动驾驶系统是一个运用了先进的信息控制技术、车路环境感知、多等级辅助驾驶等功能于一体的综合系统。按照递阶控制结构理论及交通系统的层次性结构特性，可以将智能驾驶系统的逻辑框架自下而上划分为四个层次，即感知层、网络层、分析层和应用层。

1）感知层。采集车辆行驶过程中涉及的驾驶信息。采集数据主要由影响驾驶的要素信息构成，包括人、车、路的信息采集及三者信息的相互联系与交叉影响。具体数据采集主要包括路况信息和车辆信息两大类。路况信息包括道路几何构造、路面状况、道路灾害、路网条件及交通状况等。车辆信息主要包括车辆原始数据，如车辆型号、车辆理论参数，以及车辆行驶动态数据，如行车速度、行车时间、行车轨迹等。

2）网络层。实现驾驶信息的传输、调度、存储等功能。其中，路况信息在经过数据采集后通过报文通信的方式进行数据传输，车辆信息数据采集后进行数据传输。所有数据传输至网络层进行汇总整合之后，再传输至分析层。

3）分析层。实现驾驶信息后台大数据分析处理。由于大数据采集与处理的无序性，应在已定义的函数模型下对影响驾驶的数据进行计算处理。处理结果将传送至应用层，同时将返回网络层进行存储与调用，并在网络层建立行驶数据库。

4）应用层。实现数据分析结果的反馈控制及其应用。应用服务依据数据采集与处理的结果，通过数据接口的方式可进行跨应用、跨系统之间的信息共享与信息协调。通过对行驶数据库的调用，智能车辆可以准确、实时地掌握行驶状况，更好地组织、规划、协调、指挥行驶活动，提高车辆行驶安全效率，降低行驶能耗。

车路协同的智能驾驶系统以驾驶员的行车安全性、舒适度等为约束。通过互联网的云处理与计算平台，得出建议的车辆安全行驶评定值、预警意见、适宜车速等驾驶控制数据流。再由车体接收数据，自动进行数据信号转换，进行行驶控制与调节。同时给出行驶对策的辅助指导可视化界面，人机交互协调车辆关系，保障行车安全，提高人的驾驶愉悦性。

目前智能驾驶系统尚不能完全达到人类控制车辆的水平，很难做到像人脑一样思考问题，难以较好地处理驾驶过程中的各种突发问题和针对无人驾驶做出的阻碍或破坏行为。从当前智能驾驶的技术角度来看，相对于无人自动驾驶，大力发展智能辅助驾驶更为可取，此时可以充分利用人机对话、情感交流和脑机融合等更为先进的智能交互技术来实现更加安全可靠的智能辅助驾驶。

在智能车辆自动或辅助驾驶研究不断深化发展的带动下，未来智能交通必然向着大力发展车联网、车路协同智能化、交通设施的传感物联网智能化以及交通智能管控的智能化运营方向不断推进。我们相信，在不远的将来，一个全方位的全球化智能交通网络一定会走进人们的日常出行之中。

11.3   智慧城市

智慧城市是指充分借助物联传感网、无线移动网、全球互联网，利用先进的信息技术手段，特别是智能技术，构建城市发展的智慧环境。智慧城市涉及智能家居、智能楼宇、路网监控、智能医疗、智能交通、城市管理、城市生态、智能教育与数字生活等诸多领域。智慧城市的目标就是要形成基于海量信息和智能处理的生活方式、产业发展、社会管理等模式，面向未来构建全新的城市形态。

11.3.1   智慧城市整体架构

在智慧城市的架构中，无线网、互联网、物联网三网一体，如果类比到智能家居，那么就相当于智慧城市的"基础布线系统"。智能家居是智慧城市的单元；智能交通、智能医疗、智能楼宇、智能教育、智能能源、智能环境等是智慧城市的功能实现；智能识别、移动计算、信息融合、云端计算等则是智慧城市的关键技术。

如图11-8所示，智慧城市建设就是要充分运用智能信息处理技术手段来感知、识别、分析、融合城市运行核心系统的关键信息，提升民生、环保、安全、服务、商务等质量，为市民创造更加美好的城市生活。

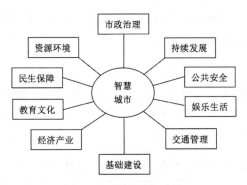

图 11-8　智慧城市建设

从技术层面看，智慧城市的主要功能包括如下五个方面。

1）由传感器和智能终端构成的物联网覆盖整个城市，可以对城市运行的核心系统进行全方位的感知、监控和分析。

2）物联网、移动网、互联网三网融合，为城市智能管理提供有效的信息流通平台。

3）超级计算中心负责大数据分析与处理，从而对城市物理环境进行实时动态管理。

4）在智能设施的基础上，全面开展智能化政务管理、企业经营、市民生活等创新性开发应用。

5）城市主要核心系统之间实现高效协同运作，实现城市最佳运行状态。

为了构建创新型城市运行体系，使得政府、企业、机构以及市民之间关系更加紧密透明，为城市发展提供持续的创新动力，规划这样的智慧城市系统，原则上应该拥有如下一些标志性技术特征。

1）充分的物联感知。通过各种传感器，如全球卫星定位系统、无线射频识别仪、监控摄像仪、手持终端、智能手机、红外线装置、各种专业传感器等，随时测量、捕获、传送反映城市动态状况的实时信息，以便有效开展对城市的动态监测。

2）全面的互联通信。物联网、无线网和互联网相互连通，在任何时间、任何地点，均可以进行全方位的即时信息交互，及时传递各类数据信息。

3）先进的智能技术。应用先进智能手段，通过大数据分析、智能决策以及社会网络分析等方法，整合和分析跨地域、跨行业和跨部门海量数据，对城市运行状况进行实时监控，及时响应处理并解决随时出现的新问题。

为此，构建智慧城市的核心目标就是要以一种更加智慧的方式，通过充分利用物联网、云计算和大数据等先进信息处理技术来转变城市管理模式、提高城市运行效率，为城市居民创造更加美好的生活环境、设施和服务，比如整合城市公共服务资源、方便市民办理各项事务、提高社会安全保障和应急救助等，从而实现城市的和谐健康发展。

一般从技术架构上看，利用物联网、云计算和大数据等支撑技术，根据面向服务的架构（SOA）技术，可以按照图 11-9 给出的模型来搭建智慧城市的架构体系。图 11-9 给出的架构模型共分为四个层次：物联感知、网络通信、数据服务、智慧应用，简要介绍如下。

在搭建的物联网基础上，物联感知层主要实现对整个城市物体信息的智能感知。通过遍布城市每一个场所的终端传感设备，如遥感设备（遥感器）、嵌入系统（嵌入体）、传感设备（传感器）、射频标签（条形码）、拍摄设备（摄像机）等，对城市气候、基础设施、环境状况、人员流动、车辆行驶、建筑状况、城市安防、家居生活等方面，进行全方位的信息采集、感知识别和检测控制。

图 11-9　智慧城市技术架构模型

为了实现城市有效的物联感知能力，需要射频识别技术、电子传感技术和智能嵌入技术的支持。射频识别技术（RFID）主要针对所有贴有射频电子标识（条形码）的物体进行识别阅读，获取该物体有关记录数据。电子传感技术则是通过各类传感器，获取自然与社会的环境信息，并进行必要的信息压缩、识别、融合和重建等环节的智能处理和加工。智能嵌入技术是通过嵌入式系统（由嵌入式微处理器、外围硬件设备、嵌入式操作系统以及相应的应用程序构成），实施对被嵌入的其他设备系统的控制、监视或管理等。

网络通信层主要基于互联网、电信网、广电网及融合技术来实现容量大、带宽阔、性能高的全天候、全覆盖的城市光纤与无线通信功能。城市网络通信系统应该具备如下主要特性。

1）融合。在互联网、电信网、广电网三网融合的基础上，广泛实现行业、业务、终端等技术融合，并在智慧应用层使用统一的通信协议。

2）移动。利用宽带无线接入技术，实现城市区域无线通信的全覆盖，使得无线移动网络服务无所不在、无时不有、无事不入。

3）兼容。无线接入通信协议标准之间做到全面兼容，提高实时协调处理效率，切实实现各类实时性移动应用服务。

4）宽带。构建城市家庭接入全覆盖的光纤网络，进入城市智慧宽带时代，为智慧城市各应用服务系统提供高效、通畅和实时的网络通信。

5）泛在。所谓泛在主要指的是物联网无所不在的覆盖性。利用电子传感技术、射频识别技术（RFID）、全球定位系统（GPS或北斗系统）以及人工智能技术，构建泛在的物联网，实时采集任何需要监控、连接、互动的实体或过程；并通过各种可能的网络接入，实现物物之间、物人之间、人人之间的泛在性链接，从而实现对所覆盖物体及其动态变化过程的全方位感知、识别、跟踪、监控和管理。

数据服务层主要是为各类智慧应用系统提供数据支撑服务。在智慧城市的运营中，数据是最为重要的战略性资源。为了有效汇聚、存储、共享、分析和利用各类数据资源，从而提升对城市资源的有效监控、管理和服务能力，就需要进行数据融合和服务融合。

就智慧城市的建设而言，数据融合涉及数据虚拟表征、海量数据汇聚存储、数据融合处理以及数据挖掘分析。数据融合处理包括多源信息数据的采集、传输、综合、过滤、分析和合成等环节。数据挖掘分析则包括对海量数据进行自动分类、自动汇总、自动聚类、关联分析、异常分析等，直接为各类智慧服务系统提供决策支持服务。

数据融合之后就是服务融合，如图 11-9 所示，主要包括服务开发、服务管理、协同处理、通用服务等内容。服务融合主要对数据融合提供的各类数据资源统一进行封装、处理和管理，服务于各类智慧城市的应用系统。

11.3.2 智慧城市应用系统

智慧应用层就是在物联感知、网络通信和数据服务的支撑基础上，具体针对城市不同方面的需要，开发相应的各类智慧应用系统，比如物流、能源与环保基础性智慧系统的建设，医疗、教育、文化等民生性智慧系统的建设，还有政务、商务、公安等保障性智慧系统的建设。目前已经开展的建设项目包括以下十二个方面。

1）智能公共服务：建设智慧公共服务和城市管理系统。通过加强就业、医疗、文化、安居等专业性应用系统建设，提升城市建设和管理的规范化、精准化和智能化水平，有效促进城市公共资源在全市范围共享，积极推动城市人流、物流、信息流、资金流的协调高效运行，在提升城市运行效率和公共服务水平的同时，推动城市发展转型升级。

2）智能社会管理：完善面向公众的公共服务平台建设。建设市民呼叫服务中心，拓展服务形式和覆盖面，实现自动语音、传真、电子邮件和人工服务等多种咨询服务方式，逐步开展生产、生活、政策和法律法规等多方面咨询服务。开展司法行政法律帮扶平台、职工维权帮扶平台等专业性公共服务平台建设，着力构建覆盖全面、及时有效、群众满意的服务载体。

3）智能企业服务：完善政府门户网站群、网上审批、信息公开等公共服务平台建设，推进公共行政服务，增强信息公开水平，提高网上服务能力；深化企业服务平台建设，加快实施劳动保障业务网上申报办理，逐步推进税务、工商、海关、环保、银行、法院等公共服务事项网上办理；推进中小企业公共服务平台建设，提高中小企业在产品研发、生产、销售、物流等多个环节的工作效率。

4）智能安居服务：开展智慧社区安居工程，充分考虑公共区、商务区、居住区的不同需求，融合应用物联网、互联网、移动通信等各种信息技术，发展社区政务、智慧家居系统、智慧楼宇管理、智慧社区服务、社区远程监控、安全管理、智慧商务办公等智慧应用系统，使居民生活"智能化发展"。

5）智能教育服务：建设完善城市教育城域网和校园网工程，推动智慧教育事业发展，重点建设教育综合信息网、网络学校、数字化课件、教学资源库、虚拟图书馆、教学综合管理系统、远程教育系统等资源共享数据库及共享应用平台系统。继续推进再教育工程，提供多渠道的教育培训就业服务，建设学习型社会。

6）智能文化服务：积极推进智慧文化体系建设，积极推进先进网络文化的发展，加快新闻出版、广播影视、电子娱乐等行业信息化步伐，加强信息资源整合，完善公共文化信息服务体系。构建旅游公共信息服务平台，提供更加便捷的旅游服务，提升旅游文化品牌。

7）智能商务管理：推进传统服务企业经营、管理和服务模式创新，加快向现代智慧服务产业转型。实现智慧物流、智慧贸易、智慧服务等系统开发。积极通过信息化深入应用，改造传统服务业经营、管理和服务模式，加快向智能化现代服务业转型。

8）智能医疗保障：建立卫生服务网络和城市社区卫生服务体系，构建全市区域化卫生信息管理为核心的信息平台，促进各医疗卫生单位信息系统之间的沟通和交互。以医院管理和电子病历为重点，建立全市居民电子健康档案；以实现医院服务网络化为重点，推进远程挂号、电子收费、数字远程医疗服务、图文体检诊断系统等智慧医疗系统建设，提升医疗和健康服务水平。

9）智能交通系统：通过监控、监测、交通流量分布优化等技术，完善公安、城管、公路等监控体系和信息网络系统，建立以交通疏导、应急指挥、智能出行、出租车和公交车管理等系统为重点的、统一的智能化城市交通综合管理和服务系统建设，实现交通信息的充分共享、公路交通状况的实时监控及动态管理，全面提升监控力度和智能化管理水平，确保交通运输安全、畅通。

10）智能农村服务：建立涉及农业咨询、政策咨询、农保服务等面向新农村的公共信息服务平台，协助农业、农民、农村共同发展。以农村综合信息服务站为载体，积极整合现有的各类信息资源，形成多方位、多层次的农村信息收集、传递、分析、发布体系，为广大农民提供劳动就业、技术咨询、远程教育、气象发布、社会保障、医疗卫生、村务公开等综合信息服务。

11）智能安防系统：充分利用信息技术，深化对社会治安监控动态视频系统的智能化建设和数据的挖掘利用，整合公安监控和社会监控资源，建立基层社会治安综合治理管理信息平台；积极推进应急指挥系统、突发公共事件预警信息发布系统、自然灾害和防汛指挥系统、安全生产重点领域防控体系等智慧安防系统建设；完善公共安全应急处置机制，实现多个部门协同应对的综合指挥调度，提高对各类事故、灾害、疫情、案件和突发事件防范和应急处理能力。

12）智慧政务管理：提升政府综合管理信息化水平，提高政府对土地、海关、财政、税收等专项管理水平；强化工商、税务、质监等重点信息管理系统的建设和整合，推进经济管理综合平台建设，提高经济管理和服务水平；加强对食品、药品、医疗器械、保健品、化妆品的电子化监管，建设动态的信用评价体系，实施数字化食品药品放心工程。

总之，在物联网、通信网和大数据保障技术的基础上，要对城市全方位的功能服务开发相应的智能服务系统，为市民生活、企业运营和政府管理，提供高效便捷的智能化服务。

11.3.3　智慧城市核心技术

智慧城市服务系统的建设项目都需要智能技术等综合核心技术的支持，归纳起来智慧城市建设涉及的主要核心技术包括如下三个方面。

1）智能感知识别技术。通过物联网采集信息都需要解决智能识别问题，就需要提供具体智能识别技术，比如射频识别技术、各种专用传感器识别技术、视频分析识别技术、无线定位识别技术等。

2）智能移动计算技术。智慧城市首先是无线城市，无线移动计算的智能化就是代表下一代移动计算的发展方向，这其中就存在众多智能化的难题需要解决，比如各种移动智能终端的开发，以及身份识别、远程支付、移动监控等智能软件的开发等。

3）智能信息融合技术。智慧城市建设中涉及大量不同类型的信息处理，需要将不同来源、不同格式、不同时态、不同尺度、不同专业的数据在统一的框架下进行处理，就需要智能信息融合技术来实现，包括底层原始数据融合、中层特征数据融合以及高层的决策数据融合多个层次。

由于数据处理规模庞大、关系复杂、交流频繁，因此需要建立云计算数据中心，以保障诸功能系统的有效运行。然后以此为依托，建立信息网络平台、公用信息平台、专题信息平台、决策支持平台和空间信息平台。在此基础上，就可以建立相应的智能信息处理中心，如智能网络互联中心、身份认证中心、信息资源管理中心、智能服务中心、互联网数据中心、智能决策支持中心等，从而完成整体智慧城市数据处理体系的构建。

从上述论述可以发现，无论是智慧城市架构技术，还是涉及的具体智能方法，从核心关键实现技术的角度，大数据及其挖掘分析方法都是其中信息综合处理中的关键。可以这么说，大数据智能信息综合处理技术是智慧城市得以运行的基础，需要切实解决，否则智慧城市的建设就会沦为一句空话。

智慧城市汇聚的大数据主要有这样一些特点。

1）海量性：遥感器、传感器、条形码、嵌入体、摄像机等遍布的泛在物联网，电话、手机几乎人手都有的电信网，电视、广播家家入户的广电网，以及数以万计用户的互联网，每天形成的数据量十分庞大。

2）多态性：各种来源的信息数据类型、表征和性质多种多样、五花八门、千差万别，需要数据融合。

3）关联性：多源性海量数据并非完全独立，而是存在着千丝万缕的联系，往往反映的是城市中相同主题、不同方面的数据信息，需要通过数据挖掘来加以发现其中隐含的关联规律。

对于海量数据的挖掘分析，则需要考虑这样三个重要步骤。

1）确定数据挖掘的目标，以便采取不同的数据挖掘方法。

2）构造相应的数据挖掘算法，确定模型和参数。

3）运用构造的算法具体实施数据挖掘任务，提取有效的知识，并用某种方式表达出来。

目前，从现有的数据挖掘方法看，运用的各种数据挖掘算法包括分类算法、聚类算法、预测算法，以及深度学习、强化学习、迁移学习等各种机器学习算法，可供选择的数据挖掘目标及其方法大致分为如下几个方面。

1）数据关联分析。找出海量数据中频繁出现的模式，称为关联规则，作为一种挖掘的知识。

2）自动分类预测。根据事先已知的类别，对海量数据进行分析归类，找出描述和区分不同数据类或概念的数据模型，以便能够用得到的模型去预测未知的数据对象。一般可以采用各种模式识别方法。

3）数据聚类分析。对数据集合进行系统分析，划分为若干事先未知的类别。数据聚类的基本划分目标是使得划分的类间差异尽可能大而类内差异尽可能小。常用的方法有层次聚类法、密度聚类法、网格聚类法和模型聚类法。

4）离群异常分析。找出数据集合中异常离群孤立的数据对象，一般可以采用基于统计计算的方法、基于距离计算的方法和基于偏离计算的方法等。

5）数据演化分析。开展数据随时间变化而变化的规律分析，如数据发展趋势分析、数据的相似搜索、数据序列模式挖掘以及数据周期性规律分析等。

总之，通过运用各种数据挖掘和机器学习方法，可以有效开展智慧城市建设和运营中海量数据的分析处理，为智慧城市各类应用系统提供有力的数据服务支撑，也为各类决策支持系统提供可靠的数据分析结果。

综上所述，智慧城市明显具有众多不可替代的优势，归纳起来主要有以下几点。

1）能够降低城市运行成本、提高行政效率。

2）能够深化公共服务层次、促进政府职能转变。

3）政府权力运作公开透明、城市管理客观化。

4）各级机构、事业单位高度自治、促进事业发展。

5）保障企业创新活力、促进经济增长。

6）拓宽信息传播渠道、促进就业。

7）引领科技创新、振兴新兴产业。

8）改善民生、提升市民生活质量。

正因为有这么多的优势，目前北京、上海、广州、无锡、杭州、南京、沈阳、武汉、合肥、昆明、昆山、成都等城市均已先后启动了智慧城市的建设。它们有的是全方位开展，有的是部分开展，还有的进行小范围试点。

我们相信，在不远的将来，随着智能网络技术、智能物联网技术、智能决策支持技术等智能高新技术的快速发展，智慧城市的建设步伐也会越来越快，我们的城市生活也必将越来越舒适、方便和高效。

本章小结与习题

本章主要介绍了智能社会相关话题，以及涉及内容的概述，包括智能家居工程、智能交通系统，以及全方位的智慧城市建设。智能社会是信息社会的高级阶段，除了需要转变相关的思想观念、建立相适应的社会制度外，形成成熟的智能技术更是一项基础性工作。我们希望通过对目前智能社会发展进展中若干方面的了解，更加明确智能科学技术在未来社会发展中的地位。

习题 11.1　从技术进步的角度看，你认为未来社会的发展形态一定是智能社会吗？如果是，请论述这种社会应该具备哪些基本特质；如果不是，请给出自己的观点并加以论述。

习题 11.2　你认为智能科学技术在未来社会进步中的作用是什么？与导致社会进步的以往各种技术有什么本质的不同？

习题 11.3　你认为构建智慧城市应该包括哪些重要方面？如何运用智能技术加以解决实现？能否给出你心目中未来社会的蓝图？

习题 11.4　请对室内人员行为姿态的检测识别，给出一种视频分析方法，并通过具体编程分析该方法的实际效果。

习题 11.5　传统中医强调整体性、个性化和治未病的医疗保健理念，请结合现代信息技术，论述在家庭医疗保健中，传统中医能够做哪些工作。

习题 11.6　设想利用先进的机器人技术，能够在家庭数字娱乐方面开展哪些产品的开发工作？请举例论述。

习题 11.7　请查阅有关云计算方面的书籍，综述云计算在智慧城市方面的主要支撑作用。

习题 11.8　请论述在大数据资源的挖掘利用中，会存在哪些不足？以及能够采取哪些措施来弥补这样的不足？

第 12 章

展　望

面对智能科学技术众多成就和日趋成熟，或者读者会提出一个尖锐的问题，那就是机器的心智水平能不能达到甚至超过人类的心智水平呢？换句话讲，我们能不能完全仿造人脑的心智呢？本书最后一章就专门来讨论这一基本问题。为此让我们首先给出有关形式系统局限性的一些经典理论，以便我们的讨论有一个基点。

12.1　机器困境

20 世纪初，以希尔伯特为首的一批数学家展开了一场空前的数学形式化努力，并试图为全部数学构建起坚实的逻辑基础。他们努力的目标就是要实现这样一个数学家们一直梦寐以求的理想，那就是宇宙万事万物的规律都可以划归为数学表述的形式，而全部数学则又可划归为严密的逻辑形式化系统。但令人意外的是，所有这些努力的结果却事与愿违，事实无情地宣告这一梦想的破灭。数理学家们终于认识到了逻辑系统的局限性。第一个以严密的逻辑论证指出这一点的，正是曾经参与这一"宏伟计划"的奥地利逻辑学家哥德尔。

12.1.1　形式系统局限性

1931 年，哥德尔在证明了一阶谓词逻辑的一致完全性之后，旋即发表了一篇题为《论数学原理中的形式不可判定命题及有关系统》的论文。在这篇论文中，哥德尔给出了两个惊世骇俗的定理，指出了逻辑形式系统不可克服的局限性。

如果我们记"皮亚诺算术公理系统"为 PA，就是以一阶谓词逻辑的形式语言陈述皮亚诺公理系统而得到的形式算术理论（一阶谓词逻辑 + 自然数定义 + 数学归纳法）。那么，哥德尔的两个定理可表述如下。

哥德尔第一不完全性定理　存在一个 PA 句子 p，使得：如果 PA 是一致的，则 p 在 PA 中不可证；如果 PA 是 ω 一致的（后来在 1936 年罗塞证明可以去掉 ω），则 $\sim p$ 在 PA 中不可证。因此 PA 是不完全的。

哥德尔第二不完全性定理　如果 PA 是一致的，那么 PA 的一致性不能在 PA 内部证明。

很明显，对于第一个定理，只要具体构造出满足要求的这样一个 p 句子即可。哥德尔当年找到的句子是：

号码为 λ 的公式的自代入是不可证的

由于采用哥德尔创造的一种编码方法可以对任意 PA 中的公式进行能行可判定且唯一性编码，因此上面的句子可以表示为一个 PA 公式

$$\alpha(x \,/\, \lambda)$$

其中，$\alpha(x)$ 就是 $\forall y \sim A(x, y)$，意思是"任何公式序列 y 都不是公式 x 的自代入的证明"。当然这也是哥德尔可编码的，其编码就是 λ。由于 λ 又可自代入到 $\alpha(x)$ 中，因此 $\alpha(x/\lambda)$ 又表示"号码为 λ 的公式的自代入"本身。于是找到的 p 句子实际上就是一个自指句。这样就很容易证明其正是满足第一定理的句子。后来罗塞为了去掉 ω 的限制，构造了一个更加地道的自指句：

如果 q 的自代入有个证明，则其否定有个号码更小的证明

完美地证实了哥德尔第一定理。

第二定理的证明思路稍微直接一些，因为利用第一定理我们有：

如果"PA 一致"，则"λ 的自代入是不可证的"

此时由于上述陈述用 PA 可以表达为：

$$\text{Consis(PA)} \to \alpha(x \,/\, \lambda)$$

因此，如果我们能够在 PA 内部完成对上式的证明（一致性的要求），即得到

$$\text{PA} \vdash \text{Consis(PA)} \to \alpha(x \,/\, \lambda)$$

那么我们从 PA 一致（Consis(PA)），就能推出 $\text{PA} \vdash \alpha(x/\lambda)$，显然这与 $\alpha(x/\lambda)$ 在 PA 中不可证矛盾。因此我们必然得出哥德尔第二定理。

从上述两个定理的证明思路（完整的证明需要长达 40 多页书稿）中可以看出，哥德尔的这两个定理并不局限于 PA 系统。事实上，只要一个形式系统包含了 PA 系统（因此其描述能力比 PA 强，同样具备自指能力，能够构造自指句），那么哥德尔的这两个定理同样对其有效。即如果该系统是一致的，那么该系统不完全，而且该系统的一致性不能在该系统内部证明。

这就是为什么说哥德尔的这两个结论都是毁灭性的。因为这实际上是宣告了公理化方法的局限性。更为糟糕的是，由于一致性的不可证明性，根本就无法保证整个数学体系中不会出现一个矛盾。一旦真的发生了这种矛盾，而且矛盾又无法消除，那么全部数学的确定性必将不可避免地丧失殆尽。

哥德尔定理的另一个意义就是从根本上否定了排中律的有效性。以前我们坚信一个命题非真即假。但哥德尔定理指出，有些命题既不能被证明，又不能被证伪。换句话说，对任何足够强大的形式系统都存在着不可判定的命题。实际上，对于计算问题而言，这也指出了存在着不可计算的问题。因此如果计算基于逻辑形式化之上，那么其必定也有局限性。

更一般地，一个形式系统通常刻画某个语义模型，或者说我们可以用某个语义模型来解释给定的一个形式系统。比如形式系统 PA 就是用于刻画自然数模型 N。如果语义模型中为真的事实都是该形式系统的定理，那么我们就称该形式系统是完全的；反之形式系统中为真的句子（即定理）都是其语义模型中为真的事实，那么则称该形式系统是一致的（也

称相容的或可靠的）。上面讨论的哥德尔定理实际上是指出了：对于足够强大的形式系统，不可能同时具备一致性和完全性。

但事情到此还没有完，指出形式系统局限性的不仅仅是哥德尔定理。事实上，自 1915 年勒文海姆（L. Löwenheim）开始，到 1920 年至 1933 年期间斯科伦（T. Skolem）发表的一系列论文为止，逻辑学界揭示了形式系统的又一个缺陷，这就是后来被简练提出的、著名的勒文海姆—斯科伦定理。

简言之，勒文海姆—斯科伦定理指出的是：企图用公理形式系统来描述一类唯一的模型对象根本不可能。这是因为一组公理及其形式系统能够容许比人们预期多得多的语义解释，而这些解释具有本质上的不同。于是，用公理形式系统描述的事物对象既不可靠也不唯一，公理系统根本没有限制解释模型。这就意味着数学真理性（由此推及客观真理性）不可能与公理化描述完全一致。

举个例子来说，对于如下定义的简单形式系统 pq 系统：

公理：x-qxp-

规则：如果 xyqxpy 则 xy-xpy-

其中 x、y 均为由 "-" 组成的符号串。

对于上述 pq 系统，如果将 q 解释为 "="、p 解释为 "+"，而由 "-" 相连符号串中的 "-" 个数解释为其所代表的整数，那么该系统描述的就是自然数加法模型。但如果将 p 解释为 "="、q 解释为 "-"，而其他不变，则该系统描述的又是自然数减法模型。当然我们还可以给出各种其他解释，此时就会发现，它们居然同时都是合理的。

如果说哥德尔定理指出的是形式系统描述能力上的局限性，那么勒文海姆—斯科伦定理则是指出，即使形式系统的描述能力没有局限性，其对所要描述对象的可靠性也不可能保证。必须清楚地认识到，自然对象和对自然对象的描述是两个不同的东西，不能混为一谈。现在我们看到，用形式系统给出的所谓自然对象的描述，根本就不可能真切、唯一地反映自然对象本身。

勒文海姆—斯科伦定理对公理形式系统的毁灭性冲击并不亚于哥德尔定理的冲击，可谓是有过之而无不及。它是以一种更强硬和更根本的方式否定了无条件性。由勒文海姆—斯科伦定理必然会得出不完全性；否则的话，一个形式系统不可能同时拥有完全不同的解释。而且进一步，为了不被所有的解释所共同包容，关于某个解释的一些有意义的命题也必定不可判定。

是的，过去我们习惯于"非此即彼"的二元论思维方式，我们喜欢用"是与非""黑与白""对与错""真与假"来判断事物的是是非非。现在哥德尔却宣布它只适合于小范围中的判断，对于更大范围的真实图景不再是简单的"非此即彼"的世界，此时排中律不再有效了。这意味着即使能够证明某个命题不为真，我们也无法断言其一定为假，因为该命题还可能是一个不可判定的命题。从这个意义上讲，哥德尔定理揭示的不仅仅是一切形式系统的局限性，实际上也划定了逻辑机器所能适用的范围。

总之，靠形式系统不可能真切可靠地描述自然对象及其复杂性。公理形式化方法的固有缺陷无法靠公理形式化方法本身来弥补。

12.1.2　不可计算性证明

　　几乎在算法化计算理论初创的一开始，公理形式系统不可回避的缺陷就波及了这一年轻的学科。1936 年图灵发表的论文与 1941 年丘奇发表的论文，恰恰说明了这一点，并被后人总结为图灵—丘奇论题。

　　如果以图灵机作为我们的计算模型，那么图灵—丘奇论题指出的是这种计算模型可以处理的对象的范围，也就是说给出了可计算性的界限。根据图灵—丘奇论题，不能由图灵机完成的计算任务都不可计算。只有在所有输入上都终止的图灵机，才与直觉上可计算的算法相对应。尽管图灵—丘奇论题只是一种假设，但由于迄今为止，所有可能的计算模型，如递归函数论、半图厄过程、λ 演算、波斯特机等，其计算能力均没有超过图灵机。因此这一论题仍具有权威性。

　　用通俗的语言讲，图灵—丘奇论题所定义的可计算，指的就是可在有限时间完成的且可一步步机械执行的任务。一个任务存在这样一个计算过程，就称为该任务有算法存在。由于事实上确实存在着图灵机不可计算的问题，所以图灵—丘奇论题实际上是揭示了机器可计算的限度。

　　有趣的是，证明不可计算问题存在的方法，从本质上讲与哥德尔定理的证明如出一辙，利用的都是自指性。因此，从这个意义上讲，也可以说，自指性是一切形式系统的死敌，包括这里的形式计算系统。

　　为了说明机器可计算的限度，下面我们以图灵机为模型，具体加以论证。如图 12-1 所示，图灵机由状态控制器、存储带和读写头组成。状态控制器代表图灵机所处的状态。图灵机在不同的状态下采取不同的操作，用来驱动存储带左右移动和控制读写头的操作。存储带则是一条可向两端无限延伸的带子；带上分成一个个方格，每一个方格可以存储规定字符表中的一个字符，也可保持空白。读写头主要对存储带进行扫描，每次读出或写入一个字符。读写头正对的格子中的字符称为当前字符。当前字符与当前状态一起决定着图灵机的一步计算，使得图灵机进入一个新状态。此时，相应地带子或不动或左移一格或右移一格，以及当前字符或不变或改写为新字符或清空也都发生了变化。

图 12-1　图灵机模型

　　如果把起初带上的字符串看作输入数据，那么经过一系列的计算步操作后，当图灵机处于终止状态时带上的字符串就是输出结果。于是，对于给定的图灵机（规定了初始状态和终止状态在内的所有状态及其变换和操作规则）就对应地规定了该图灵机的计算功能。因此我们也称图灵机定义了一种计算函数。不同的图灵机完成不同的计算功能，也就对应了不同的计算函数。进一步，图灵证实存在着这样的图灵机，其可以实现任意给定图灵机的功能，这便是通用图灵机的概念。

现有理论表明，任何计算装置，包括理论模型和实际机器，其计算能力均不大于通用图灵机的计算能力。我们规定带上的符号仅由"0"和"1"两种数字组成并约定 $n+1$ 个"1"连写表示自然数 n，而用"0"（不管连写几次均作为 1 个看待）作为数与数之间的间隔符。那么我们可以证明任何计算装置的计算能力均不大于这种自然数上的图灵机。于是，对于任意一个可计算的问题，使用编码方法，都可以对应为相应的一个自然数上的图灵机。这便是图灵机可以描述的计算范围。

那么是不是所有的问题都是图灵机可计算解决的呢？根据上述说明，这个问题可以归结为是不是所有的自然数函数都是可计算函数呢？换句话说，存不存在图灵机不能计算的自然数函数呢？回答是肯定的，因为确实存在着图灵机不可计算的自然数函数。

让我们具体给出不可计算性函数存在的证明。现假定所有的自然数上可计算函数（所有可构造的图灵机是可数的）可罗列为函数序列 $f_i(x)$，$i=1$，2，3，…，那么令

$$g(x) = f_x(x) + 1$$

则 $g(x)$ 也为自然数函数。我们假设 $g(x)$ 是可计算的，那么必然存在 j 使得下式成立：

$$g(x) = f_j(x)$$

上式对 x 取 j 时也成立，即有

$$g(j) = f_j(j)$$

但根据 $g(x) = f_x(x) + 1$ 的定义，对 x 代入 j，有

$$g(j) = f_j(j) + 1$$

显然与前面一式相矛盾。

因此我们假定 $g(x)$ 也是可计算的不合理，于是我们得出要么 $g(x)$ 是不可计算的，要么一个自然数函数是否可计算是不可判定的（不可计算）。这无论如何都说明，确定存在着自然数上不可计算的函数。

值得注意的是这样一个事实，如果将"真"用"1"表示、"假"用"0"表示，那么自然数上的（谓词）命题就——对应到了自然数函数上了。于是命题的不可判定性也就是函数的不可计算性。因此上述的证明即使考虑到排中律的失效，也无可挑剔。其实，初等数论中的逻辑系统与自然数上的计算函数如出一辙；这也就不难从直觉上理解，根据哥德尔定理，图灵可以直接感悟出不可计算性问题的存在。

不仅如此，实际上从理论上讲，几乎到处都有不可计算（不可判定）问题。就拿数论命题的可判定性来说，就存在着不可数的不可判定命题，而可判定命题则是可数的。打个比方说，如果可计算（可判定）问题看作有整数集那么大，那么不可计算（不可判定）问题就有实数集那么大，其差距之大不言而喻。

12.1.3   计算能力的限度

在实际问题中，最著名的不可计算问题有图灵停机问题、希尔伯特第十问题、地砖镶嵌问题等。所谓图灵停机问题，是要给出判定任意给定图灵机是否停机的图灵机。直观上

讲，因为给定的图灵机是任意的，所以判定的图灵机可能就是用来完成这一判定问题的图灵机本身。而一台图灵机想要知道自己是否停止了，就像一个人想知道自己是否睡着了一样，是无论如何也是做不到的。当然我们可以知道这个问题的一半：只要没睡着就会告诉人们没睡着。法国著名哲学家笛卡儿曾给出著名的结论是：我思故我在。这正可以用来说明这种情况，要证明"我不思"就如同证明"我停机"一样是不可能的。但"我思"却是可知的，因此图灵停机问题也称为半可解问题。

如果说图灵停机问题还有可判定的半边，那么希尔伯特第十问题（也称刁番图整数方程解的判定问题）整个儿都不可判定。该问题是要构造一台图灵机，让其对任意给定的整数方程：

$$a_1 x_1 + a_2 x_2 + \cdots + a_n x_n = 0, \text{这里} a_i \text{均为整数}$$

要判定其有没有整数解。现已证明根本就找不到这样的一台图灵机可以解决这一问题，也即这一问题不可判定。

另一个有趣的不可判定问题是所谓的地砖镶嵌问题。地砖镶嵌问题是 1961 年由美籍华人逻辑学家王浩提出来，并在王浩的建议指导下，由罗伯特·伯格证明了这一问题的不可计算性。对于地砖镶嵌问题而言，人们可以用一种花砖，比如正方形，来铺满整个地面而不留下任何缝隙，这是一个容易的问题。但对于用不同的有限种多边形来镶嵌整个地面的问题，却不存在解决此问题的通用算法（图灵机），甚至连判定其有无解的算法也不存在。尽管对于具体给定的花砖形状，可以找到它们的解答。但就一般情况而言，人们却永远也不可能找到通用的解决方案。

需要强调的是，对于机器的计算能力而言，我们已经清楚地知道确实存在着不可计算的问题。特别是由于自然数数对 (x, y) 与自然数 z 之间通过可计算函数：

$$J(x, y) = 1 / 2((x + y)^2 + 3x + y)$$

建立起一一对应关系，即对于每一对 (x, y)，有

$$z = J(x, y)$$

而对于每个 z，又有唯一解：

$$x + y = (((8z + 1) + 1) / z)^{-1}$$
$$3x + y = 2z - (((8z + 1) + 1) / z - 1)^2$$

即 x, y 均有唯一解。因此机器的计算能力与计算维数无关。换句话说，不管采用多少维数的方式来构建计算模型，其计算能力也不会超过单维输入的计算模型。

当然，形式计算系统的局限性还不止这些。除了不可计算性外，还有计算复杂性上的限制。也就是说，在图灵机模型支配下的经典计算系统中，只有计算时间的花费不多于多项式量级的确定性算法才有实际意义。而在实际中存在着大量有意义的问题却找不到这样的有效算法，即学术界所谓的一个悬而未决的 NP 完全性问题。另外，根据勒文海姆—斯科伦定理，形式化计算的意义解释同样也有一个多重性问题。当把这样的计算系统运用到人类心智唯一对象的描述时，就会产生严重的缺陷，这是确定无疑的。因此，图灵机及其存在着不可计算问题具有普适性意义。

不仅如此，我们还知道问题不可判定性本身也不可判定。现在我们还想补充告诉读者的是，要想让计算机器解决问题，还必须首先将该问题表述为图灵机（计算机器）能处理的形式，比如说用 0、1 符号来给问题进行编码。这时我们还会遇到一个对问题进行形式化描述的问题。由于这一问题本身（对于任意给定的问题可不可形式化描述）又是一个不可计算问题，因此问题能不能形式化与形式化的问题可不可计算一起成为计算机器能力极限的双重限制。这便是逻辑机器计算能力的全部限度。

12.2   智能哲学

那么，面对上述逻辑形式化计算的局限性，人类的心智活动到底能不能归结为计算过程呢？显然对这一问题的回答，不仅在于我们对人类心智机制本身的了解程度，也在于我们如何理解计算这一尚无严格定义的事物。在这一节中，我们仅讨论基于逻辑计算（即把计算定格在丘奇—图灵论题的意义上）人类的心智能不能归结为计算的回答。在下一节中，我们再突破这一局限性，讨论更宽泛意义的心智计算问题。

12.2.1   心智能否被计算

对于心智能否被计算实现这一问题，有一种观点的回答是肯定的。这种观点强调我们的心智活动不过是一种信息加工过程，因此从根本上讲，随着技术的发展，完全能够用逻辑计算方法来实现。正像心智计算理论所认为的那样，如果计算便意味着表象和算法，那么只要心智内容可以用形式化语言来描写，而心智过程可以用形式化算法来描述，就可以将心智活动归结为计算过程。

当然，在实际研究中也许问题比想象的要稍微复杂一点，对心智内容需要用一种以上的形式化语言或类似符号系统来描写，而心智活动的不同部分也需要以不用方式进行计算，但这不是实质性的。根据这样的观点，包括意识在内的心智可以看作一种计算模型，有一套程序或一组规则，类似于控制机器的规则来支配其活动。

进一步，如果我们对认知神经科学有比较全面的了解，那么从微观上讲，我们可以将心与脑的关系类比到软件与硬件关系之上；更为序列式的操作系统运算，则可以像意识活动一样，对所有"感知""思维"及"运动"进程进行全局控制。这样如果机器的硬件具有神经物质一样的运转机制的话，那么就没有理由说，机器的软件就一定不能具有心智和意识的功能。特别是，鉴于神经细胞种数、个数以及连接方式、电脉冲通信方式等均为有限，因此尽管发生在突触中的生物化学电生理过程十分复杂，但从整体上讲，原理就类似于组合有限的电位脉冲反应。

这样一来就意味着可以用形式化符号系统来对大脑神经系统进行编码刻画，不仅给出大脑状态的形式描写，也给出大脑状态变化的形式描述。于是，假若我们能够造出在量级上与神经系统具有同等规模的复杂机器，那么凭什么说，大脑能够具备的功能，机器就不能够具备呢？

实际上，从某种角度上讲，我们所有关于描述或形容人的心理状态的言辞都不过是在区分人脑活动中出现的不同神经网络模式状态。而 10^{12} 个神经元及其联结构成的神经回路的稳定状态数可达 10^{100} 之巨，也远非我们语言所能描述殆尽。所以人类个体才会有"辞不达意""不可名状""不可言说"的情况，才会有那么多难以言表的情感体验，才会有含糊不清的意义涌现，才会有似乎是顿悟的创造性思维，以及才会意识到我们似乎具有意识的自我体验等。但这一切都毫无例外地源于规模无比的神经元集群活动结果。

我们应该清楚，对于不同物种而言，心智只是程度问题而不是有无问题。低等动物的脑容量量级低，所以智能量级也低；人类脑容量量级高（特别是新皮层比例高），智能量级也高。那些我们称之为只有人类才具备的高级心智活动的出现，也就是脑容量超出某种临界值时自涌现的结果。因此，这意味着，只要机器的集成电路中基本元件与连接规模（目前只有 10^{10} 左右）超过人脑的基本元件与连接规模（10^{16}），那么无疑机器就能够像人脑一样自涌现出高级心智现象。应该说，正是机器量级规模上的局限性，制约着机器智能实现这种高级心智的尝试。

如此这般，我们就可以期待，实现心智活动采用什么基本元件不重要，重要的是这样的元件之间复杂的相互作用行为必须具有某种协同性，必须达到某个临界规模。就此而言，将心智活动归结为计算问题并无不妥。

总之，这种肯定观点的要点就是认为，从根本上讲心智能力的表现范围并没有超出形式化计算的范围。需要注意是，对于目前机器不可计算的那些形式化问题，人类同样也不可计算。比如停机问题对于机器是半可解问题，对于人类不是同样也是半可解问题吗？人们无法判定自己是否已经睡着了。甚至有人认为，即使哥德尔定理也不能成为否定心智计算化的论点，因为他们认为人类心智能力同样也由哥德尔和图灵的理论所界限。因此形式化计算的局限性不会对心智计算化实现构成本质上的障碍。或许，在不远将来的某一天，一种具有人类心智能力的机器就会出现在我们的眼前。

不过上述这种肯定的观点或许难以避免一厢情愿的嫌疑。问题恐怕没有这么简单，持否定态度观点的学者坚持认为，即使人类能够造出一台机器做人们明确告诉它去做的任意事情，也无法造出一台具有情感、意识、幽默感的机器，并做出人们意料之外的事情。这种观点认为机器不可能具备思想和情感，更不用说是意识了。

的确，如果从人类心智现象的种种独特性出发，可以发现许多机器所无法企及的心智活动能力，这些能力包括整体局势判断、创造性能力、情感体验、自我反思意识、边缘意识觉知等。由于机器以一步步机械运算为基础，如果人类一打眼就能辨识事物的心智行为代之以机器，就会陷于无穷无尽的细节辨别之中。也许人们可以给出整个脑机制的形式化描述，但由于问题本身的复杂性，给出的形式化描述系统必定逻辑不一致。因此即使给出了形式化描述，于实现心智计算也徒劳无益。

我们已经知道，用算法来刻画事物的手段非常受局限。根据哥德尔定理，在任何一个描述能力足够强大的形式系统中总存在不能由公理和步骤法则证明或证伪的命题。简要言之，这种否定观点认为，世界万花筒般的复杂性不可能用可列的算法步骤来穷尽。的确，与大多数现代计算机不一样的是，人脑不是一种通用机。在完全发育好以后，人脑的每部分都是特异化的、是不断可塑演化的，并在相互作用中完成整体的心智活动。因而，不可能将心智还原为一组特殊的规则或公理。特别是意识和语言之中所不可避免的自指性已经远非任意逻辑计算系统所能包容。

进一步深究下去，在这种公理算法步骤不可穷尽性底下，我们还会发现机器难以逾越的根本障碍所在。我们不难发现，人类心智意识过程与对其进行思维形式化模型之间存在着根本区别。形式化的整个思想体系并没有超出抽象集合概念的范围，也没有超出对思维过程所做的纯集合论解释的范围。反之，意识和心智的固有属性来源于它独一无二的整体性质，这是任何形式化方法均无法解释的现象。

从根本上讲，那种认为人类心智能力同样受到哥德尔和图灵理论的限制无疑是忽略了人类心智能力中更为重要的自反应能力，如意识及其语言表现的自指性能力。这种自指性必定不可能为逻辑计算的方法所实现。从这个角度看，逻辑计算的方法既不能解释意识，也不能解释意识的表达内容，因而也就不可能解释作为标准设想中的心智。

总而言之，这种否定观点认为，机器运算的基础是因果性公式，是一种机械的、分析的、低级的、最简单的、最原始的联系形式；而心智活动的基础则是非力相关性原理，是一种内在的、依存性的、整体自涌性的联系形式。两者之间有着根本的区别，绝不能同日而语。因此心智不可能被归结为计算问题。指望有朝一日我们可以面对具有心智能力的机器，无疑是白日做梦。

12.2.2　来一场图灵测验

上面的讨论似乎让人如坠迷雾之中，不得要领。强调机器能够拥有人类心智的观点似乎道理很充足；而强调机器不能拥有人类心智的观点也并非没有道理。面对这样的争论我们应该如何抉择呢？我们似乎真正陷入了一个二律背反的境地。

其实在智能科学与技术这个学科的上方，始终存在着这样一个根本问题，就是人类所制造出的机器，到底能不能拥有人类的心智？这一问题就像悬着的一把利剑，随时都有可能击碎人工智能对终极目标追求的美梦。

首先提出这一问题的是伟大的英国数学家阿兰·图灵。图灵除了因提出图灵机模型给我们带来了一场计算革命外，早在 20 世纪 50 年代初，图灵还在《心智》杂志上发表了《计算机器与心智》的文章，明确提出了"机器能不能思维"这一重要命题。图灵在这篇文章中还给出了一种测验机器心智是否达到人类水平的测验，即著名的图灵测验。

所谓图灵测验，指的是在两间隔离的房间里分别关有一个人与一台机器，如图 12-2 所示。然后通过向人或机器提问并根据他们的回答来判断谁是人，谁是机器。图灵认为，如果通过巧问，最终能够正确地将人与机器区分开来，那么说明机器不同于人，否则就说明机器与人在心智上没有差别，起码在语言能力上是这样的。为了使读者有直观的理解，我们不妨就来进行一台机器与一位女孩（代表人）之间的一次测验。

问：你多大年纪了？

女孩：22 岁。

机器：28 岁（机器通过算法查找有关本机资料库，发现已有 28 年的历史了）。

当然，类似于这样的问题人们还可以提出许许多多，机器也都可以一一回答。很明显，根据上述的回答，人们无论如何不能判别谁是机器谁是女孩。

图 12-2 图灵测验示意图

但是，如果人们换一种思路，在问了上述"你多大年纪了"之后，接着再问："你多大年纪了？"那么此时又会得到什么结果呢？也许被问的女孩性子比较好，仍然回答 22 岁；当然机器照例查出自己有 28 年历史，还会回答 28 岁。但如果人们一再地重复问同一个问题，那么这时那位女孩也许会反问：你怎么老问这个问题？而机器呢？照例会回答 28 岁，而不管已经被重复问了多少遍！

这样一来，不就可以区分出女孩和机器的不同了吗？且慢，人工智能专家（特别是强人工智能派的专家）并不这么认为。他们或许会反驳道：这有什么了不起（指女孩的那种回答方式）！我们照样可以编制一个按照随机概率来产生回答的程序，使得机器在第一次被提问时回答 28 岁。但如果相同问题在第二次提问后，却根据产生的（伪）随机数的奇偶性来决定答问的选择：如果是奇数，答以"你怎么老问这个问题"；否则答 28 岁。这样不就照样可以乱真了吗？

不过，如果在此前提下（就这一问题进行了多次询问后，女孩与机器的表现均有上述两种回答现象），人们继续不断地一再询问这一问题："你多大年纪了？"又会发生什么情况呢？当然，机器一经编定了程序，那么回答除了"28 岁"就是"你怎么老问这个问题"，不会有什么出人意料的回答出现。但作为人的女孩就不同了，此时也许这位女孩已被这个老问题问得火冒三丈，扔出一句："你是不是有毛病？！"

当然，强人工智能专家还会申辩说，我们还可以将"你是不是有毛病？！"这句冒火话也编入程序。就是说编程时采用一定规则，使得在适当的时候也来这么一句："你是不是有毛病？！"以达到以假乱真的目的。

可问题是用什么话语回答并不重要，重要的是，人的感情冲动导致那种出人意料的行为反应，这是不可穷尽的事。机器则顶多在已知情况下来编定程序做出意料之中的回答，除此之外，别无选择。这就是人与机器之间一条不可逾越的鸿沟。就是这条能否"出人意料"的鸿沟，使得当人们用巧妙式的提问后，程式化的机器一定会对机器的身份暴露无遗，除非机器放弃预先编程方式。

为了看清楚人类如何做出"出人意料"的反应，我们举一个人类对话的例子，从而引出更加复杂的意识问题。德国生物学家福尔克·阿尔茨特和依曼努尔·比尔梅林在他们合著的《动物有意识吗》一书中，有如下一段精彩生动的对话（发生在一对男女恋人之间）。

（对话是这么开始的）那位男士在变着法子逗弄他的女伴，半开玩笑半嗔怪地说她只是一台自动机器："您是一台自动机器，夫人。"

刚开始她的反应泰然自若："你什么时候见过一台能出汗的自动机器？"

他："怎么没见过？每台机器都会变热。"

她："可是你见过想喝饮料的机器吗？"

他："机器需要加油是非常正常的。"

她："我说的不是加油，而是喝的欲望。你难道见过对汽油怀有欲望的汽车吗？"

他："当然！完全可以用计算机的语音提示代替油量表的指针。计算机也可以说：'我想要无铅汽油。'"

她——现在已经不那么镇定了——："我说的不是那个意思，见鬼了，再说一遍，我说的是我想喝东西的欲望。"

他："没错呵，车载计算机在油料耗尽之前，也可以表达这种欲望呵！——您就是一台机器，夫人。"

当我（指《动物有意识吗》的作者）正考虑，是不是去给这两位拿些饮料来，以排解这道不可解的难题时，谈话出现了令人吃惊的转折。

她："按理我根本用不着那么认真地对待你。"

他："为什么？"

她："嗯，因为你很可能根本就不存在。"

他："你怎么会这么想呢？你是看得见我的呀！"

她："是的。可是我也许只是在做梦或者这只是一种错觉。要么你就得向我证明，确实有你这个人存在。可是你能证明这一点吗？"

他——看得出来，对方以其人之道还治其人之身已经让他陷入困境——："你可以掐我一下，如果我'啊呀'一声，那就……不行，那你肯定要说，不论你掐我那一下还是我'啊呀'那一声都是你梦见的事情。"

她："没错！"

他——作为一种战略撤退——："我确实无法向你证明我的存在。可那又怎么样呢？"

她——带着显而易见的胜利的喜悦——："如果你根本不存在，那我是不是一台自动机器对你来说又有什么所谓呢？"接着她又加了一句，声音非常迷人："你是不是也来一点儿无铅汽油？"

可见，要在逻辑上证明一个人是不是机器或者是不是存在是很困难的，因为这涉及意识的主观性体验问题，他人是无法知道的（所谓他心知问题）。反过来，要在逻辑上证明一台机器是不是一个人一定也是很困难的，这需要证明一台机器是不是跟人一样有主观意识，同样他人也无法知道。或者可以这样说，要证明一台机器是否拥有像人一样的智能（意识），根本就不是一个逻辑证明的问题。

不过，该书的作者进一步解释说："尽管无法进行合乎逻辑的证明，但对他人之意识的揣测依然可以做到准确无误：只要涉及我们周围的人的行为，这种揣测基本上可以做到恰如其分、明白无误，而且可以加以解释和预测，平常我们谁也不会把它当成是'胡乱猜测'而置之不理。"也就是说，我们可以通过机器的行为反应，来揣测机器是否拥有与我们一样的智能（相同境遇下有类似的行为反应）。从这个意义上讲，图灵测验在判断机器是否拥有与人类一样的心智上，有着不可替代的作用。

此时回过头来看，通过前面有关"你多大年纪了"的一再诘问中机器所暴露出来的那种缺陷，恰恰说明机器在遇到此类问题时，与人类的行为反应不能一致，缺少的正是出人意料的行为反应。这便是预先编程不可克服的局限性。由此可见，靠预先设计的程式化算法执行的机器不可能仿造出同人类心智媲美的机器心智。

这样一来，根据图灵测验，为了真正能够达到完全实现人类智能的目的（包括意识在内），智能科学研究必须另谋出路。那就是我们必须突破经典预先编程计算的局限性，寄希望于能够让机器理解其所执行的内容，并对实施的行为进行灵活调整。显而易见的是，此时机器必须拥有有意识的反思能力，如此才能突破预先编程的窘境。

12.2.3　钵中之脑的启示

上面讨论的一个人意识反思到自己存在性的问题，对于理解机器能否达到跟人类一样的心智起着关键作用。为了一探究竟，我们再来进行更加深入的哲学分析。为此，我们从一个称为"钵中之脑"的思想实验说起。"钵中之脑"的思想实验是美国哲学家希拉里·普特南在《理性、真理与历史》一书中提出来的，其原文如下：

这里有一个哲学家们所讨论的科学幻想中的可能事件：设想一个人（你可以设想这正是阁下本人）被一位邪恶的科学家做了一次手术。此人的大脑被从身体上截下并放入一个营养钵，以使之存活。神经末梢同一台超科学的计算机相连接，这台计算机使这个大脑的主人具有一切如常的幻觉。人群、物体、天空，等等，似乎都存在着，但实际上此人所经验到的一切都是从那架计算机传输到神经末梢的电子脉冲的结果。这台计算机十分聪明，此人若要抬起手来，计算机发出的反馈就会使他"看到"并"感到"手正被抬起。不仅如此，那位邪恶的科学家还可以通过变换程序使得受害者"经验到"（即幻觉到）这个邪恶科学家所希望的任何情境或环境。他还可以消除脑手术的痕迹，从而该受害者将觉得自己一直是处于这种环境。这位受害者甚至还会以为他正坐着读书，读的就是这样一个有趣但荒唐之极的假定：一个邪恶的科学家把人脑从人体上截下并放入营养钵中使之存活。神经末梢据说接上了一台超科学的计算机，它使这个大脑的主人具有如此这般的幻觉……

"钵中之脑"如图 12-3 所示，或许仅仅是一种理论假设。但由于不能排除其纯理论上的可能性，因此起码在哲学上给我们提出了这样两个隐喻性问题：①我们是否都是钵中之脑？②操纵钵中之脑的超科学计算机真的存在吗？很明显，对于这两个问题的回答，有助于我们弄清人脑与机器在心智上到底存在不存在本质的差异这一问题。或许正好也顺带跳出了"他心知"命题的困境。

那么"我们都是钵中之脑吗"？我、你还有你周围那么多的人难道都是像普特南描绘的那样，并非是完整自主的人，而仅仅是养在营养钵中的、受超科学计算机控制的脑？其实，这一问题是一个典型的怀疑论质疑。我国古代思想家庄子曾经提出过类似这样命题的寓言(《庄子·齐物论》):"昔者庄周梦为胡蝶,栩栩然胡蝶也。自喻适志与! 不知周也。
俄然觉,则蘧蘧然周也。不知周之梦为胡蝶与? 胡蝶之梦为周与?"

图 12-3　钵中之脑思想实验(张开宇绘)

　　这个寓言换个角度同样也给出了这样一个哲学命题:"我们都在梦中?"应该说,从本
质上讲,这一命题同"我们都是钵中之脑"等价,指的都是对现实生活的一种虚幻假设。
直觉上,大概人们谁也不会承认自己都在梦中且又不为自己所知道。但人们又怎能证明
"我们确实不在梦中"呢? 即使在人们自认为清醒的时候,要想通过实证手段给出有说服力
的证明也是十分困难的。特别是由于人们所能采取的一切实证手段,原则上也都会在梦中
"实现",于是人们的这一切努力,都会被认为是"梦中所为"之事而使人们为证明"不在
梦中"的努力付诸东流。

　　例如,人们可能会说:"你看,我可以掐自己一下并感到疼痛,说明我很清醒而不在
梦中。"但有人却可以反驳说,这一行为正是人们所做梦的一个内容。因为人们可以做"我
掐自己一下以证明自己不在梦中"的梦。看来任何直接给出证据性的证明都是徒劳无益的,
要真正给出有效的否证,我们必须另谋出路。

　　稍微深入分析我们不难看出,像"我们都在梦中"之类的命题,均有一个共同点,那
就是命题的自毁性或自我反驳性。所谓命题的自毁性是指当一个命题为真时,人们可以由
此推翻该命题自身的真理性。例如"任何话都不能相信"就是一个自毁命题。因为"任何
话都不能相信"本身也是一句话。因此按照这句话陈述的内容来看,这句话本身也就同样
不能相信了。于是这一命题把自己推翻了。

　　对于"我们都在梦中"也一样。如果该命题为真,那么人们就知道"我们都在梦中",
而"我们都在梦中"却意味着人们并未意识到,从而也就不知道"我们都在梦中"。这显
然是一个矛盾。也就是说,"我们都在梦中"不成立。于是以此类推,"我们都是钵中之脑"
同样也不能成立。

　　实际上,美国当代认识论哲学家丹西在《当代认识论导论》一书中早就给出了"我们
都是钵中之脑"的否定证明。其论证为:"这个论证(知道是否为钵中之脑)所依据的原理,
可以用公式表示为一种处于已知制约条件下的闭合原理:

$$PC_k : [k_a p \lor k_a(p \to q)] \to k_a q$$

这个原理断定，如果 a 知道 p 且 a 知道 p 蕴含 q，则 a 也知道 q；某一命题，如果我们知道它是我们已知的一个命题的结论，我们就总能知道它是真的。……于是，假定 a 不知道 $q(\sim k_a q)$，并且 a 确实知道 p 蕴含 $q(k_a(p \to q))$，这个原理就允许我们推断 a 不知道 $p(\sim k_a p)$。因此这似乎表明：更一般地说，既然你不知道你不是瓮中之脑（即钵中之脑），你就不可能知道任何命题 p；就这个命题 p 而言，你知道如果 p 真，你就不是瓮中之脑。

尽管丹西在这里用到了"知道逻辑"让证明过程显得有些晦涩，但我们终于欣慰地看到，我们并非什么钵中之脑，更非受超科学计算机所操纵的傀儡。因此只要机器建立在逻辑运算之上，受到逻辑一致性约束，那么任何超越逻辑运算的努力，机器终将注定难以胜任。像人类心智这样复杂的事物，哪怕是局部实现，只要其含有超越逻辑运转的成分，就远非逻辑机器所能胜任，更不用说心智中的意识活动了。这就是"钵中之脑"带给我们的启示。

或许在心智的机器再现研究中，出路不可能通过逻辑拆解重建的方法来实现。如果存在什么方法的话，那也只有以复杂性对付复杂性的方法来寻找出路。通过特异化的"机器"本身来拥有某种心智能力，而并非要靠逻辑编程的步骤来实现。

当然，实际上由于这种用复杂性来对付复杂性的方法，仅仅只是利用自然力量来对付自然模仿问题，因此从根本上讲已经不属于人工的范畴。从这个意义上讲，任何让机器拥有心智甚至意识的努力必然会遇到这样的两难境地：要么放弃逻辑的人工手段，采用特异化的自然手段；要么坚持局限的逻辑人工手段。前者正是自然界孕育出人类心智的途径，即使"仿造"成功，也已不是"人工"的心智了。后者则死路一条，那就是基于逻辑的机器只能是无心的机器！

看来为了能够真正达到完全仿造心智的目的，我们必须另谋出路。那就是必须突破经典计算的局限性，寄希望于非经典运算（更非预先设定程序化的）机器。在这里，结合自然机制的"生物化""量子化""集群化"的非经典计算可能才是一条出路。

12.3 学科前景

执着于逻辑难免会陷入困境，基于形式逻辑的经典计算又有着严重的局限性，靠经典计算的方法难以真正全面地模拟人类的全部心智能力。因此有远见的智能科学家们早已认识到，只有超越经典计算，智能科学的研究才会有真正的出路。于是问题就集中到了如何超越经典的新问题之上。为了对这一问题及其对策的提出有比较全面的了解，还是让我们从强弱人工智能两种观点的争论说起。

12.3.1 强弱人工智能观点

首先，在传统人工智能研究的哲学讨论中，通常按照美国心灵哲学家塞尔给出的标准分为强与弱两类人工智能。弱人工智能的观点主要是把机器看作延展人类心智的有力工具。强人工智能则认为机器不仅是延展人类心智的一个工具，而且通过巧妙编程的机器能够具备人类心智的能力。根据塞尔的论述，强人工智能试图创建某种人类意义上心智的东西，而弱人工智能则是使用人类可理解的相同符号来增强人类心智延展能力。

就通常情况而言，强人工智能强调符号的、经典的和形式化的，一般都认为靠纯算法过程来达成人类的智能是可能的。与这种观点相反，弱人工智能则强调自然的、非经典的和非符号的，认为纯靠算法过程是不可能达成人类智能的，为了实现人工智能的目标，我们必须采用不同学科交叉知识来加强计算的方法，最大限度地延展人类的智能。

当然人工智能的"强"与"弱"也不是绝对的，可以对现有的各种观点进行进一步细分。1992 年美国哲学家所罗门就将强弱人工智能进行了量级划分，提出了六种等级的人工智能观点，分别记为 T_i(i=1, 1a, 2, 3, 4, 5)，简单罗列如下。

T_1：认为每一种 UAI（尚未发现的通用智能算法）都具有心智能力，有待发现的这些UAI 由数据和算法构成，而无须考虑时间、丰富的执行机制和意义因素。也就是说仅仅由抽象固定的算法结构就可以产生人类心智。

T_{1a}：是对 T_1 做了一点扩展，加上了时间因素（积累学习），认为结合了时间因素的每个 UAI 都具有人类心智能力。

T_2：在 T_{1a} 的基础上再引入对程序控制的种种执行机制，认为这样就可以产生人类心智能力了。

T_3：认为单个算法不足以实现人类心智的实现问题，必须考虑多算法的虚拟并行机制（又分为连续环境刺激、时间共享并行处理机和适当的计算机网络三种情况），只有采用这种虚拟并行主义机制，才能够产生人类心智能力。

T_4：将上述 T_3 描述中的虚拟改为物理，也就是说采用物理并行主义机制，就能够产生心智能力（比如目前的类脑集群计算途径）。

T_5：要拥有人类心智能力，至少部分子系统需要具有超计算的能力，比如采用物理、化学和生物等自然机制。

很明显，从 T_1 到 T_5，这些观点的逻辑计算强制条件渐渐减弱。就前三种观点而言，基本上属于强人工智能的立场。由于其中假设的条件均没有超出图灵机的假设，因此正像我们看到的那样，遭到了越来越多的指责。实际上，到了 20 世纪末，强弱人工智能的争论基本上已经结束。从长远的观点看，有远见的学者普遍认为弱人工智能的认识确实要比强人工智能的认识更透彻深刻。这样随着最近智能科学的新发展，弱人工智能的观点也演变成了一种心智计算的自然观。

12.3.2 心智计算的自然观

归纳起来，心智计算的自然观强调用自然机制与算法相结合来进行机器心智的研究，并认为只有这样才能最大可能地实现智能科学的终极目标。这里，自然机制的运用不可或缺，因为纯算法的方法已经被证明是无效的。目前可以用于或已经用于心智计算研究的自然机制主要包括集群并行机制、生命演化机制和量子物理机制等。

集群并行机制利用的是在复杂环境中，群体表现出来的大规模并行自涌现结构的动力学自然机制。这是利用自然自发组织，通过整体集群相互作用，来产生个体都不具备的智能属性，特别是创造性智能属性。因为人类的大脑神经系统就采用这种并行分布式处理方式；所以要人工实现人类智能，如果可能，最好直接利用这种自然机制。此时由于强调群体并行机制，因此不同源知识的利用、多模型的结构耦合以及真实自然环境的连续参与等问题，就成为机器智能必须研究的新问题。

将生物机制与计算算法相结合的研究，除了直接利用基因物质来进行抽象计算的基因计算装置研制外，还有模拟生命机制的人工生命研究，包括真实的动物型机器人研制和虚拟的生命机理研究两个方面。目前这种研究的主要目标是探索有机体与环境的相互作用机理，因此不管是真实还是虚拟，对于理解心智原理都十分有益。因为毕竟我们的心智建立在动物生存和繁衍机制之上。

真实的人工生命就是要创造出具有动物性能的机器人，而虚拟的人工生命则是要模拟自然生命在给定生态环境中的生物群体繁衍、生存、竞争和行为及其演变等机理。这样的研究对于心智原理理解的好处是，可以在多维度上同时了解跨层次的演化机理：既了解群体演化变化中长期心智结构的出现，又了解个体相应特性和具体心智特性的短期发展，以及这两者之间的复杂相互作用。

对自然机制最有意义的运用莫过于将量子物理机制引入机器意识的研究之中。我们知道，强人工智能的主要困境是无法应对意识及其语言表现中不合逻辑的自指性结构。因为意识是一种自明性能力，归根结底不可能归结为某个逻辑形式系统的推导及其结论。而利用量子纠缠性特点正好可以应对这种不合逻辑性，以复杂性对付复杂性。有证据表明，人脑就是一台天然的量子机器，非局域性的意识过程与纠缠性的量子行为一拍即合。因此心智的一种计算描述可以通过量子物理过程将意识与表达内容相连接。

当然自然机制的利用并不限于上述三个方面。一般而言，凡是有益于机器心智研究的自然资源，只要能够与逻辑算法相结合，都为心智计算自然观所提倡。这样一来，对于心智机制而言，凡是可以约简为逻辑计算算法的，就可以通过经典计算方法加以解决；凡是无法用逻辑计算算法描述的不可约简部分，则可通过特异化的自然机制来实现。这样无疑大大拓宽了机器心智实现的途径。

很明显，人类心智正是大自然孕育的结果。因此退一步讲，这种心智计算的自然观如果走向极端，就是大自然纯自然的途径。不过那样的话，就需要有几十万年以上的进化时间。因此真正的心智计算自然观一定或多或少要强调自然机制与算法相结合的途径，否则就不再与"人工"有关了。从这个意义上讲，自然观的机器心智也就是一种"半人工"的机器心智。

12.3.3　智能科学的新趋势

当我们厘清了未来机器心智的正确走向，并把经典的"计算"概念（丘奇—图灵论题意义上的）拓广到"自然机制 + 机器算法"的新内涵之上，那么必然会给智能科学的研究前景带来一片广阔的新天地。可以预计，随着这种介乎于自然智能与人工智能之间的第三条道路的开辟，智能科学的研究一定会展现全新的繁荣景象。

其实，早在 20 世纪 40 年代，英国数学家柯兰特（R. Courant）和罗宾斯（H. Robbins）就曾提出过一种肥皂膜计算机，它通过装置本身的复杂性功能而不是复杂的逻辑运算来解决图论中复杂的老大难问题，即 STEIN 树的图论问题，要点就是利用肥皂膜自然的张力机制来实现复杂的最优路径和的"计算"问题。

如图 12-4 所示，STEIN 树所解的难题是，对于给定任意平面上 n 个点，要求连接这 n 个点形成连通图的最小连接边长总和的连接图（可以添加附加点）。很显然，靠逻辑算法来求解，将成为一个十分复杂的 NP 问题。但如果运用特异化的肥皂膜计算机，我们就可以通过在 n 个点位置各钉一枚大头钉，然后用夹板夹起并浸泡在肥皂溶液中后再捞起的办法，轻而易举地解决这一问题。

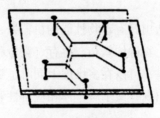

图 12-4   肥皂膜计算机

从这个利用肥皂膜张力来解决疑难计算问题可以看出，自然机制的利用并非一定要基于与心智和生命有关的自然资源。因此研究各种自然机制的利用问题并找到与算法化计算技术相结合的途径，也会成为未来智能科学研究的一个新的研究内容。

首先，目前量子计算、基因计算、集群计算等非经典计算方法和技术层出不穷，因此将各种非经典计算方法和技术与传统人工智能方法相结合，可以激励研究人员向原有的人工智能困难开展新的挑战。比如，可以通过将量子物理计算方法与神经网络方法相结合来进行机器意识的深化研究；还可以基于基因生物计算机制来进一步完善遗传演化方法，并重新应用到人工智能研究的各个方面；以及基于自然界自组织机制，将神经集群计算方法加以完善，借以实现人类神经集群相互作用的心智自涌现机制；如此等等。

或者更进一步，根据不同层次，将各种自然计算机制加以有机组合，可以更加全面地解决人类心智能力的实现问题。如图 12-5 所示，量子计算机制解决纠缠性问题，突破逻辑计算的局限性；基因计算机制解决容错性问题，为创造性思维的实现提供可能；而神经计算机制则解决涌现性问题，使得机器也能够实现意识的突显机制。

神经集群计算：解决涌现问题
基因互补计算：解决容错问题
量子迭加计算：解决纠缠问题

图 12-5   自然计算机制的层次组合

其次，随着人体器官组织的人工培育生物技术的不断成熟，最近形成了合成生物学的分支学科。因此完全可以按照各种需要来人工培育人类和动物的大脑皮层组织（湿件），并直接与数字芯片相衔接用于控制机器行为。目前生物合成皮层，如生物合成海马、生物合成小脑等，尽管还停留在局部实验阶段，但完整的生物合成人脑为期不远。

　　还可以利用基因工程直接提升大脑的心智能力，比如可以通过基因工程培育更加智慧的老鼠等；或者通过智能药片（某种特异性的蛋白质注入）来提升动物的智能；或者通过颅磁刺激（TMS）大脑适当的部位来提升认知处理的速度和敏捷，从而提升动物潜在的智力。一旦上述培育的大脑能够成功实现心智能力，就可以通过大脑皮层的自然机制与机器人技术相结合来真正提高机器心智的水平。

　　另外，可以利用"可编程"的微型芯片来替换生物生物神经系统中的部分神经元，并与其余神经组织随意组合成混合智能系统。这里每个微尘芯片都可以无线控制，通过编程改变其表面电荷来随意聚合重组，并控制其活动。这样就与合成生物学原理一样，说不定也可以通过某种受控自组织途径，合成具有高级心智能力的系统。

　　最重要的，随着近年来脑科学研究的突飞猛进，我们探测人脑的手段不断发展。脑电图（EEG）、脑磁图（MEG）、脑成像（PET、fMRI）、近红外光谱仪（NIRS）、深部脑刺激术（DBS）以及光遗传学手段等，使得开展人类大脑逆向工程成为可能。因此通过这样的人类大脑工程研究，如果能够模拟人类大脑，就可以利用全部大脑连接信息来备份人脑，从而开展人脑扫描备份研究工程，使得我们的心灵像软件一样不再依赖于硬件的躯体而得到永生。

　　当然，人类大脑连接的信息总量十分巨大，约为 1ZB（10^{21}B）。如果将来的机器容量也足够巨大，将心灵移植到一台机器中也就成为可能。甚至通过激光束的纯能量形式来保存和传输心灵，于是就能够让心灵遨游在太空，随时随地通过某处的接收站，落户植入某台主机上，在太空到处可以留下心智的化身。

　　尽管真切实现这样的大脑扫描备份技术还比较遥远，但脑科学最新研究的进展还是为我们结合自然机制的智能机器研制带来了全新的可能。比如读取人脑中流动的思想、植入芯片帮助残疾人自主生活、建造脑联网进行直接心灵交流、开展大脑逆向工程等，只要遵循或不违背自然物理定律，一切皆有可能。这就为开展"自然机制+机器算法"的智能科学研究开辟了广阔的天地。

　　从这种全新的计算观点出发，正如我们已经提到的，任何事物都可分为可约简部分和不可约简部分。对于完全可以算法化（丘奇—图灵论题意义上，特别是可多项式时间确定算法化上）加以描述的部分，是属于可约简部分，否则便是不可约简部分。一般不可约简部分本质上属于自然机制问题，只有通过自然机制以复杂性对付复杂性的策略才能够解决。有些问题完全可约简，自然可以完全归入经典算法研究的范围。但有些问题除了可约简部分外，还存在不可约简部分，因此需要通过"自然机制+机器算法"相结合的方法来解决。还有些问题完全由不可约简部分组成，只能完全由自然机制的方法来解决。

　　对于心智机制的实现问题，必定存在着不可约简部分。因此就需要通过"自然机制+机器算法"相结合的方法来进行研究，找出解决问题的方法。这样一来，我们也就必须放弃强人工智能一直执着的"人工"手段，而采用"人工（算法）+自然（机制）"的新策略。目前已经广泛开展的脑机融合方法，就是这种新策略的具体体现。

　　最后，关于机器能否拥有心智的哲学讨论也将不断深化。由于非经典计算思想的不断成熟，原有的逻辑计算局限性这一限制人工智能发展的桎梏，已经被以复杂性对付复杂性的"自然机制＋机器算法"的原则所打破。智能科学家们和心智哲学家们也不再一味强调逻辑还原的重要性和必要性。

从这个意义上讲，重新认识"心"的构成，强调"意""情""智"三位一体，开展对意识的自反应机制、情志的个性化机制和智慧的自涌现机制的研究，利用非经典计算手段，必将成为智能科学进一步发展的新思路。所有这些研究集中到一点，就必须认识到，心智是伴随着意识活动的情感化心智。看待心智，既要一分为三，又要三位一体，然后才能把握机器心智研究的基本问题。

我们相信，随着对生物、神经、认知等方面认识的不断深化，利用脑机融合技术发展混合智能系统一定会大大加快智能科学技术的发展步伐。另外，有关意识机器研究工作的开展，也会使得我们的智能系统发生质的飞跃。

总之，展望智能科学这一当代科学新领域，前景十分诱人。心智计算的自然观将给智能科学研究带来的是一场崭新的革命。这场革命不但可以使传统的人工智能走出困境，还可以推动全新智能科学技术研究的进程。我们相信，未来智能科学技术，或者确切地说是心智计算自然观下的智能科学技术，一定会比以往取得更加丰富的研究成果。

本章小结与习题

在本章中，我们讨论了智能科学技术的一些根本性的话题。主要以机器计算能力的局限性为基点，通过哲学思辨和心智计算分析，引入图灵测验和钵中之脑，从强弱人工智能之争出发，探讨了一种智能科学技术发展的全新途径。结论是，只要我们充分利用自然机制，并与传统的计算算法相结合，那么智能科学技术不仅可以为当今社会做出重要贡献，而且其发展潜力也将不可限量。

习题 12.1　请陈述你自己对机器智能研究的看法。

习题 12.2　如何改进图灵测验，使得通过测验能够更好鉴别人机之间的差别？

习题 12.3　对待智能科学新的发展前景，你如何看待未来的机器人时代？

习题 12.4　机器能否拥有人类的心智，你的观点是什么？请给出详细的论述。

习题 12.5　按照"自然机制＋机器算法"的观点，除了集群、生物与量子机制，你认为还有哪些自然机制可以引入智能科学的研究之中？会产生怎样的效果？

习题 12.6　充分发挥你的想象力，请从日常生活的角度，预测一下未来50年内，智能社会所能达到的程度。

习题 12.7　如何看待可以进行自我繁衍的计算机病毒？它们真的能够模拟出生命进化的过程吗？请指出其与生命自我繁衍的不同之处。

习题 12.8　合成生物器官和脑机混合系统方面的研究会涉及人类伦理问题，你如何看待科学研究中的伦理问题？你是否支持这样的科学研究，并给出你的理由。

参 考 文 献

（同时作为推荐读物，排列次序先外文后中文，按作者名拼音首字母为序）

AMOS M. Cellular computing[M]. New York: Oxford University Press, 2004.

BAARS B J.In the theater of consciousness: the workspace of the mind[M]. New York:Oxford University Press, 1997.

BLOOKS R A. Cambrian intelligence: the early history of the new AI[M]. Cambridge, MA.: The MIT Press, 1999.

BODEN M A. Creative mind: myths and mechanisms[M]. London: Weidenfeld and Nicolson, 1990.

BRAUNSTERN S L. Quantum computing: where do we want to tomorrow?[M]. New York: Willy-VCH, 1999.

CHURCHLAND P S, SEJNOWSKI T J. Computational brain[M]. Cambridge: The MIT Press, 1992.

COPE D. Computer models of music[M]. New York: The MIT Press, 2005.

DREYFUS H L. What computers can't do: the limits of artificial intelligence[M]. New York:Harper and Row, 1979.

HAIKONEN P O A. Consciousness and robot sentience[M]. Singapore: World Scientific, 2012.

HOFSTADTER D R. Godel, escher, bach: an eternal golden braid[M]. New York: Basic Books, 1979.

MARCUS G, FREEMAN J. The future of the brain: essays by the world's leading neuroscientists[M]. NewJersey: Princeton University Press, 2015.

MCGINN C. The mysterious flame: conscious minds in a material world[M]. New York: Basic Books Company, 1999.

MINKER J. Logic-based artificial intelligence[M]. New York: Kluwer Academic Publishers, 2000.

MINSKY M. Society of mind[M]. New York: Simon and Schuster, 1985.

MINSKY M. The emotion machine[M]. New York: Simon & Schuster, 2006.

NEGNEVITSKY M. Artificial intelligence: a guide to intelligence systems[M]. New Jersey: Addison-wesley Press, 2002.

PAUN G, ROZENBERG G, SALOMAA A. DNA computing: new computing paradigms[M]. Berlin Heidelberg: Springer-Verlag, 1998.

PENROSE R. The emperor's new mind: concerning computers, minds, and the laws of physics[M]. New York: Oxford University Press, 1989.

PENROSE R. Shadows of the mind, a search for the missing science of consciousness[M]. New York: Oxford University Press, 1994.

PICARD R W. Affective computing[M]. Cambridge: The MIT Press, 1997.

WEIB G. Multiagents systems[M]. Cambridge: The MIT Press, 1999.

阿尔茨特，比尔梅林.动物有意识吗 [M].马怀琪，译.北京：北京理工大学出版社，2004.

贝内特，哈克.神经科学的哲学基础 [M].张立，等译.杭州：浙江大学出版社，2008.

玻姆.量子理论 [M].侯德彭，译.北京：商务印书馆，1982.

博登.人工智能哲学 [M].刘西瑞，王汉琦，译.上海：上海译文出版社，2001.

布罗克契尔.计算机科学概论：第七版 [M].王保江，等译.北京：人民邮电出版社，2003.

布约克沃尔德.本能的缪斯 [M].王毅，等译.上海：上海人民出版社，1997.

丹西.当代认识论导论 [M].周文彰，何包钢，译.北京：中国人民大学出版社，1990.

德雷福斯.计算机不能做什么 [M].宁春岩，译.北京：读书·新知·生活三联书店，1986.

付蔚.家居物联网技术开发与实践 [M].北京：北京大学出版社，2013.

高德纳.计算机程序设计艺术 [M].苏运霖，译.北京：国防工业出版社，2002.

格拉顿，斯科特.百岁人生：长寿时代的生活和工作 [M].吴奕俊，译.北京：中信出版集团，2018.

格莱克.混沌：开创新科学 [M].张淑誉，译.上海：上海译文出版社，1990.

格列高里.视觉心理学 [M].彭聃龄，杨旻，译.北京：北京师范大学出版社，1986.

韩济生.神经科学原理 [M]. 2 版.北京：北京医科大学出版社，1999.

韩家炜，坎伯，裴健.数据挖掘：概念与技术：原书第 3 版 [M].范明，孟小峰，译.北京：机械工业出版社，2012.

韩江洪，等.智能家居系统与技术 [M].合肥：合肥工业大学出版社，2005.

侯世达.哥德尔、艾舍尔、巴赫：集异璧之大成 [M].郭维德，等译.北京：商务印书馆，1996.

黄可鸣.专家系统 [M].南京：东南大学出版社，1991.

伽德纳.啊哈，灵机一动 [M].李建臣，刘正新，译.北京：科学出版社，2007.

加来道雄.心灵的未来：理解、增强和控制心灵的科学探索 [M].伍义生，付满，谢琳琳，译.重庆：重庆出版社，2015.

加扎尼加，伊夫里，曼根.认知神经科学：关于心智的生物学 [M].周晓林，高定国，等译.北京：中国轻工业出版社，2011.

卡尔文.大脑如何思维 [M].杨雄里，梁培基，译.上海：上海科学技术出版社，2007.

克里克.惊人的假说：灵魂的科学探索 [M].汪云九，等译.长沙：湖南科学技术出版社，1998.

库费雷.神经生物学：从神经元到大脑 [M].张人骥，潘其丽，译.北京：北京大学出版社，1991.

李祖枢，涂亚庆.仿人智能控制 [M].北京：国防工业出版社，2003.

利奇.语义学 [M].李瑞华，等译.上海：上海外语教育出版社，1996.

刘增良，刘有才.模糊逻辑与神经网络 [M].北京：北京航空航天大学出版社，1996.

陆汝钤.人工智能：上册 [M].北京：科学出版社，1995.

陆汝钤.人工智能：下册 [M].北京：科学出版社，1996.

马尔.视觉计算理论 [M].姚国正，刘磊，汪云九，译.北京：科学出版社，1988.

马尔科夫.人工智能简史 [M].郭雪，译.杭州：浙江人民出版社，2017.

马隆.超级思维：人类与计算机一起思考的惊人力量 [M].任烨，译.北京：中信出版集团，2019.

迈尔斯.智能交通系统手册 [M].陈干，译.北京：人民交通出版社，2007.

曼德勃罗.大自然的分形几何学 [M].陈守吉，译.上海：上海远东出版社，2011.

米凯利维茨.演化程序：遗传算法和数据编码的结合 [M].周家驹，译.北京：科学出版社，2000.

米切尔.机器学习 [M].曾华军，张银奎，等译.北京：机械工业出版社，2003.

普特南.理性、真理与历史 [M].童世骏，李光程，译.上海：上海译文出版社，2005.

萨伽德.心智：认知科学导论 [M].朱菁，陈梦雅，译.上海：上海辞书出版社，2012.

舍恩伯格.删除：大数据取舍之道 [M].袁杰，译.杭州：浙江人民出版社，2013.

施克，梅兰.BCI2000 与脑机接口 [M].胡三清，译.北京：国防工业出版社，2010.

史忠植.智能主体及其应用 [M].北京：科学出版社，2000.

史忠植.智能科学 [M].北京：清华大学出版社，2006.

斯图尔特.上帝掷骰子吗：混沌之数学 [M].潘涛，译.上海：上海远东出版社，1995.

王辉.智慧城市 [M].北京：清华大学出版社，2010.

王克照.智慧政府之路：大数据、云计算、物联网架构应用 [M].北京：清华大学出版社，2014.

王正志，薄涛.进化计算 [M].长沙：国防科技大学出版社，2000.

韦特海默.创造性思维 [M].林宗基，译.北京：教育科学出版社，1987.

觭田秀司.仿人机器人 [M].管贻生，译.北京：清华大学出版社，2007.

渥维克.机器的征途 [M].李碧，等译.呼和浩特：内蒙古人民出版社，1998.

肖南峰.智能机器人 [M].广州：华南理工大学出版社，2008.

希利斯.通灵芯片：计算机运作的简单原理 [M].崔良沂，译.上海：上海科学技术出版社，1999.

向忠宏.智能家居 [M].北京：人民邮电出版社，2001.

姚宏宇，田溯宁.云计算：大数据时代的系统工程 [M].北京：电子工业出版社，2013.

袁媛.智慧城市实践指南 [M].北京：电子工业出版社，2013.

詹奇.自组织的宇宙观 [M].曾国屏，等译.北京：中国社会科学出版社，1992.

周昌乐.视觉计算原理 [M].杭州：杭州大学出版社，1996.

周昌乐.无心的机器 [M].长沙：湖南科学技术出版社，2000.

周昌乐.认知逻辑导论 [M].北京：清华大学出版社，2001.

周昌乐.心脑计算举要 [M].北京：清华大学出版社，2003.

周昌乐.抒情艺术的机器创作 [M].北京：科学出版社，2020.

周昌乐.机器意识：人工智能的终极挑战 [M].北京：机械工业出版社，2021.

周昌乐.意义的转绎：汉语隐喻的计算释义 [M].北京：中国书籍出版社，2021.

周志华，曹存根.神经网络及其应用 [M].北京：清华大学出版社，2004.

朱德熙.语法答问 [M].北京：商务印书馆，1985.

Python深度学习：基于PyTorch 第2版

作者：吴茂贵 郁明敏 杨本法 李涛 等　ISBN：978-7-111-71880-2　定价：109.00元

第1版为深度学习领域畅销书，被誉为 TenSorFlow 领域标准著作；根据 TensorFlow 新版本升级，技术性、实战性、针对性、易读性进一步提升；从 TensorFlow 原理到应用，从深度学习到强化学习，零基础系统掌握 TensorFlow 深度学习。

Python深度学习：基于TensorFlow 第2版

作者：吴茂贵 王冬 李涛 杨本法 张利　ISBN：978-7-111-71224-4　定价：99.00元

第1版为深度学习领域畅销书，被誉为 PyTorch 领域标准著作；根据 PyTorch 新版本升级，技术性、实战性、丰富性、针对性、易读性进一步提升；从 PyTorch 原理到应用，从深度学习到强化学习，零基础系统掌握 PyTorch 深度学习。